基于短文本的学习分析方法与应用

叶俊民　著

科学出版社
北京

内 容 简 介

本书从理论、方法与实践三个视角出发，对基于短文本的学习分析进行研究与阐述。在理论与方法研究方面，主要内容涉及基于短文本学习分析的理论框架、基于短文本情感增强的学习者成绩预测方法、资源推荐和问题回答者推荐方法、基于短文本学习分析的评测方法和短文本错误数据处理方法等。在实践方面，相关内容涉及基于短文本学习分析的预测与推荐应用、个体与团队学习者认知投入评测、学习者深度学习能力评测等方面的实践内容。

本书可作为高等院校计算机科学与技术、教育技术和软件工程等专业高年级本科生和研究生的参考书，同时对从事学习分析和智慧教育等领域的研究者和工程技术人员也具有参考价值。

图书在版编目（CIP）数据

基于短文本的学习分析方法与应用 / 叶俊民著. -- 北京 ：科学出版社，2024. 6. -- ISBN 978-7-03-079194-8

Ⅰ. TP391

中国国家版本馆 CIP 数据核字第 2024Q1X955 号

责任编辑：闫 悦 霍明亮 / 责任校对：任苗苗
责任印制：师艳茹 / 封面设计：蓝正设计

科学出版社 出版
北京东黄城根北街 16 号
邮政编码：100717
http://www.sciencep.com
北京中石油彩色印刷有限责任公司印刷
科学出版社发行 各地新华书店经销
*
2024 年 6 月第 一 版 开本：720 × 1000 1/16
2024 年 6 月第一次印刷 印张：19 插页：2
字数：329 000

定价：149.00 元

（如有印装质量问题，我社负责调换）

国家社科基金后期资助项目出版说明

后期资助项目是国家社科基金设立的一类重要项目，旨在鼓励广大社科研究者潜心治学，支持基础研究多出优秀成果。它是经过严格评审，从接近完成的科研成果中遴选立项的。为扩大后期资助项目的影响，更好地推动学术发展，促进成果转化，全国哲学社会科学工作办公室按照“统一设计、统一标识、统一版式、形成系列”的总体要求，组织出版国家社科基金后期资助项目成果。

全国哲学社会科学工作办公室

前　　言

在现代教学活动中产生了多种多样的交互数据，虽不乏语言、图像和视频等方面的数据，但最重要的数据类型无疑是交互活动中的短文本数据（简称短文本），该数据的常见形式包括交互对象下的师生或生生交互等和交互形式下的师生或生生的实时互动记录、评论记录、摘要、信息（知识）共享、反思和提问等内容。这类短文本的学习分析现有研究已在理论模型、成绩预测、推荐、干预、文本情感分析和评测等多个方面取得了丰硕的成果，但这些研究与应用中还存在许多需要深入思考的问题，如缺乏理论模型对学习分析的指导、获得高质量数据的手段有待进一步提高、学习分析与包括人工智能在内的各种技术之间的深度融合有待探索、以应用与评测为导向的实践有待拓展等，这些问题非常值得深入研究。

在这样的背景下，本书针对短文本学习分析中相关的理论框架、模型与算法设计和实证应用等方面展开了研究，在研究活动中通过实验设计对相关结论或猜想加以验证与对比，并对实验结果进行较为深入的分析和讨论，得到了有启发意义的阶段性结果，具体研究内容如下。

第一，针对“如何定义 TFSTLA（英文缩写参见附录，下同）的内容”这一核心问题，提炼出该理论框架需要研究与解决的关键问题：①确定核心术语的内涵，回答短文本学习分析“是什么”的问题；②确定研究对象、问题的范围和主要的研究内容，回答要“做什么”的问题；③确定问题、内容研究与实践的理论框架，回答“怎么做”的问题。

针对这些问题，基于活动理论和扩展 EPA（EPAI）理论等元理论构建了 TFSTLA，具体包括：定义用于选择融入 TFSTLA 的基础理论的标准；选择用于构建 TFSTLA 的基础理论；构建支持 TFSTLA 的活动设计；形成 TFSTLA。进一步，基于 TFSTLA 确立后继研究内容，并从宏观视角归纳出该理论框架对短文本学习分析的研究范畴、问题和任务，以进一步指导研究与实践活动。

第二，研究短文本学习分析中的核心关键服务模型。第一方面，从学习分析的预测视角，研究文本情感增强的学习者成绩预测模型，分别考察了 BERT、CNN 和 BiLSTM 不同模型之间的组合，这些不同组合方案为进一步的实践应用提供帮助。第二方面，从学习者资源推荐视角，研究不同的学习资源推荐模型，包括：①基于元路径的相似性度量方法，研究一种自适应学习中的学习资源及问题回答者推荐模型，该模型采用学习者与回答者的交互信息、学习者自身的学习偏好和行为信息、学习资源的类别等不同维度的特征信息构建 HIN，利用该网络中的元路径寻找能解决学习者疑问的学习资源和问题回答者并进行推荐；②基于提问这类学习者求助行为，研究一种基于学习者求助行为的问题回答者推荐模型，该模型在回答者类别识别算法基础上，构建求助行为下的回答者推荐算法，该模型将问题回答者划分成“主动回答者”和“被动回答者”，并据此制定了更加合理的推荐策略，提升了学习者的学习体验；③基于学习者隐性行为，研究一种问题回答者推荐模型，该模型基于标签的隐性行为变量，获取开发者的整体行为特征，以找出潜在问题回答者。第三方面，从学习分析的评测视角，结合基于社会网络分析和认知网络分析等方面的工具、ICAP 和 CoI 等原理、层次分析法及教育领域的相关理论，开展针对学习者成绩预测、个人与团队的认知投入和学习者的深度学习能力等方面评测的方法研究，为及时实施干预提供基础。

第三，研究了错误文本处理模型。相关研究包括：①构造一种基于BERT的真词错误检测与修复模型，即利用 BERT 计算短文本的多种语义表示；依据语义表示确定错误出现的位置；利用 BiLSTM 和 CRF 获取词典中修复该字的替换概率；通过替换概率对真词错误进行修复；②构建基于 BERT 的文本错误检测与修复模型，以处理文本语法方面的错误。这些工作旨在为短文本学习分析的研究和应用提供更高质量的数据。

第四，结合 OOSE 应用场景开展实证活动。主要包括：①基于 ENA 与机器学习预测学习者成绩方法，提出融合 ENA 与机器学习的学习者成绩预测方法，以期获取更好的预测效果；②分析 ICAP 框架的认知投入模式与 CoI 中的认知存在阶段（后简称 CP）框架之间的关联，融合 ICAP 框架和 CP 框架并提出团队讨论的认知投入模型，据此分析高绩效团队和低绩效团队的认知投入模式差异，发现在该融合模式下能够获得更深刻的见解；进一步，基于层次分析法和融合思想计算学习者团队的学习投入度，研究学习者团队的认知投入度与学习者团队的项目完成度之间的关联；③基于学习者团队学习投入度，研究学习过程中学习者团队的学习投入度与 OOSE 课程项目成绩之间的关系，为教师的干预提供了建议；④在学习者深度学习能力评测研究上，验证了 SENS 方法不仅能表征学习者团队的学习能力，而且能对学习者团队的协作学习情况进行全面的刻画，以此验证了意见领袖的重要作用；⑤在基于预测模型的学习者成绩预测探究之上，研究了基于学习者知识点预测学习者的学习兴趣；依据学习兴趣，开展了针对学习者的学习资源推荐方面的实证研究，包括：基于学习者的学习兴趣预测和求助行为进行问题回答者推荐、基于学习者的学习兴趣预测和学习者隐性行为进行问题回答者推荐、基于学习者的学习兴趣预测和 HIN 中的元路径进行学习资源与回答者推荐。

本书的研究得到了国家社会科学基金后期资助项目（20FTQB020）的大力支持，作者对该项目的前期评审专家与结题鉴定专家所提出的宝贵意见和建议表示衷心感谢。书中的很多工作得到了本人指导的博士生、硕士生和本科生的大力支持，很多算法及其实证，以及初稿的撰写与修正等工作均由他们参与完成，具体如下：罗达雄为第四章第二节和第五章第四节早期的算法模型实现与实证工作打下了基础；张珂参与了本书的第四章、第六章和第七章的撰写工作；于爽参与了第三章和第六章的修正工作；罗晟针对第三章第一节之“二”、第三章第二节和第四章第二节中的部分算法模型进行了调试、修正和改进；徐松、黄鹏威、赵丽娴和徐晓民分别为第三章第一节之“二”、第五章第二节和第三节的早期工作提供了实现方面的支持；张晨、田子方、宋艺爽、赵承远、陈首翱、阙信超、唐文韬、蒋竞飞和蒋志成的工作，使得本书进一步完善了第五章第二节、第三节和第四节中的推荐模型；此外，张晨、宋艺爽、阙信超和张珂为本书的排版和整理等方面做出了贡献；尹兴翰、于爽、张珂、张晨、宋艺爽、阙信超和罗晟等参与了本书结题鉴定专家所提审稿意见的修改，谨此致谢。

本书的相关结论基于作者的前期部分具体研究成果。需要说明的是，在信息技术高速发展的今天，部分涉及模型算法等方面的工作不可避免地具有一定的局限性和时效性。在这样的背景下，希望本书所关注的相关研究性问题能反映出该领域中的部分本质问题，且这些问题的研究具备发展性，并随着技术的不断进步可以促使该领域的研究与应用不断地深入。最后，由于作者水平有限，书中难免有不足之处，敬请读者批评指正。

叶俊民

2022 年 8 月于华中师范大学南湖校区

目　　录

第一章　绪　　论

第一节　短文本学习分析

一、理解学习分析

学习分析的定义为“测量、收集、分析和报告有关学习者及其背景的数据，以了解和优化学习及其发生的环境”[1]。下面从多个视角理解学习分析。

1. Siemens 的视角

Siemens[2]将学习分析描述为“使用智能数据、学习者产生的数据和分析模型来发现信息与社会的联系，并对学习效果进行预测，同时为学习者提供相关的建议”。

结合当前大数据与人工智能背景，对此定义中提及的智能数据可以通过智能物联网系统采集；学习者产生的学习行为数据可以通过各类学习系统（如 MOOC、各类混合教学环境等）采集；分析模型可以基于机器学习和深度学习的相关人工智能技术与模型，给数据的预测分析与处理提供了研究范式和实现手段。因此，学习分析可以视为一组服务及其应用（如既可以包括预测、推荐和干预等基础服务，也可以包括学业成绩预测、多维度推荐、学习评价、认知评价、社会评价等应用服务）的集合，这些服务可以基于机器学习和深度学习模型等实现。一方面，通过所提供的这些服务，可以实现为处于学习过程中的学习者“把脉问诊”，即可将学习分析视为一种新的评价方法；另一方面，这些服务为开发相关的学习资源和学习环境工具提供了基础。该定义明确提出了学习分析要研究的具体内容和研究范式。

在本书中，模型、算法（方法）和服务分别代表了计算从抽象到实现的三个层面，读者可通过上下文叙述加以区分。

2. 第一届学习分析与知识国际会议专家组的视角

在文献[3]中，第一届学习分析与知识国际会议将学习分析定义为“为了了解和优化学习及其发生的环境，对学习者及其周围环境的数据进行测量、收集、分析和报告”。在该定义中，我们可以通过学习分析理解什么是学习，以及学习的过程和发生机制、学习结果的分析与解释。该定义明确提出了学习分析应该如何做。该定义既为改进与优化不同模式下的教学过程提供了指导和帮助，也进一步为以学习者为中心的个性化学习环境的开发提供了方法学层面的支持。

3. EDUCAUSE 研究机构的视角

在文献[4]中，美国高等教育信息化协会［由成立于 1962 年的 CAUSE 和成立于 1964 年的 EDUCOM 合并而成，简称为 EDUCAUSE］将学习分析定义为“使用数据和模型来预测学习者的进步与表现，以及根据这些信息采取行动的能力”。

EDUCAUSE 的定义明确提出了如何让学习分析落地并实现应用，其描述关注到了应用学习分析技术的本质，即在数据和算法模型的基础上，采集并量化学习者的多维信息，以便教师优化教学过程，并通过干预来指导学习者改善自己的学习过程，而教学管理者依据这些信息管理决策活动。EDUCAUSE 的描述与第一届学习分析与知识国际会议的定义有相同的目标，但与它的立场不同，因为第一届学习分析与知识国际会议的定义强调了学习分析工具和环境的开发，而该定义强调学习分析结果的应用（如依据学习结果对学习者进行干预等）。

4. Eckerson 与 Elias 的视角

在文献[5]提出框架的基础上，文献[6]提出“学习分析试图利用‘分析’的建模能力实现行为预测，并根据预测采取行动，然后将这些过程结果加以反馈，最后结合教学实践对预测进行改进”。

Eckerson[5]与 Elias[6]的描述强调了学习分析的某一特定方面，如对学习分析的建模和预测等方面能力的研究与应用，强调了反馈机制在学习分析生命周期中的作用及改进预测效果的价值。

小结：通过分析上述四个视角下的定义和内涵，一方面，可以归纳出在学习分析领域中的理论框架、服务研究范畴、应用场景等内容；另一方面，为 TFSTLA 研究和应用指出了方向，也针对该研究给出了对应的范式和起点。

二、短文本的类型与特征

（1）短文本类型。短文本具有如下常见类型：①从交互对象上看，有师生交互和生生交互等；②从交互形式上看，有师生实时互动记录、评论记录、摘要、信息（知识）共享、反思和提问等内容；③从交互效果上看，有提问水平、学习者满意度、学习绩效等；④从个体特征上看，有学习者的人数统计特征、先前经验特征和学习者个性特征。

（2）短文本特征。短文本具有如下特征[7]：①特征词稀疏，存在信息相关性现象；②特征词口语化严重，含有大量不规范用语、网络流行语等；③文本错误拼写造成了噪声非常多；④语义计算困难，目前非结构化的短文本语义计算在理论研究上已取得了一定的成果[8]。

三、短文本与学习分析

基于短文本的学习分析是学习分析研究与应用的一个实例，其研究对象是在混合教学环境中产生的在线讨论记录，该记录所承载的主体是以文本形式为主的交互内容。

从短文本类型视角看，短文本包含了十分丰富的信息，既有学习者的显性行为信息，以及学习者的情感和心理状态等隐性信息，也有学习者的瞬时状态信息、学习过程信息等。因此，短文本是进行学习分析研究与应用的理想抓手。此外，虽然针对短文本语义的计算已有一定的基础，但与学习分析相结合尚需进一步研究，而基于短文本的学习分析应用则有待深入探索。

第二节 学习分析的研究背景与意义

一、研究背景

1. 学习分析研究与应用的理论基础

学习分析研究与应用的理论基础体现为学习分析的元理论，这些元理论可以分别从人类认知的物质基础、心理基础、可解释的认知模型、数据处理与计算模型等维度为学习分析的研究与应用提供支撑。

1）教育神经科学

教育神经科学为学习分析提供了生物学基础[9]。神经科学认为，学习的生理基础是神经元间突触的连接，学习任务通过刺激大脑产生具体的需求，这些需求引起化学变化和神经系统活动方面的变化。教育神经科学为基于短文本的学习分析提供了分析结果的物质性解释依据。

2）联通主义学习理论

联通主义学习理论为学习分析提供了理论基础[10]。该理论认为学习即网络的形成。网络中意义的创建源自连接的形成和对节点的编码。如果这些新节点不能确保知识的传输和有意义的转换，那么不能保证学习的发生，换言之，这些新节点必须编码并与网络中的其他节点发生关联后才能产生学习效益。这意味着，连接是学习的关键，如混合课程或在线社区中的交互能够促进学习者之间的连接，为学习的发生提供了必要的前提。

3）EPA 理论

在学习分析领域，EPA 理论是短文本学习分析研究过程中的认知基础[11]。该理论涉及认识论、教学法和评测三个维度。一方面，该理论为短文本学习分析研究提供了范畴；另一方面，EPA 理论框架作为一个基础核心，可以依据研究需要对此核心进行扩展，如可在该理论框架上将干预维度纳入进来。

4）活动理论

Frezzo 等[12]提出将活动理论作为一种研究框架，因为该理论提供了一个足够抽象和相对稳定的数据分析框架，以适应不断变化的场景，并方便利益相关者能够理解即将要处理的数据和分析活动。因此，活动理论是短文本学习分析中研究与实证活动设计的基础[13]。

活动理论的相关研究结果表明：①活动理论有助于描述社会系统中元素之间的相互关系；②如果将数据和分析数据的技术视为不断变化的中介工具，那么研究者可以将不同的教育环境（如 MOOC 或混合课堂教学等）视为与数字关联并受其影响的不断变化的系统；③活动理论是一种开放理论，即该理论不但可以用于理论研究和各种应用领域，而且可以用作元理论对其他理论加以解释，如在活动理论下，EPA 理论中的认识论和评测均可作为有意义的活动来加以研究、设计与应用。

5）教育中的心理测量理论

教育中的心理测量是对学习者心智状态做出有依据的判断和解释的过程，该过程涉及定义测量结构；描述测量模型并开发支撑该测量模型的可靠基础设施；分析和说明各种错误源（包括操作错误）；为实验结果的特定用途构建有效论据；由于心理测量的结果会对个人或群体产生重大影响，有必要对其深入探究和慎重发布。短文本学习分析的评测研究应建立在该理论之上[14]。

6）计算模型

随着人工智能领域中的模型与算法的快速发展，该领域的成果引起了学习分析领域的高度关注，多项研究和应用成果采用了人工智能中的相关模型和算法。例如，教育人工智能将领域知识、学习者和教学等维度的模型视为关键的教育领域要素[15]，为学习者提供了更加精准的个性化服务（如推荐学习资源[16-18]、规划学习活动或学习路径[19, 20]、提供学习预警[21, 22]等）。进一步的研究表明，利用无监督模型表示与理解题库中的问题描述[23]，可以支持对阅读理解中的问题难度进行预测[24]。其他应用还包括预测学习者成绩[25]、教育测量[26]、搜索相似练习[27]、教育项目的相似性测量[28]和数学问题求解[29]等。这些场景下的相关研究与应用涉及人工智能领域中的很多经典模型与算法（如 RNN、LSTM 和预训练模型等），但针对短文本学习分析的研究依旧匮乏，同时相关模型与算法在学习分析中的应用值得进一步深入研究。

2. 学习分析研究与应用的四大前提

研究与应用学习分析技术需要满足四大前提条件[11]：①需要牢固的理论基础作为支持；②需要合适的算法和模型并将其作为学习分析实现的基础；③需要合理的测量手段；④需要遵循人类社会的道德和法律底线。下面在短文本学习分析背景下，对此进一步加以论述。

1）关于研究理论基础的问题

在研究和应用短文本学习分析时，将会遇到如下一些问题：首先，学习分析的研究是否需要理论基础？其次，有哪些理论可以支持学习分析理论研究？最后，如何开展基于短文本的学习分析理论研究？

关于第一个问题，文献[11]已经给出清晰明确的答案，即学习分析研究不仅需要理论作为支撑，而且理论在学习分析研究中起着关键性的指导性作用。关于第二个问题，短文本学习分析的研究与应用可建立在认知理论框架和活动理论等元理论的基础之上，如可以以此构建 TFSTLA。关于第三个问题，基于 TFSTLA 可以考虑针对研究与应用需求，融合其他相关领域中的理论，以实现支撑短文本的学习分析及其结果的进一步阐释。通过构建 TFSTLA 可以不断地发展和完善 TFSTLA 的基础。

2）关于学习分析模型或算法的问题

短文本学习分析与算法和模型密切相关，需得到相关技术（如统计方法、大数据与人工智能技术等）或算法与模型的支撑才能实现落地。在早期，该领域的研究主要从网络分析、基于过程的互动分析和基于内容分析这三个视角展开研究与应用[30]。其中，得到广泛应用的网络分析方法包括社会网络分析方法、关联分析方法（如从属关系、行为交互与信息共享）和时序关系分析方法等。基于过程的互动分析方法包括日志分析方法、行为模式分析方法和序列分析方法等。基于内容分析的方法包括传统的人工编码方法、自然语言处理方法（如基于词袋的模型和基于主题模型等）和网络文本分析方法等。随着时代的发展，新的方法（如近期出现的新的深度学习模型和大语言模型等）将不断涌现，这些方法如何与短文本学习分析相结合，需要做进一步研究。

3）关于合理的测量手段

为了检验短文本学习分析所产生的应用效果，需要基于教育中的心理测量理论[14]展开测量。测量的目的或是对被测结果进行解释，或是依据被测结果进行相关的应用（如预测等）。测量的对象包括学习者所习得的知识情况、所掌握的技能水平、学习者的学习态度、学习者的学习能力和当前状态下的情绪等，这些对象需要对采集的数据进行量化，然后选择合适的方法或模型进行具体测量。

测量的流程涉及定义本次测量的构成要素；选择合适的测量模型，如果没有合适的模型可以选择，那么需要在研究的基础上开发出新的适用测量模型或工具；进行测量并观察测量结果，分析测量误差，并按需进行重复性测量；将所获得的可信结果撰写成文档并加以呈现。

测量工具主要包括问卷调查与分析、量表或采用基于智能技术的模型或算法等。针对测量结果评价有信度和效度两个指标，这些指标可以通过因子分析（如探索性因子分析和验证性因子分析）获得。因此，如何将合理的测量手段与短文本学习分析的研究与应用相结合，这是一个非常有价值的研究领域，值得进一步研究。

4）关于学习分析研究与实践中的隐私问题

以技术和算法模型为基础的学习分析，旨在揭示隐藏在学习者表面数据下的相关隐性特征，但这些特征恰恰可能是学习者不愿意公开的隐私，因此在短文本学习分析理论研究与应用中需要相关人员遵守相关的道德和法律底线，实现学习分析研究和应用与个人隐私保护之间的平衡，更好地促进该领域的可持续发展。

基于文献[31]，与隐私问题有关的具体建议如下：①明确界定数据的使用范围；②学习者有知情权和有决定是否同意使用其数据的权限，研究者或实践者有遵守和保护学习者隐私权的义务与责任；③需要采用技术手段保护数据，并建立合理视图来访问和使用这些数据；④建立健全法律制度，使得数据使用中的隐私能够得到真正保证，伦理得以尊重，同时对泄露隐私和践踏伦理的行为予以制裁。

二、学习分析的研究意义

在“数据驱动学校”与“分析变革教育”的背景下，开展短文本学习分析赋能教育的研究与应用，可以帮助学习者实现自适应学习、辅助教师进行个性化服务及支持教学管理者进行科学决策，为加速教育变革提供支持。

针对学习者在混合教学或在线学习社区的讨论中留下的短文本数据，一方面，为教师和管理者及时地了解学习者的真实学习状况提供了依据和基础；另一方面，通过对学习者的这些交互短文本进行学习分析，实现了基于数据驱动的学习诊断、预测、推荐、推送和学习干预，优化了相关的教学过程。具体来讲，基于短文本的学习分析研究、应用和开发成果，以可用的服务（或工具）形态来呈现，将教学过程中的数据采集、分析、解释和干预等嵌入教育教学基础设施中，使得这些基础设施成为真正意义上的自适应系统，真正地实现智能技术对教育利益相关者的教学赋能。

具体的研究意义如下：①学习者将是该服务的受益者，利用这些服务（如预测与推荐等）的反馈，他们不仅可以解决自己在学习中遇到的问题，还可以调整自己的学习状态，以此获得良好的学习体验和较好的学习结果，如对学习者的学业成绩预测可以触发干预管理，可向学习者精准推荐学习资源或推荐问题解决者，这有助于改善学习者的学习体验；②教师也可以根据基础设施所提供的服务反馈来判断自己教学的状况，从多个维度有针对性地改进自己的教学，如短文本学习分析为教师、教学管理者提供了学习者行为和情感方面的分析数据，以帮助其做出何时进行干预的决策；③教学管理者可以使用这些服务提升科学管理与决策的水平；④针对细粒度教育数据的采集与处理，可以改变传统教育数据应用的模式，在保护学习者的数据隐私与安全等方面具有应用价值。

第三节　研究现状与存在问题

学习分析运用各种数据采集工具和分析技术，研究教学实践中的学习者投入、学习绩效和学习进展等方面内容，为课程、教学和评测的实时调整与改善提供了重要的支撑[32, 33]，但这些研究与应用中依然存在着诸多问题，具体描述如下所示。

一、研究缺乏理论框架的指导

短文本学习分析的研究与应用依然缺乏理论框架的指导。研究表明，如果没有强大的理论基础，当实践者将这些技术应用于规模和变量数都要大数个数量级的数据集上时，这将是一件非常危险的事情[34]。

在学习分析理论模型研究领域，国外研究所涉及的典型学习分析理论模型与框架包括学习分析模型[35]和学习分析内容框架[36]。在国内研究中，文献[37]认为学习分析过程性模型关注于学习分析流程、学习分析活动中的要素与各学习环节之间的作用与影响，该模型可以指导学习分析实证与工具开发。其他相关研究工作还涉及如学习分析模型之间的比较[38]、在线学习状态分析模型及应用[39]、提取从研究策略到学习策略的可解释表示[40]、在线协作学习中小组学习投入的分析模型[41]等。这些研究表明，目前关于学习分析理论框架的研究起源于国外，其主要贡献在国外相关论文中多有介绍，国内相似研究处于不断进步的阶段，其内容涉及对国外相关理论框架或模型的引介、应用改进和评述（如文献[42]～[45]的工作），以及针对特定学习领域模型的构造与应用（如文献[46]～[49]的工作）等。

通过对国内外研究现状的分析与归纳，我们认为：①理论框架与短文本学习分析应用之间存在脱节的现象，其研究有待进一步深入；②当前理论框架或模型的研究虽有参考价值，但这些框架或模型过于宏观，无法对短文本的学习分析和应用做到量体裁衣，更无法成为指导短文本学习分析核心关键服务开发的利器，这对于实现数据驱动的个性化自适应学习环境的建立造成了阻碍；③现有的短文本数据集通常规模较大且属于非结构化数据，为了保证研究的可信性，需要将理论框架作为研究与应用的支撑[34]。因此，构建 TFSTLA 是进一步研究和实践的基础。

二、数据质量问题应得到进一步重视

针对短文本的分析与挖掘方法的研究工作在理论上已取得了一定成果，如针对处理非结构化短文本的异构信息网络[50]及其挖掘方法[51]的研究，及可由此衍生出的多种应用[52]（如异构信息网络中的邻居分布预测 [53]，以及在异构信息网络中推断社会关系的迁移学习[54]等）。在应用研究上的主要工作如下，文献[55]提出将自然语言处理工具与点击流数据相结合，以实现对文本内容的分析，其中高质量的数据及其解释是实现文本内容分析的基础；文献[56]研究了协作学习中基于知识构建的内容分析，如果将此处的知识理解为待处理的数据，其质量将会严重影响文本内容分析的效果；文献[57]提出基于元分析视角研究大数据背景下的自适应学习个体特征模型等，并指出构建个体特征模型的大数据质量会直接影响所构建的个体特征模型的质量。

现有的学习分析研究与应用中所处理的数据很少考虑其本身质量的情况，这为应用学习分析埋下了隐患。因为在实际中对学习者的学习实施诊断、预测与推荐服务，其效果将非常依赖所使用数据本身的质量。如果数据在质量方面存在问题，那么即便是使用了精妙的分析方法，所得出的分析结论也不值得信任，即数据质量将严重地影响后继研究与应用工作的可信度，而针对原始数据质量的提升和预处理等工作的重要性却常常被忽略，为此需要进一步研究针对短文本的错误数据的发现、定位与修复方法。

三、算法模型有待进一步扩展

学习分析需要特定计算模型和数学方法，并将这些内容作为分析方法的一部分，现有的学习分析方法可以分为三类[30]。一是基于网络结构的分析方法，该方法将由一组进行交互的学习者之间的联系表征成一个网络，进一步可以对该网络结构要素进行分析（如中心度量或社区检测等），相关研究见文献[58]和[59]等。二是面向过程的分析方法，如基于系统日志文件的学习者（交互）行为分析，相关研究参见文献[60]～[64]。三是基于文本分析的学习分析算法，该算法的基础是文本理解与挖掘技术，文本分析通过对语言的内容、功能、特征等进行分析，以表征学习者的行为、认知和情感[44]，目标在于了解学习者如何通过交互活动产生相互影响[63]。相关应用研究还包括在自然语言处理技术支持下的分析与应用活动，如基于内容的分析已经成功地应用于协作学习过程的分析之中[65]。采用内容分析技术处理学习者访谈数据，以发现学习者对科学概念的理解程度[66]等。进一步的研究开始融合基于网络分析的方法和基于内容的文本挖掘方法，相关研究参见文献[67]。这些算法在大型在线课程论坛[68]、学习者成绩预测[69-72]、推荐[73-77]和干预[78, 79]等方面产生了实际应用，并取得了一定的效果。

在学习分析的应用取得不断进步的同时，其本身的研究也需要与时俱进，如在应用融合算法的过程中，如何选择融合技术及怎么进行融合等核心问题有待进一步研究。针对短文本这类非结构化数据所做的挖掘服务（算法）或文本分析服务是学习分析中的核心服务，其创新应用可以解决短文本学习分析现实中的问题，进而为短文本学习分析的深度研究提供支持，但这类工作还处于起步与深化的初始阶段，正在随着人工智能技术的进步而不断演化。学习分析中的相关算法如何进一步与人工智能中的合适算法模型相结合，这是目前研究中的一个热点问题，需要进行深度研究。

四、文本情感分析在学习分析中的应用有待进一步研究

情感分析是文本挖掘中的最广泛应用之一，而结合文本情感分析结果所作出的针对学习者学业方面的相关干预，可能将对这些人群产生重大的影响[80]。文本情感分析研究的关键是需要对多种形式的文本内容做进一步的深入探究[81-86]，相关工作可以描述如下。①利用文本分析技术或现有的

分析工具探究文本中的情感，具体应用如使用潜在语义分析和社交网络分析技术所开发的一种视觉分析系统，可为学习者提供在线会话摘要[81]；针对学习者讨论文本的分析可以评估学习者课程的参与程度[82, 83]；针对MOOC中的在线讨论文本内容的学习者情感分析，发现了学习者的负面情绪与其可能辍学之间存在很强的关联性[84]；针对MOOC论坛中学习者的讨论数据，使用BERT-CNN可以分析学习者的情感投入[85]，这为进一步的学习者学业成绩预测打下了基础；使用情感工具分析学习者对MOOC评价的情感值，以探索影响MOOC教学的关键因素[86]；使用软件分析学习者在QQ讨论中的发言内容，以探究学习者的情感投入[87]等。②探究情感与其他变量（如认知、成绩、行为等）之间的关系，具体工作如下：文献[88]发现情感通过影响认知投入进而影响了学习者的学习成就；文献[41]发现情感投入中的积极、消极、困惑等情感与小组成绩之间呈显著相关关系；文献[89]却发现情感投入因素对学习成绩没有产生影响。

综上，现有研究更多关注了描述性分析层面的研究，具体可以表现为探索学习者的学习情感及其与其他学习要素之间的关系，而将情感分析的结果与学习分析中的预测、推荐和干预等核心关键服务相结合并开展实际的应用方面，还有待进一步研究。

五、应用与评测有待进一步加强

国外文献（具体可以参考文献[14]，其中部分有价值的工作可以参考文献[90]～[105]）和国内文献（如文献[106]～[114]）已报告了多个实证工作，但在应用与评测的研究方面的相关内容仍较为单一，大多数工作仅针对学习分析中的某一个特定方面（如情感计算、预测或干预等）开展，相关成果难以实现领域之间的迁移。此外，目前的学习效果评测方法并不完善，已有的评测方法各具优势，使用一种方法对学习效果进行评测只能在某些方面获得好的结果，而这些研究工作并没有实现对学习者进行多角度的全面评测。因此，如何将多种评测方法结合起来，构建一种综合评测体系，以发挥各个评测方法的优势，实现对学习效果的全面评测是一个非常值得研究的问题。

第四节　本书组织结构

本书的研究内容分为理论框架研究（第二章）、核心服务研究（第三章～第六章）与实践（第七章）三个部分，其中理论框架部分提出基于短文本学习分析研究框架，在此框架下探究基于短文本的核心服务构建，并据此开展实证活动。

本书的具体组织结构如下：第二章为短文本学习分析的理论框架，第三章为短文本中的错误数据检测与修复研究，第四章为基于短文本的学习者成绩预测，第五章为短文本学习分析中的推荐算法，第六章为基于短文本学习分析的评测研究与应用，第七章为基于短文本学习分析预测与推荐服务的应用。

参考文献

[1] 顾小清，张进良，蔡慧英. 学习分析：正在浮现中的数据技术. 远程教育杂志，2012，30（1）：18-25.

[2] Siemens G . What are learning analytics. Retrieved March，2010，（3）：721-730.

[3] Siemens G，Baker R S J. Learning analytics and educational data mining：Towards communication and collaboration. Proceedings of the 2nd International Conference on Learning Analytics and Knowledge，New York，2012：4-8.

[4] Brown M. Learning analytics：Moving from concept to practice. EDUCAUSE Learning Initiative，2012，20（2）：1-5.

[5] Eckerson W W. Performance Dashboards：Measuring，Monitoring，and Managing Your Business. New York：John Wiley and Sons，2010.

[6] Elias T. Learning analytics：Definitions，processes and potential. Learning，2011，（23）：134-148.

[7] 徐晓民. 面向在线学习社区提问者的推荐系统设计与实现. 武汉：华中师范大学，2018.

[8] Meng Y，Huang J，Zhang Y，et al. On the power of pre-trained text representations：Models and applications in text mining. Proceedings of the 27th ACM SIGKDD Conference on Knowledge Discovery and Data Mining，New York，2021：4052-4053.

[9] 张琪，武法提. 学习分析中的生物数据表征——眼动与多模态技术应用前瞻. 电化教育研究，2016，37（9）：76-81，109.

[10] Siemens G . Orientation：Sensemaking and Wayfinding in Complex Distributed Online Information Environments. Aberdeen：University of Aberdeen，2012.

[11] Knight S，Shum S B. Theory and Learning Analytics. New York：Solar，2017：17-22.

[12] Frezzo D C，Behrens J T，Mislevy R J. Activity theory and assessment theory in the design and understanding of the packet tracer ecosystem. International Journal of Learning and Media，2009，1（2）：1-24.

[13] 戴维·涅米，罗伊·D. 皮，博罗·萨克斯伯格，等. 教育领域学习分析. 韩锡斌，韩赟儿，程建钢，译. 北京：清华大学出版社，2020.

[14] Bergner Y. Measurement and its uses in learning analytics. Handbook of Learning Analytics，2017，35（2）：34-48.

[15] 张舸，周东岱，葛情情. 自适应学习系统中学习者特征模型及建模方法述评. 现代教育技术，2012，22（5）：77-82.

[16] 孙飞鹏，于淼，汤京淑. 基于知识图谱的汉语词汇学习资源推荐研究——以 HSK 三级词汇为例. 现代教育技术，2021，31（1）：76-82.

[17] 卢春华，杨辉，李云鹏. 一种基于本体和循环神经网络的在线学习资源推荐技术. 情报理论与实践，2019，42（12）：150-155，138.

[18] 李浩君，张广，王万良，等. 基于多维特征差异的个性化学习资源推荐方法. 系统工程理论与实践，2017，37（11）：2995-3005.

[19] 赵呈领，陈智慧，黄志芳. 适应性学习路径推荐算法及应用研究. 中国电化教育，2015，（8）：85-91.

[20] 黄志芳，赵呈领，黄祥玉，等. 基于情境感知的适应性学习路径推荐研究. 电化教育研究，2015，36（5）：77-84.

[21] 杨丰玉，陈雨安，聂伟，等. 基于过程数据的学习预警模型设计与功能实现. 现代教育技术，2021，31（7）：97-104.

[22] 朱郑州，李政辉，刘煜，等. 学习预警研究综述. 现代教育技术，2020，30（6）：39-46.

[23] 陈海建，韩冬梅，陈蕾蕾，等. 开放教育多模教学模型的探索与研究. 中国远程教育，2014（13）：38-44，95-96.

[24] Huang Z，Liu Q，Chen E，et al. Question difficulty prediction for READING problems in standard tests. 31st AAAI Conference on Artificial Intelligence，San Francisco，2017：1352-1359.

[25] Liu Q，Huang Z，Yin Y，et al. EKT：Exercise-aware knowledge tracing for student performance prediction. IEEE Transactions on Knowledge and Data Engineering，2019，33（1）：100-115.

[26] Pelánek R. Measuring similarity of educational items：An overview. IEEE Transactions on Learning Technologies，2019，13（2）：354-366.

[27] Liu Q，Huang Z，Huang Z，et al. Finding similar exercises in online education systems. Proceedings of the 24th ACM SIGKDD International Conference on Knowledge Discovery and Data Mining，London，2018：1821-1830.

[28] Rihák J，Pelánek R. Measuring similarity of educational items using data on learners' performance. International Educational Data Mining Society，Wuhan，2017：16-23.

[29] Huang Z，Liu Q，Gao W，et al. Neural mathematical solver with enhanced formula structure. Proceedings of the 43rd International ACM SIGIR Conference on Research and Development in Information Retrieval，Xi'an，2020：1729-1732.

[30] Hoppe H U. Computational Methods for the Analysis of Learning and Knowledge Building Communities. New York：Solar，2017：23-33.

[31] Prinsloo P，Slade S. Ethics and Learning Analytics：Charting the（Un）Charted. New York：Solar，2017：49-57.

[32] Johnson S，Zaiane O. Deciding on feedback polarity and timing. Educational Data Mining，Chania，2012：220-221.

[33] 李梦蕾，李爽，沈欣忆. 2007—2017 年我国学习分析研究进展与现状分析——基于国内核心学术期刊文献的分析. 中国远程教育，2018（10）：5-15，78.

[34] Wise A F，Shaffer D W. Why theory matters more than ever in the age of big data. Journal of Learning Analytics，2015，2（2）：5-13.

[35] Siemens G. Learning analytics：The emergence of a discipline. American Behavioral Scientist，2013，57（10）：1380-1400.
[36] Ifenthaler D. Towards a learning analytics framework：Identifying the effectiveness of preparatory units. Proceedings of the American Educational Research Association 2014 Annual Meeting，Washington，2014.
[37] 郭炯，郑晓俊. 基于大数据的学习分析研究综述. 中国电化教育，2017，（1）：121-130.
[38] 张玮，王楠. 学习分析模型比较研究. 现代教育技术，2015，25（9）：19-24.
[39] 王洋，刘清堂，张文超，等. 数据驱动下的在线学习状态分析模型及应用研究. 远程教育杂志，2019，37（2）：74-80.
[40] Fincham E，Gašević D，Jovanović J，et al. From study tactics to learning strategies：An analytical method for extracting interpretable representations. IEEE Transactions on Learning Technologies，2018，12（1）：59-72.
[41] 李艳燕，彭禹，康佳，等. 在线协作学习中小组学习投入的分析模型构建及应用. 中国远程教育，2020（2）：40-48，77.
[42] 何克抗. “学习分析技术”在我国的新发展. 电化教育研究，2016，37（7）：5-13.
[43] 郑旭东，杨九民. 学习分析在高等教育领域内的创新应用：进展、挑战与出路. 中国电化教育，2016（2）：1-7.
[44] 李香勇，左明章，王志锋. 学习分析的研究现状与未来展望——2016 年学习分析和知识国际会议述评. 开放教育研究，2017，23（1）：46-55.
[45] 马玉慧，王珠珠，王硕烁，等. 面向智慧教育的学习分析与智能导学研究——基于 RSM 的个性化学习资源推送方法. 电化教育研究，2018，39（10）：47-52，82.
[46] 兰国帅，钟秋菊，郭倩，等. 自我效能、自我调节学习与探究社区模型的关系研究——基于网络学习空间中开展的混合教学实践. 中国电化教育，2020（12）：44-54.
[47] 黄昌勤，涂雅欣，俞建慧，等. 数据驱动的在线学习倦怠预警模型研究与实现. 电化教育研究，2021，42（2）：47-54.
[48] 胡航，杜爽，梁佳柔，等. 学习绩效预测模型构建：源于学习行为大数据分析. 中国远程教育，2021（4）：8-20.
[49] 陈向东，陈佳雯，杨德全. 共享调节学习中的监控过程：理论模型与解释案例. 电化教育研究，2022，43 （2）：11-18.
[50] Han J. Mining heterogeneous information networks by exploring the power of links. International Conference on Discovery Science，Berlin，2009：13-30.
[51] Sun Y，Han J. Mining heterogeneous information networks：A structural analysis approach. ACM SIGKDD Explorations Newsletter，2013，14（2）：20-28.
[52] Ma Y，Yang N，Li C，et al. Predicting neighbor distribution in heterogeneous information networks. Proceedings of the 2015 SIAM International Conference on Data Mining，Society for Industrial and Applied Mathematics，Vancouver，2015：784-791.
[53] Tang J，Lou T，Kleinberg J，et al. Transfer learning to infer social ties across heterogeneous networks. ACM Transactions on Information Systems，2016，34（2）：1-43.

[54] Shi C，Li Y，Zhang J，et al. A survey of heterogeneous information network analysis. IEEE Transactions on Knowledge and Data Engineering，2017，29（1）：17-37.
[55] Crossley S，Paquette L，Dascalu M，et al. Combining click-stream data with NLP tools to better understand MOOC completion. Proceedings of the 6th International Conference on Learning Analytics and Knowledge，Edinburgh，2016：6-14.
[56] 胡勇，王陆. 异步网络协作学习中知识建构的内容分析和社会网络分析. 电化教育研究，2006，27（11）：30-35.
[57] 菅保霞，姜强，赵蔚，等. 大数据背景下自适应学习个性特征模型研究——基于元分析视角. 远程教育杂志，2017，35（4）：87-96.
[58] Wasserman S，Faust K. Social Network Analysis：Methods and Applications. Cambridge：Cambridge University Press，1994.
[59] Zeini S，Göhnert T，Hecking T，et al. The Impact of Measurement Time on Subgroup Detection in Online Communities. Berlin：Springer，2014：249-268.
[60] Zumbach J，Muehlenbrock M，Jansen M，et al. Multi-dimensional tracking in virtual learning teams an exploratory study. Proceedings of the Conference on Computer Support for Collaborative Learning：Foundations for a CSCL Community，Boulder，2002：650-651.
[61] Balacheff N，Ludvigsen S，de Jong T，et al. Technology-Enhanced Learning. Berlin：Springer，2009.
[62] Elkina M，Fortenbacher A，Merceron A. The learning analytics application lemo-rationals and first results. International Journal of Computing，2013，12（3）：226-234.
[63] Bannert M，Reimann P，Sonnenberg C. Process mining techniques for analysing patterns and strategies in students' self-regulated learning. Metacognition and Learning，2014，9（2）：161-185.
[64] 晋欣泉，邢蓓蓓，杨现民，等. 智慧课堂的数据流动机制与生态系统构建. 中国远程教育，2019（4）：74-81，91，93.
[65] Rosé C，Wang Y C，Cui Y，et al. Analyzing collaborative learning processes automatically：Exploiting the advances of computational linguistics in computer-supported collaborative learning. International Journal of Computer-Supported Collaborative Learning，2008，3（3）：237-271.
[66] Sherin B. A computational study of commonsense science：An exploration in the automated analysis of clinical interview data. Journal of the Learning Sciences，2013，22（4）：600-638.
[67] Hecking T，Ziebarth S，Hoppe H U. Analysis of dynamic resource access patterns in online courses. Journal of Learning Analytics，2014，1（3）：34-60.
[68] Wise A F，Cui Y，Vytasek J. Bringing order to chaos in MOOC discussion forums with content-related thread identification. Proceedings of the 6th International Conference on Learning Analytics and Knowledge，Edinburgh，2016：188-197.
[69] 武法提，牟智佳. 基于学习者个性行为分析的学习结果预测框架设计研究. 中国电化教育，2016（1）：41-48.
[70] 武法提，田浩. 挖掘有意义学习行为特征：学习结果预测框架. 开放教育研究，

2019，25（6）：75-82.
[71] 王希哲，黄昌勤，朱佳，等. 学习云空间中基于大数据分析的学情预测研究. 电化教育研究，2018，39（10）：60-67.
[72] 牟智佳. 学习计算视阈下基于 CIEO 分析思想的学习结果预测设计与实证研究. 电化教育研究，2019，40 （10）：68-75.
[73] Drachsler H，Hummel H，Koper R. Personal recommender systems for learners in lifelong learning networks：Requirements，techniques and model. International Journal of Learning Technology，2008，3（4）：404-423.
[74] Walker A，Recker M M，Lawless K，et al. Collaborative information filtering：A review and an educational application. International Journal of Artificial Intelligence in Education，2004，14（1）：3-28.
[75] 吴笛，李保强. 基于情境感知的学习资源关联分析与推荐模型研究. 中国远程教育，2017（2）：59-65，80.
[76] 黄昌勤，俞建慧，王希哲. 学习云空间中基于情感分析的学习推荐研究. 中国电化教育，2018（10）：7-14，39.
[77] 刘敏，郑明月. 智慧教育视野中的学习分析与个性化资源推荐. 中国电化教育，2019（9）：38-47.
[78] 舒莹，姜强，赵蔚. 在线学习危机精准预警及干预：模型与实证研究. 中国远程教育，2019（8）：27-34，58，93.
[79] Pardo A，Poquet O，Martínez-Maldonado R，et al. Provision of Data-Driven Student Feedback in LA and EDM. New York：Solar，2017：163-174.
[80] Kane M. Errors of Measurement，Theory，and Public Policy. [2021-10-07]. https://files.eric.ed.gov/ fulltext/ ED509385.pdf.
[81] Vatrapu R，Reimann P，Bull S，et al. An eye-tracking study of notational，informational，and emotional aspects of learning analytics representations. Proceedings of the 3rd International Conference on Learning Analytics and Knowledge，New York，2013：125-134.
[82] Wen M，Yang D，Rosé C. Linguistic reflections of student engagement in massive open online courses. Proceedings of the International AAAI Conference on Web and Social Media，Ann Arbor，Michigan USA，2014：525-534.
[83] Ramesh A，Goldwasser D，Huang B，et al. Modeling learner engagement in MOOCs using probabilistic soft logic. NIPS Workshop on Data Driven Education，2013，21：62.
[84] Wen M M，Yang D Y，Rose C P. Sentiment analysis in MOOC discussion forums：What does it tell us？Proceedings of the 7th International Conference on Educational Data Mining，London，2014：130-170.
[85] Liu S，Liu S，Liu Z，et al. Automated detection of emotional and cognitive engagement in MOOC discussions to predict learning achievement. Computers and Education，2022，181：104461.
[86] Li L，Johnson J，Aarhus W，et al. Key factors in MOOC pedagogy based on NLP sentiment analysis of learner reviews：What makes a hit. Computers and Education，2022，176：104354.
[87] 吴林静，高喻，涂凤娇，等. 基于语义的在线协作会话学习投入自动分析模型

及应用研究. 电化教育研究，2022，43（3）：77-84.
[88] Min K K，Kim S M. Dynamic learner engagement in a wiki-enhanced writing course. Journal of Computing in Higher Education，2020（3）：1-25.
[89] 马志强，苏珊，张彤彤. 基于学习投入理论的网络学习行为模型研究——以“网络教学平台设计与开发”课程为例. 现代教育技术，2017，27（1）：74-80.
[90] Lord F M，Novick M R. Statistical Theories of Mental Test Scores. Englewood：Information Age Publishing，2008.
[91] Luria R E. The validity and reliability of the visual analogue mood scale. Journal of Psychiatric Research，1975，12（1）：51-57.
[92] DeVellis R F，Thorpe C T. Scale Development：Theory and Applications. London：Sage Publications，2021.
[93] Sijtsma K. Introduction to the measurement of psychological attributes. Measurement，2011，44（7）：1209-1219.
[94] Millsap R E. Statistical Approaches to Measurement Invariance. London：Routledge，2012.
[95] American Educational Research Association，American Psychological Association，National Council on Measurement in Education. Standards for Educational and Psychological Testing. Washington：AERA，2014.
[96] Messick S. Validity of psychological assessment：Validation of inferences from persons' responses and performances as scientific inquiry into score meaning. American Psychologist，1995，50（9）：741-749.
[97] Skrondal A，Rabe-Hesketh S. Generalized Latent Variable Modeling：Multilevel，Longitudinal，and Structural Equation Models. Boca Raton：Chapman and Hall，2004.
[98] Tempelaar D T，Rienties B，Giesbers B. In search for the most informative data for feedback generation：Learning analytics in a data-rich context. Computers in Human Behavior，2015，47：157-167.
[99] Fabrigar L R，Wegener D T，MacCallum R C，et al. Evaluating the use of exploratory factor analysis in psychological research. Psychological Methods，1999，4（3）：272.
[100] Milligan S K，Griffin P. Understanding learning and learning design in MOOCs：A measurement-based interpretation. Journal of Learning Analytics，2016，3（2）：88-115.
[101] Bergner Y，Rayyan S，Seaton D，et al. Multidimensional student skills with collaborative filtering. American Institute of Physics Conference Proceedings，2013，1513（1）：74-77.
[102] Desmarais M C，Baker R S J D. A review of recent advances in learner and skill modeling in intelligent learning environments. User Modeling and User-Adapted Interaction，2012，22（1）：9-38.
[103] Tatsuoka K K. Rule space：An approach for dealing with misconceptions based on item response theory. Journal of Educational Measurement，1983，20（4）：345-354.
[104] Rupp A A，Templin J L. Unique characteristics of diagnostic classification models：A comprehensive review of the current state-of-the-art. Measurement，2008，6（4）：219-262.
[105] Brennan R L. Educational Measurement. Washington：Rowman and Littlefield Publishers，2006.

[106] 刘儒德. 影响计算机辅助课堂教学效果的因素. 中国电化教育，1997，（3）：4-9.
[107] 谢丽，陈伟杰，李念. 学习动机：网络学习“驱动器”. 现代远程教育研究，2006，（3）：39-41.
[108] 王丽娜. “学做一体”教学模式的构建与实施. 中国职业技术教育，2009，（26）：28-30.
[109] 魏顺平. 学习分析技术：挖掘大数据时代下教育数据的价值. 现代教育技术，2013，23（2）：5-11.
[110] 刘清堂，何皓怡，吴林静，等. 基于人工智能的课堂教学行为分析方法及其应用. 中国电化教育，2019，（9）：13-21.
[111] 孙妍妍，顾小清，丰大程. 面向学习者画像的评估工具设计：中小学生“学会学习”能力问卷构建与验证研究. 华东师范大学学报（教育科学版），2019，37（6）：36-47.
[112] 白雪梅，顾小清. K12 阶段学生计算思维评价工具构建与应用. 中国电化教育，2019（10）：83-90.
[113] 胡艺龄，顾小清. 基于学习分析技术的问题解决能力测评研究. 开放教育研究，2019，25（2）：105-113.
[114] 郑隆威，冯园园，顾小清. 学习成果可测了吗：基于学习分析方法的认知分类有效性研究. 电化教育研究，2019，40（1）：77-86.

第二章　短文本学习分析的理论框架

第一节　引　　言

一、理论框架的背景

1. 针对理论框架内涵的思考

文献[1]提出“制定理论（框架）是为了解释、预测和理解现象，并在不同情况下，在关键边界假设的范围内挑战和扩展现有知识。理论框架是支撑研究理论的架构，是引入、描述和解释所研究问题为何存在的理论”。

针对该描述内容的进一步分析如下：①“制定理论（框架）”即形成理论框架，目标是对研究的过程或途径、方法等提供合理的支撑，对研究（也包括实验）结论给出合理的解释、猜想或预测；②“关键边界假设”指研究者可以认知到的待求解问题范围，这个范围代表了研究者的知识水平或认知能力；③“挑战”指对现有知识（见解或结论）等提出质疑；④“扩展现有知识”指形成新的知识或见解，即为了解决某一研究领域的具体问题（如在人工智能中的深度学习模型下求解学习者成绩预测问题），该理论框架可以引入特定模型（如人工智能中的深度学习模型）；⑤构建理论框架的作用或意义是采用针对特定研究问题所构建的理论框架，使得研究者“可以利用这些知识和对于知识的理解，以更明智和有效的方式采取行动[1]”，这些“行动”可以是预测、推荐（或干预）等；⑥为了在本书中实现“针对特定研究问题构建的理论框架”，进一步的做法是针对本书定义问题，在求解过程中定义各阶段的具体任务，为实际研究与实证工作的开展奠定基础。

概括起来，本节将构建的 TFSTLA 是一种结合了特定问题而得出的问题求解框架。在构建该框架时，既要考虑需要用到的领域基础理论，也要考虑特定的问题域和研究视角。这意味着，在应用 TFSTLA 的过程中，可以依据特定领域研究与应用的需求，动态融入特定理论与模型（如在短文本学习分析中引入教育理论和人工智能深度学习模型），这是进行具体问题研究与实施应用的基础。TFSTLA 这种问题求解框架既对相关研究问题（如短文本学习分析）的研究途径（包括方法）提供了合规性支撑，也对研究结果的合理性解释提供了相关理论支持。注意，如果该理论框架本身不能对短文本学习分析结果进行解释，则可以考虑引入相关领域知识或特定领域理论后，进而对分析结果做出合理的解释或有依据的推论。

2. 理论框架的研究意义与价值

研究 TFSTLA 的意义体现在：①为教学干预的精准化实施提供理论基础[1]；②帮助学习者发现学习问题和理解自己的学习过程；③该理论框架是研究者进行短文本学习分析的行动指南，因为它是针对特定研究领域（如短文本学习分析）进行构建的；④该理论框架是对学习分析理论的深度创新和发展，因为“理论框架包括概念、概念的定义和对相关学术文献的参考，以及用于特定研究的已知理论[1]”。

研究 TFSTLA 对学习分析具有重要的价值。首先，TFSTLA 支撑了针对短文本学习分析结果的解释，文献[1]强调了理论框架必须联系实际，才能形成指导实际领域特定问题的求解框架。其次，TFSTLA 是一种研究短文本学习分析的方法论，正式研究中通常应先将理论框架作为基础，但这些理论框架很有可能是潜在地嵌入在研究与应用的上下文背景之中，而不会是现成的、一目了然的内容，如果想要获得该框架，需要对研究与应用的上下文环境等做认真总结和提炼，这意味着获得一种理论框架的途径是调研与具体研究问题相关的理论并将其包含在框架之中，而这些应用领域中的相关理论的选择应取决于应用的需求，以及理论本身的适用性和解释力等因素。再次，TFSTLA 帮助研究者界定自己的研究范畴，即“理论框架指定了哪些关键变量会影响结果，并强调需要检查这些关键变量之间的区别及在什么情况下会产生这些区别[1]”，在此的关键变量可进一步提炼成相关应用领域中的研究问题。最后，TFSTLA 为相似研究提供一种思路，有用的理论框架是一种开放框架，可进行扩展或改造甚至重构该问题求解框架。

二、学习分析理论框架的研究现状与启迪

1. 基于教育领域学习分析的视角

研究者围绕教育教学实际需求场景，选择合适的学习分析技术来解决其中的难题，在此过程中需要重视理论的指导作用，以及理论在对应用活动的设计与结果解释等方面的价值。为此，文献[2]提出将教育领域中的学习分析构建在活动理论基础之上，并融合多门交叉学科的领域知识，该研究在形成独立的学习分析理论与方法途径上进行了有益探索，形成了探究学习分析领域问题的宏观视角和指导性原则。此外，文献[2]提出将教学法

置于文化历史活动理论框架下，以研究或设计相关教育活动的结构和过程，并在依据数据驱动技术形成结论的过程中，融入以证据为中心的设计，实现有意义的教学评价。在构建具体领域的学习分析核心关键服务或模型集时，需要考虑多种方法并存，这为研究者提供了更宽泛的分析框架，以获得可信和可解释的学习分析结论。

2. 基于活动理论的视角

活动理论作为阐释人类社会各种活动的一般性框架，将学习活动看作不同要素相互作用的完整系统[3]，这有助于详细阐明活动中产生的各项行为。

（1）活动理论能够为相关的研究提供活动实施框架[4-6]，具体研究工作可从理论构建层、模型层和应用实例层角度进一步概述。从理论构建层出发，基于活动理论视角构建的混合学习投入度研究框架可用于探索混合学习投入度及其产出要素[7]。从模型层出发，基于活动理论所构建的团队协作学习分析模型，可为全面认识网络协作学习活动提供指导框架，并使得协作学习分析实践活动具有较好的可操作性[8]。从应用实例层出发，基于活动理论所构建的针对职业教育虚实融合场景化的学习框架，促进了职业教育教学改革新样态的形成[9]。

（2）活动理论能够帮助研究者深入地理解教育现象[10]，从应用视角出发，相关工作概述如下：文献[11]使用活动理论解释了视频会议支持的学习环境下发生的一系列问题，为更好的视频会议支持服务提供了有价值的见解；文献[12]使用活动理论分析了英语教师在信息技术与课程整合中的矛盾，帮助研究者更好地确定技术整合中的关键冲突；文献[13]从活动理论的视角分析了课程研究中理论与实践的冲突与融合方面的问题。

综上，采用活动理论能够指导相关研究所需的研究活动的设计，并基于应用域的相关理论对所获得的结果加以解释。这意味着，采用活动理论有助于指导短文本学习分析领域的设计研究活动和实践活动。

3. 基于 EPA 理论的视角

文献[14]提出将 EPA 理论作为学习分析研究的理论基础。EPA 理论（简记为 EPA）涉及认识论、教学法和评估（也称为评测或测评或评价）三元素，刻画了教育教学中的理论与实践之间的关系，以启发式问题的形式为研究者开发自己的研究与实践框架提供了指导。

下面将从 EPA 中的各元素之间的关系，以及 EPA 对于短文本学习分析研究有何作用两个方面加以描述。

首先，从 EPA 中的相关元素之间的关系视角加以描述。①针对 EPA 中的理论-实践之间的关系。该关系指的是教育心理等相关领域的基础理论与学习分析实践（如短文本学习分析实践）之间的关系，这可以直接使用理论与实践之间的关系加以描述，即实践是理论的基础，其对理论有决定性作用，实践是检验理论是否正确的唯一标准，理论对实践有反作用，科学的理论对实践有指导作用。总之，理论和实践是相辅相成的关系，缺一不可，不能割裂这两者的辩证关系，孤立地强调其中的一个方面，借助工具的实践活动是有意义的[15]。②针对理论-评估之间的关系。在认识论的观点下，在评估与理论之间取得一致具有一定的挑战性，其中评估是研究者理解知识和教育认知规律的动力，理论影响着研究者评估的对象、动机及评估的方式[16]。③针对评估-实践之间的关系。如果将学习分析技术视作一种新的评估手段，那么评估既可能支持实践，也可能挑战实践，即学习分析在某些条件下有可能支持当前的教育实践，但在另外一些条件下将挑战教育实践并要求重塑教育[14]，因此需考虑评估定位，这对于设计基于学习分析的教育系统非常重要。④需认真面对学习分析算法可能会忽略并掩盖学习过程中的某些关键要素，这会影响到研究者对学习分析实证结果的解释。

其次，从 EPA 对于短文本学习分析研究的作用视角加以描述。一方面，EPA 将学习分析视为一种新的评估手段，为开发短文本学习分析视域下的学习分析工具提供了可行的指导，其具体表现是学习分析工具的开发需要理论的指导、教学法的支持及科学的评价，而 EPA 中的认识论可以帮助短文本学习分析工具确定衡量内容（如衡量知识掌握程度、相关能力水平和学习者的学习兴趣等问题），EPA 中的教学法帮助短文本学习分析工具确定所衡量内容的重要性及待评估的对象（如教育管理部门、学校和个别学习者）。EPA 中的评估指导学习分析工具评估的维度及何时进行评估（如事后反馈、实时反馈等）[14]。另一方面，从宏观的视角，EPA 为短文本学习分析研究提供了重要的理论支撑。从本书的主要脉络（理论构建、学习分析基础核心服务开发、学习评估）可以看出，短文本学习分析下研究问题与研究内容的提出和解决强调了认识论（理论构建）、教学法（学习分析基础核心服务开发）和评估（学习评估）在研究中的重要作用。总之，EPA 为短文本学习分析研究解决“做什么”这一核心问题提供了解决的视角。

4. 现有研究工作对于短文本学习分析理论框架研究与构建的启迪

（1）活动理论较为宏观，可以指导研究活动和实践活动设计等，这解决了“怎么做”的问题。应用好活动理论，可以实现针对问题求解阶段中的各种相关活动的设计，即需要明确知道求解的问题是什么，仅就这一需求而言，活动理论本身无法给出答案，这意味着需要进一步与其他理论（如 EPA）相配合，才能获取学习分析技术所面对的“做什么”方面的问题。

（2）EPA 中的认识论虽然能够帮助短文本学习分析研究确定要研究的问题或内容（做什么），但具体求解这些问题时还需要结合领域知识与理论，如算法设计与分析方面的知识，以及统计方法或人工智能深度学习方面的模型与理论。

（3）在教学过程的多个环节中，反馈是一种教学活动中进行交流的手段，为了实现教学的目的，有效的干预措施也必不可少。学习分析通过反馈这一手段为利益相关者提供所需的干预（帮助），而干预对于教学过程的作用和重要意义不言而喻。例如，当预测模型预测出某位学习者在未来可能出现某课程挂科时，若将这种趋势信息反馈给教师，教师可以通过干预手段对该生实施相关的干预（帮助），以将未来可能会出现坏情况的风险降到最低。这意味着，实施干预活动是应用学习分析技术的根本目的之一，也是驱动应用学习分析技术的核心动力。

依据文献[14]的描述内容，可知原 EPA 理论框架中涉及反馈，但该理论框架未明确提及干预这一要素。为此，本节认为有必要考虑扩展原 EPA，将干预增加到 EPA 理论框架之中。也就是说，研究者可以依据研究需求，在 EPA 理论原有的三个维度的基础上增加干预维度，将这种增强后的 EPA 理论记为 EPAI 理论（简记为 EPAI）。

（4）综合上述研究据我们所知，现有研究大多单独地从 EPA 或活动理论视角开展学习分析领域的相关研究与应用，鲜有将这两个理论结合在一起指导学习分析的研究框架。站在问题求解角度，其要解决的两个核心基本问题是“做什么”和“怎么做”，而 EPAI 恰能解决“做什么”的问题，而活动理论则能够解决“怎么做”的问题。因此，需要将这两个理论结合起来，以解决短文本学习分析领域中的研究与应用问题。

三、研究与实践中的实例

1. 面向对象软件工程混合课程

面向对象软件工程（OOSE）是软件工程专业的一门重要的专业课程，其组织形式为混合课程，即教学设计中包含了线下的课堂教学和线上团队讨论。该课程的教学目标是让学习者了解采用工程化方法开发应用软件系统的过程，学习软件开发所必备的知识和技能，培养学习者在分析与解决问题、系统实现与部署、协作与沟通等方面的能力。该课程的内容涉及采用面向对象技术实现软件的需求获取、分析与建模、系统设计与对象设计，并将在此过程中采用 UML 建立的系统模型（用例模型、对象模型和动态模型）转化成可运行和部署的程序代码，以实现应用系统目标。

学习者在学习这门课程时，一方面要紧抓软件质量保障这条主线，站在软件生命周期视角正确理解和应用面向对象分析与设计中的原理、方法、技术与工具；另一方面要注重与掌握建立在团队沟通和协作基础上的工程实践活动。这要求学习者除了需要全面掌握面向对象软件工程中的概念术语、过程/步骤、文档模板与撰写质量要求等基础内容，还要重点参与与体验以团队方式开发应用软件系统为目的的实践活动。

因此，基于团队协作的软件需求获取、分析与建模、系统设计与对象设计等是本课程教与学的重点和难点，该课程属于典型的混合课程，既有课堂教学环节，也有线上内容学习；既有建立在课堂上的翻转课堂活动，以实现协作学习，也有课下建立在线上的团队讨论与协作活动，以实现可运行的原型系统；既有成员个体的编程实现活动，也有成员之间的协作问题求解活动，还有不同阶段由教师与各团队学习者参与的项目验收与演示活动。本书将这些阶段中相关活动的数据（其最终呈现形式为短文本）和成果（如软件文档和系统原型等）记录下来，开展基于短文本的学习分析研究与实践，选择某高校软件工程本科专业的 OOSE 课程并将其作为本书的研究案例与应用的场景。

2. 收集 OOSE 课程中产生的短文本数据

在 OOSE 课程中，一项重要的教学目标是学习者将围绕“学习分析系统的设计与开发”进行团队协作活动，一种具体的协作流程如下：首先，教师会在团队协作前发布每周的具体讨论任务；其次，每个团队展开深入的讨论并完成相关的协作任务；然后，不同的学习者团队之间开展互评，教师也会提出相关的意见和建议；最后，在听取其他团队和教师的意见后，该学习团队做进一步讨论，完善团队作品。在整个协作流程中，将产生相应的短文本数据，收集并记录即成为后续需要进一步进行学习分析的数据。

四、问题描述

研究 TFSTLA，并对其加以应用，涉及“如何构建该框架”和“怎么应用该框架”两个核心问题。

这意味着，一是基于现有的基础理论（如活动理论和 EPA 或 EPAI 理论框架），解决如何构建 TFSTLA 的问题；二是应用 TFSTLA 指导短文本学习分析研究，并将产出的研究成果（如预测模型或推荐模型等）应用于相关的实际场景。

因此，本节将探索如下三个问题。

问题 RQ2.1：如何研究短文本学习分析范畴下的 TFSTLA（如何构建该框架）？

问题 RQ2.2：如何定义 TFSTLA 中的内容（该框架的结果）？

问题 RQ2.3：怎样应用 TFSTLA 指导进一步的短文本学习分析问题求解框架下的各阶段任务设计（该框架支持下的应用）？

其中，问题 RQ2.1 将在第二章第一节之“五”中进行阐述；问题 RQ2.2 将在第二章第二节～第二章第五节进行阐述；问题 RQ2.3 将在第二章第六节进行阐述。

五、研究过程与途径

1. 研究过程

针对第二章第一节之“四”中所定义的问题 RQ2.1，可以从制定融入 TFSTLA 的理论基础的选择标准、构建 TFSTLA 的基础理论、支持 TFSTLA 的问题研究和活动设计、形成 TFSTLA 和应用 TFSTLA 这 5 个视角开展研究。

1）制定融入 TFSTLA 的理论基础的选择标准

先定义一类用于选择构建 TFSTLA 理论基础的标准，目的是对构建该理论框架提供相关支撑，故针对候选中的待融入的基础理论，具体选择准则如下。

准则 1：该理论能支持解决 TFSTLA“是什么”的问题。

准则 2：该理论能支持解决 TFSTLA“做什么”的问题。

准则 3：该理论能支持解决 TFSTLA“怎么做”的问题。

准则 4：该理论能支持解决 TFSTLA“怎么用”的问题。

准则 5：该理论能支持解决 TFSTLA“怎么评”的问题。

需要说明的是，由于准则 5 所涉及的“怎么评”问题相对独立，我们将在本章的第三节和本书的第六章中具体研究，本节则仅针对前四个准则开展讨论。

2）构建 TFSTLA 的基础理论

依据上述前四个准则选择融入 TFSTLA 的基础理论，并在必要时扩展或增强相关理论，可使 TFSTLA 构建在可信基础之上，同时也使得通过应用 TFSTLA 所得到的结论更具有可解释性。

为了满足准则 1，我们选择了若干学习分析的经典定义，从这些定义分析入手，解决 TFSTLA“是什么”的问题，即 TFSTLA 包含了什么内容。

为了满足准则 2，选择了认知框架理论 EPA，以分析并解释短文本学习分析过程中的“认识论、教学法及评测”等关键因素之间的关联机制，确定 TFSTLA“做什么”的问题。为了满足准则 3，选择了活动理论，以支持设计并构建短文本学习分析过程中的研究活动和实践活动，解决 TFSTLA“怎么做”的问题。为了满足准则 4，结合 TFSTLA 定义的问题各阶段任务（由准则 2 给出）和问题研究与解决的途径（由准则 3 给出），选择领域模型或方法，以解决 TFSTLA“怎么用”的问题。

3）支持短文本学习分析理论框架的问题研究和活动设计

在此的短文本学习分析理论框架的问题研究，涉及该框架“是什么”和“做什么”这两个关键问题，而活动设计涉及该框架“怎么做”这一核心问题。

为此，首先针对学习分析定义进行讨论并给出 TFSTLA“是什么”，具体内容详见第二章第二节之“一”；其次在 EPAI 视角下对 TFSTLA 的问题研究进行详细梳理，指导短文本学习分析中的问题与研究任务的提出，具体内容详见第二章第三节；最后在活动理论下对 TFSTLA 展开详细设计，为进一步的短文本学习分析中的研究活动和实践活动奠定方法学层面的基础，具体内容将在第二章第四节中描述。

4）形成短文本学习分析理论框架

基于 EPAI 理论和活动理论的融合视角构建本书中的 TFSTLA，具体内容的探究将在第二章第五节中进行描述。

5）应用短文本学习分析理论框架

对通过 TFSTLA 定义的短文本学习分析生命周期中的各阶段的问题（任务），以及对提供解决这些问题（任务）的途径与方法等方面进行研究与应用，并在此基础上开展应用，具体内容详见第二章第六节。

2. 研究途径

（1）确定核心术语的内涵，据此作为研究的基础和起点，回答短文本学习分析理论框架“是什么”的问题。这是理论框架要解决的第一个核心关键问题。为了解决此问题，一种研究思路是从国内外主要的学习分析概念出发，确定学习分析的内涵或元概念。进而从这些内涵或元概念出发，给出短文本学习分析理论框架的定义。

（2）确定研究对象、问题的范围和主要的研究内容，回答要“做什么”的问题。这是理论框架要解决的第二个核心关键问题。为了回答这一问题，先回顾一下学习分析研究中的理论框架及其功能与作用，进一步借鉴和扩展该框架，为构建 TFSTLA 打下基础。

传统的 EPA 框架是一种融合了多领域方法的学习分析理论框架[14]，该框架所包括的三类基础方法是网络分析方法（如 SNA 方法和 ENA 方法，以及融合了这两种方法的 SENS 方法）、面向过程的交互分析方法（如序列分析方法和基于自动机理论的过程挖掘计算方法等）和基于文本挖掘的内容分析方法（如 LDA 和网络文本分析方法等），运用该框架中的这些方法可以解决学习分析的相关具体问题。可见，构建学习分析理论框架的主要目标是选择或开发一套实用的研究方法，并应用这些方法解决相关问题。

（3）确定问题研究与实践实施的理论框架，回答“怎么做”的问题。这是理论框架要解决的第三个核心关键问题。具体做法是在活动理论下展开对短文本学习分析理论框架的详细设计，为进一步的研究活动和实践活动提供基础。

（4）基于该理论框架，展开具体的研究与实践活动，回答“怎么用”的问题。这部分内容与待研究的应用域中的问题相关，具体做法是利用这些服务开展具体的实证活动（如预测学习者成绩或依据学习者的兴趣进行学习资源推荐等）并评估实证效果或学习者的各方面能力。

第二节　构建 TFSTLA 的基础理论

支持研究活动及实践活动设计的活动理论和研究认知的EPA认知理论框架是教育科学研究领域的两类基础理论。本节将活动理论和认知理论框架作为构建 TFSTLA 的基础，这两个基础理论分别从宏观（即基于认知框架定义研究范畴，其所针对的为短文本学习分析研究中的元问题）和中观（即基于活动理论定义研究活动与实践活动）的视角刻画了 TFSTLA 的基础骨架，据此展开的具体内容研究属于微观（即基于服务的应用研究，涉及相关具体模型或算法及其实证等）视角的范畴，具体细节将在本书的后续各章中展开。

一、什么是 TFSTLA

在进一步开展具体研究之前，首先要回答什么是 TFSTLA 这一问题。为此，我们选择了部分学习分析定义，因为这些定义及术语所涉及的内涵或元概念，将是回答短文本学习分析理论框架“是什么”的前提和基石。

对于学习分析相关定义的梳理如下：①从内涵或元概念上看，现有的学习分析可定义为一种测量、收集、分析和报告有关学习者及其学习环境的数据并用于理解和优化学习及其产生环境的技术[17]；②学习分析是一种利用数据与模型去预测学习者在学习中的进步和表现，进而预测其未来表现或发现潜在问题的技术[18]；③ Hoppe[19]提出的学习分析开发理论认为学习分析的理论框架应包含分析方法或计算方法；④国内学者认为学习分析是一种应具有复合化的数据采集、多重角度的分析技术、可视化的分析结果、微观化的服务层次和多元化的理论基础等特征的技术[17]。

学习分析可拆成学习与分析。学习是指学习主体和学习本身，以及与学习相关的其他主体、客体和环境，也涉及与学习相关的理论（如学习理论）和活动等。分析是指分析学习相关数据时所涉及的各种技术、方法、模型和过程等，在统计方法、机器学习和深度学习等的单一方法或融合方法的基础上，针对待处理数据（如短文本）提供预测、推荐和干预等诸多核心关键服务。值得注意的是，这些研究与应用需要得到基于短文本学习分析相关的理论框架支持。

TFSTLA 是一种问题求解框架，该框架基于短文本学习分析的概念术语，将 EPAI 理论和活动理论作为该框架的基础理论。具体的，该框架采用 EPAI 理论来确定将要研究的短文本学习分析中的问题及其范畴；该框架采用活动理论为构建短文本学习分析中的核心关键服务（如预测和推荐）时提供所需的基础理论或引入特定的技术方法，并建立相关研究和实践的途径（活动）；该框架融入特定领域（如教育科学等）的相关理论，对进行了短文本学习分析后所得到结果、事实或应用场景等进行理解与解释。

换言之，TFSTLA 包含了在应用环境（如混合教学或在线学习社区等）下，用于指导短文本学习分析研究和应用时，所需的相关理论、分析模型及算法服务等方面的内容，可为如何进行相关研究和应用实践提供指南，并对所获得的结论加以理解或解释。

在后面各节的描述中，将针对 TFSTLA 的主要成分（EPAI 理论和活动理论）展开探究。

二、扩展 EPA（EPAI）理论及其在 TFSTLA 构建中的应用

在理论框架中引入扩展 EPA（EPAI）理论的目的是进一步确认研究内容，以期回答要做什么的问题，以及该问题为什么值得研究等。

1）支持短文本学习分析的 EPA 理论

文献[20]中的 EPA 理论对学习分析技术开发中涉及的理论（认识论）、方法（教学法）与实践（教学结果评测）之间的紧密关系进行了描述，这一关系反映了以知识本质为核心的认识论观点与视角，同时重视教学方法的设计与改进和基于改进后的教学实践，强调评测在理解相关实践现象中的重要作用。在 EPA 理论中，相关的评测方法和方式影响着对教学实施效果的判

断，学习分析作为一种新型的评测手段，能支持新的教学实践和教学改革。

2）持续演化下的 EPA 理论——EPAI

从早期教学过程中的预警活动，到有针对性地对学习者实施个性化帮扶，教学法中的干预无所不在，其价值在于尽早地发现可能存在问题的学习者，甚至可发现这些学习者的问题所在，并在这些问题积累起来变成危害学习者的因素或在学习者偏离正常学习活动轨道之前，对这些学习者及时纠偏或制止即将对学习者造成的可能伤害，将可能存在的不良后果的影响降至最低。

干预措施有多种形式，在教育人工智能时代，技术赋能干预是一种引人注目的干预形式，如利用以人工智能深度学习算法模型为基础的预警、推荐或推送等形式的服务，在提供精准干预的同时，节省了大量人力、物力成本。

基于此，为了持续满足短文本学习分析不断增长的需求，不断夯实短文本学习分析理论框架的基础，本书将干预融合到已经包含了认识论、教学法和评价的 EPA 模型［图 2.1（a)］之中，形成了认识论、教学法、评价和干预四个维度的扩展 EPA 模型——EPAI 模型［图 2.1（b）］。

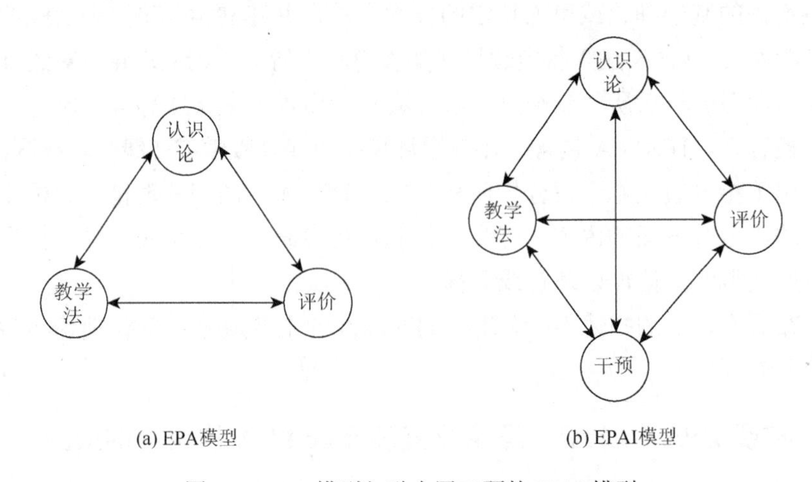

图 2.1　EPA 模型与融合了干预的 EPAI 模型

三、活动理论及其在 TFSTLA 构建中的应用

1）活动理论的基本原理

活动理论认为人类通过有意义的行动（如协作对话、互动和其他社会活动）可以获取知识，以达到深刻理解周围事物的目的[21]。Jonassen 等[22]认为活动理论是一个研究不同形式人类活动的哲学和跨学科理论框架，可以利用活动理论思想设计分析框架，来作为研究与设计中的指导方针，该

框架开始定义了6个步骤及15个子步骤。在此基础上，文献[23]进一步增加了活动子系统因素和矛盾因素，提出了一种增强型的分析活动框架，该框架包括了8个步骤及26个子步骤。活动理论研究的对象称为活动系统，该系统可用异构图和UML中的活动图进行表达。

活动理论已在多个领域成功应用，如教学法设计[24]，除此之外文献[25]还总结了活动理论在人机交互的分析和设计、构建主义学习环境、计算机支持的协作学习、教育软件开发、教育游戏、移动学习、知识管理、多智能体协作虚拟学习环境、个人学习环境和教育技术评估等方面的应用。

2）活动理论对本书的支撑

针对构建TFSTLA这一挑战性问题，一方面，可以将短文本学习分析这一主题中的理论研究与实践构建在活动理论基础之上，将所构建的TFSTLA视为一类生态活动系统，而这其中的研究活动和实践活动则是这一活动系统下的核心活动；另一方面，由于活动可以分解成一组子活动，所以可以针对这两类核心活动进行一系列分解求精，以衍生出数个更细化的研究活动，并通过求解活动得出其所对应的解答域中的一系列模型与算法，其中的部分模型与算法的实现构成了短文本学习分析中的核心关键服务，这将为TFSTLA开展针对短文本学习分析实践提供基础。

这样做的基本依据是：①活动理论在整体上可以作为本书所涉及的相关研究活动和实践活动设计环节中的哲学与跨学科理论框架[26]，以强调活动理论视角下的短文本学习分析活动设计；②在活动理论下对短文本学习分析理论框架展开详细设计，为进一步的研究活动和实践活动奠定方法学层面的基础；③可以将短文本学习分析中的诸多算法模型（如预测和推荐等）构建在活动理论框架下，即依据活动系统的视角来设计这些算法模型，为其研究与实现提供计算层面的多视角（如预测、推荐和评测服务，以及开发原型系统等）支持，这些内容将从第四章开始展开探讨。

3）应用活动理论的TFSTLA

在应用活动理论的TFSTLA中，一方面，需要描述短文本学习分析理论框架与后继研究内容之间的关系；另一方面，需从中观视角说明短文本学习分析理论框架对后续各章的指导作用如何体现。具体描述如下：①指导基于短文本学习分析的相关算法模型研究，包括学习者预测算法模型的研究，以及学习者推荐算法模型的研究，具体见第四章和第五章；②指导评估方法研究，具体见第六章；③ 指导实践与应用的实施，具体见第六章和第七章。综上，活动理论可以作为TFSTLA的基础理论，对相关研究做进一步加持和辅助。

第三节　EPAI 理论视角下短文本学习分析的问题研究

本节的研究基于文献[14]，并根据实际情况，增强了文献中的原 EPA 模型（该模型称为 EPAI 模型，该模型在原 EPA 模型基础上增加了干预机制），据此将在 EPAI 视角下分析与归纳短文本学习分析中的元问题。该问题是一种开放式的泛化问题，因此需要在特定领域中被实例化，而实例化后的问题将更具有针对性和可解释性。

在 EPAI 理论视角下，本书将处理短文本（如基于短文本的学业成绩预测或学习者情感分析等）后的结果（如学习者的学习成绩等级或学习者的情绪状态）作为进一步度量或量化的对象。求解该问题的设计目标如下：①量化短文本学习分析中的概念（指所评测的知识，如学习投入）；②量化短文本学习分析中的评测结果；③量化学习分析中的预测和推荐等干预活动；④建立这些概念与预测和推荐等活动之间的联系，并实现本书方法的应用。这些目标将在本节（设计目标①）和后继章节中展开，如设计目标②在第六章中实现，设计目标③在第四章和第五章中实现，而设计目标④在第七章中实现。

一、基于认识论视角的短文本学习分析元问题[14]

在 EPA 理论中，E 所代表的认识论要解决的第一个问题是分析对象是什么的问题，这涉及建立概念和建立分析对象的关系。认识论要解决的第二个问题是怎样进行分析，这涉及分析对象是否可以概念化、能否进行科学量化等。

（1）量化的对象。短文本学习分析下的量化对象除了通常意义下的显性知识，更值得探究的是针对教育领域中的隐性知识，如学习者学习投入等。

（2）量化的方法。短文本学习分析下的主要量化方法包括定性方法、定量方法和心理学评测方法等。例如，如果希望了解学习者的学习投入，那么需要将学习投入这一概念进行量化。进一步地，学习投入可以分为情感投入、认知投入和行为投入，其中，情感投入和认知投入可以采用内容分析法等对短文本进行编码得到量化结果，而行为投入的量化则可以通过统计学习者所发的短文本数量获得。

二、基于教学法视角的短文本学习分析元问题

本节基于文献[14]的研究做进一步的展开。在 EPA 理论中，P 所代表

的教学法面对的第一个问题是分析对象为何重要，这是因为这些分析对象应是教育教学中客观存在的，包括知识、行为、能力和素养等，它们与学习者学习和教师决策紧密联系。

教学法面对的第二个问题是分析结果为谁服务。这里所涉及的利益相关者包括：教师、家长、学习者和管理者等。所涉及研究与实践的层次包括宏观（政府、机构）层次、中观（学校、课堂）层次和微观（个体、活动）层次。所涉及分析结果需要以可理解的方式呈现（如学习分析仪表盘等）。所涉及分析结果满足促进学习者个体的学习、辅助教师进行教学干预和帮助管理者分析机构需求等。

1）分析对象的重要性

该问题需要关注重要知识的衡量，而不能仅关注容易衡量的知识[26]。例如，属于重要知识的具体实例包括就业能力（或职业和自由教育目标的平衡）和新世纪所需技能等。

这个问题的答案，取决于我们在分析中所使用的学习理论。在此，为了支持对不同教学场景下的相关实践、过程分析和结果解释，TFSTLA 可以依据应用的需要融入如下基础理论：教育神经科学理论、联通主义学习理论、EPA 理论、活动理论、人工智能模型、构建主义学习理论、协同学习理论和评估理论等。需要强调的是，这些理论既可以单独使用，也可以融合使用，旨在为确定分析对象提供重要的支撑。

2）分析与评测结果的服务对象

该问题涉及在多个层次上获得分析与评测结果的见解，这些学习分析与评测结果的服务对象包括学习者、教师和教学管理者等利益相关者等。在理解短文本语义的基础之上，可以结合学习者的行为数据和情感信息等对其学业情况进行预测，并获得预测的结果。据此，学习者可以了解自己的学习状态，通过自我调节策略进行自我调整。教师可以针对学习者的学业情况预测结果，据此进行各种干预（如多维度的推荐）活动，并针对学习者的个别需求提供支持与帮助。教学管理者在进行教学措施制定和实施时，可以基于学习分析与评测结果做出科学决策。

三、基于评测视角的短文本学习分析元问题[14]

本节基于文献[14]的研究做进一步的展开，具体描述如下。

1）评测的情境

在 EPA 理论中，A 所代表的评测需解决的第一个问题是需要在哪些情境下进行评测[14]，这意味着首先要知道需要评测什么内容，这将涉及本次评测是否有价值？有多大价值？其次，根据分析对象来分析待评测对象，并确定评测内容。最后，根据所获得的数据实施评测（注：必要时可对评测结果进行进一步的评价和反馈）。

2）评测和反馈

评测需要解决的第二个问题是何时做评测及反馈结果，这意味着评测中需要考虑所采用的反馈策略是事后反馈还是实时反馈，是针对将来学习行为还是针对当前学习行为来提供支架或模型，考虑是用形成性评测（监控）还是用总结性评测（诊断），最重要的是考虑提供什么类型的反馈。

常见的反馈策略主要有三种，即直接反馈、元认知反馈和指导反馈。原始 EPA 所描述的反馈更多为直接反馈和元认知反馈。直接反馈和元认知反馈对学习者的自我调节能力有更多的要求，但并非所有的学习者都具备较强的自主意识，因此，通常情况下需要教师在接收到学习者的反馈信息后，再决定是否需要进行进一步的干预。这就是为什么本书在已有 EPA 框架的基础上，新增了干预维度的原因。在这里的干预属于指导型反馈，如先通过分析短文本数据预测学习者的学习兴趣，进而采取个性化的推荐，以达到指导学习者改进其学习的目的。

综上，反馈是干预的前提条件或激励条件，但不能以反馈代替干预，因此有必要在反馈基础上引入干预，这就是本节提出 EPAI 的目的。

四、基于干预视角的短文本学习分析元问题

结合第二章第三节之“一”～第二章第三节之“三”中的内容，原有的 EPA 理论从认识论、教学法及评测三个维度对学习分析的元问题进行了阐述[14]。认识论、教学法及评测三个维度分别解决了“为什么分析？”“分析对象为何重要？”“需要在哪些情境下进行评测？”等问题。在本书中，EPAI 理论将对学习分析的研究拓展到了第四个维度——干预，以强调干预在学习过程中的重要性。干预是指针对学习者的评测结果采取有针对性相关处理的措施，以改善其学习过程和提高学习效果。在短文本学习分析中，干预是课程教学的重要组成部分，是影响学习者学习过程与结果的重要因素之一。因此，在 EPA 基础上，本节依据干预的重要性增加干预这一维度，形成了 EPAI 理论。

在 I 所代表的干预视角下，要解决的主要问题是“如何依据学习者的评测结果对学习者进行干预”，即如何进行干预策略匹配和干预策略实施，以帮助学习者充分地利用评测结果改进学习策略、加强理解，提高学习成

绩。一方面，针对干预策略匹配，需要在学习分析的基础上深入挖掘学习者的学习状况，明确学习者出现的学习问题，并针对学习状况为学习者匹配相应的干预策略，如发现学习者的学习成绩较低，这可能是因为学习者获取学习资源的能力不足，这时可以通过推荐学习资源、学习建议来帮助他们提高成绩。另一方面，针对干预策略实施测评，即在实施干预之后，需要及时验证所实施的干预策略是否有效，以确保干预的精准实施。如果实施的干预策略不能帮助学习者改善学习，应该暂停使用该干预策略，并深入分析干预无效的原因。如果干预效果较好，也需要分析和挖掘其背后的原因，讨论其对教育教学的意义，完善教学理论，形成“理论指导实践”“实践充实理论”的良性发展。更加详细内容参见第七章。

五、EPAI 视角的短文本学习分析元问题本质及其归纳

通过对上述元问题的概括和阐释，我们从宏观角度确定了以 EPAI 框架为核心的短文本学习分析问题研究途径，这为从中观视角进一步基于活动理论设计具体的研究活动和实践活动奠定了基础。EPAI 理论框架，涉及认识论、教学法、评测、干预四个维度，不仅刻画了教育教学中的理论与实践之间的关系，而且描述了解决教育教学中启发式问题的方法及路径。

第四节　活动理论视角下短文本学习分析的活动设计

一、研究短文本学习分析的活动理论基础

在活动理论视角下进行短文本学习分析活动设计，其目的是回答短文本学习分析中的研究活动与实践活动如何设计的问题。下面将以某高校软件工程本科专业课程中的 OOSE 混合课程为研究与实证背景，对该课程中的学习过程、学习主体、学习行为等重要的信息主体、客体和交互行为等内容进行思考与研究，所形成的主要观点归纳如下：

（1）活动理论为研究与实践等活动设计提供了辩证统一的基础。一方面，人类研究过程包括了人的思维（意识）活动和研究与实践活动等，这是活动理论中关于人类的活动和意识共存观点的体现，即当基于活动理论对研究活动与实践活动进行设计时，可使得具体的研究问题及其内容和实践的目标与任务之间达成一致。在面对混合课程的学习过程时，针对学习者及其学习行为等重要的信息（既是研究对象，也是主体），根据本书研究的目标（客体），从主体和客体之间的交互（这一交互在活动系统中通过主体与客体之间的关

系来表示，其所反映的是主体与客体之间客观存在的相互作用、相互影响等关联）出发，定义其在基于短文本学习分析研究活动和实践活动中的具体问题，确定其对应的研究思路和实践活动规划。另一方面，在构思与设计层面，为了将本书研究中的研究问题与研究活动做到辩证统一，可以通过活动的设计，确保从研究思维中归纳出的问题与要做的研究过程、步骤和任务之间高度一致。从实践层面，为了将本书研究的实践内容与实证活动做到辩证统一，也可以通过活动的设计，确保待实证的内容与实践步骤（如实证实施、结果分析和结论与观点的讨论）之间高度一致。

（2）活动理论为研究与实践等活动的实施提供了有力抓手。根据活动理论本身的结构，研究者与实践者可以做到有理有据地运用该理论中提供的工具并发挥其在研究与实践活动中的作用。一方面，工具既可以包括某领域的单一工具（如包括某类统计方法或教育学中的认知框架理论、情报学中的文本分析技术与用户分析方法等基础理论，以及人工智能中的深度学习算法模型等），也可以包括交叉领域中的混合工具（如基于若干单一工具的融合工具），还可以包括相关的领域工具[如 ENA、SENS、ICAP 与 CoI 中的认知存在阶段（后简称 CP）等]，甚至可以包括根据实际需求有待进一步开发的工具（如本书中所研究的相关预测与推荐模型等）。另一方面，工具与短文本学习分析过程相结合，既可以支撑短文本学习分析研究过程中的计算环节，也可以支撑各种需求下的评测环节，还可以支持针对学习分析结果的具体解释。如果将项目的研究过程及其活动放在数据处理的大框架之下进行相关思考，不仅能够保证研究既有支撑基础，也保证了研究与实践活动有高效的产出。因此，在相关的研究与实践活动中，可以将融合交叉领域相关理论这一思路作为该项目跨领域研究与实践的重要手段。

基于上述思考，在数据采集阶段，针对短文本数据处理对象时，既可以选择开源数据集，也可以选择爬虫爬取到的数据，这些数据可以用作相关模型的训练数据。在测试模型有效性时，可以采用人工设计测试用例的方式获取测试数据，也可以采用回收真实反馈数据的方法获得待测试的数据。在数据预处理阶段，除了一般意义下的数据预处理，既需要重点关注短文本的词法和语法方面的错误检测与修复，也要关注短文本中的语用方面（如误解等）的错误检测与修复。在数据分析与处理阶段，既可以采用传统的统计方法和机器学习模型，也可以采用各类以神经网络模型为基础的深度学习模型。在实践及其结果分析与解释阶段，既可以采用教育学中的相关理论，也可以结合统计学或算法模型中的指标体系进行有效分析，并针对实践数据得出可解释性的结论。这使得基于融合交叉领域相关理论下的研究方法和步骤协调一致，同时建立在融合基础上的方法学可以更好地实现演化和扩展，使其具有更强大的生命力。

（3）活动理论为研究与实践等活动之间的转换提供了支持。根据活动理论中的活动内化与外化原理，可以针对研究与实践中所涉及的隐性变量的外在表现，采集这些隐性变量的外显数据，这使隐性变量的量化和研究成为可能，如将学习者学习行为与情感关联起来，实现通过学习者的外部活动（如点击率、浏览次数、学习参与度等）来分析其内部心理活动，也可以通过认识活动、情感活动与意志活动等内部心理活动来分析学习者行为产生的原因[26]。

（4）活动理论为研究与实践等活动提供了扩展的空间。由于短文本学习分析活动系统是一个生态系统，该系统会随着时间推移而不断演化和扩充，因此随着应用情境和场景的变迁，有进一步研究和丰富该系统的必要。然而，当前的活动理论对活动系统主要是静态描述，但对系统内及子系统之间的交互等动态方面描述的支持不足。为此，本书考虑采用 UML 中的活动图[27]等来扩展对活动系统的动态建模，以支持对短文本学习分析活动系统中的信息流和业务流等动态信息及各子系统之间交互的描述。

（5）综合上述观点，活动理论可以作为短文本学习分析这一活动系统研究和设计的基础，并为后继研究与实践提供有力的理论支撑。

二、短文本学习分析活动系统的构成要素

活动系统中包括主体、客体和共同体（群体）三个核心要素，以及工具、规则和劳动分工三个次要要素。这些要素之间相互作用，形成相应的活动系统。如果将这些要素作为节点，要素之间的相互作用作为边，那么活动系统可以用异构图（即图中节点或边的类型可以是不同的类型）来描述（图 2.2）。在图 2.2 中，有一个代表该活动系统输出的外部节点。

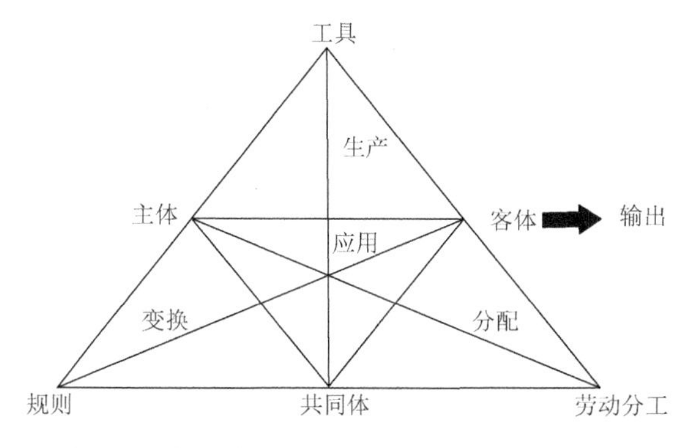

图 2.2　短文本学习分析活动系统的构成要素

在一个泛化的活动系统中，一般会有 4 个子系统，这些子系统可以依据具体研究和实践环节的内容被实例化或具体化。

三、基于短文本学习分析中的研究与实践活动设计

依据活动理论，将基于短文本学习分析的研究和实践分别看成活动系统，即研究活动系统和实践活动系统。其中，研究活动系统是实践活动系统的基础和前提，为实践活动系统提供工具、算法模型和方法。实践活动系统可以使用并验证研究活动系统的产出结论，并将信息反馈给研究活动系统，如此可反复迭代。下面描述这两类活动系统。

1. 研究活动系统

研究活动是活动设计的基本分析单位，据此进行如下设计：①将研究活动系统中的主体映射成不同的角色（如研究者、软件工程师和数据工程师等），在此的不同角色在实际中可以是同一个人，也可以是不同的人员，主要的区分依据是其所承担的任务或担当的角色；②将客体映射成围绕着研究目标所制定的各项研究任务；③相关的研究者、软件工程师和研究课题与数据等有机融合在一起，可以构成一个研究共同体；④针对不同的主体角色在基于短文本学习分析研究中的任务，可以进行相应的分工；⑤研究中的规则包括研究中将采用的方法、途径或策略、研究者（软件工程师）之间的交往与沟通规则及研究成果效果的评价标准等；⑥在研究活动中，研究者和软件工程师还会使用到各种基础的算法模型、统计方法、资料（包括线下或线上）和采集各种数据的工具等，这些内容属于工具的范畴。该活动系统的输出是各种学习分析模型，如围绕着预测和推荐活动的各种模型等。研究活动系统如图 2.3 所示。

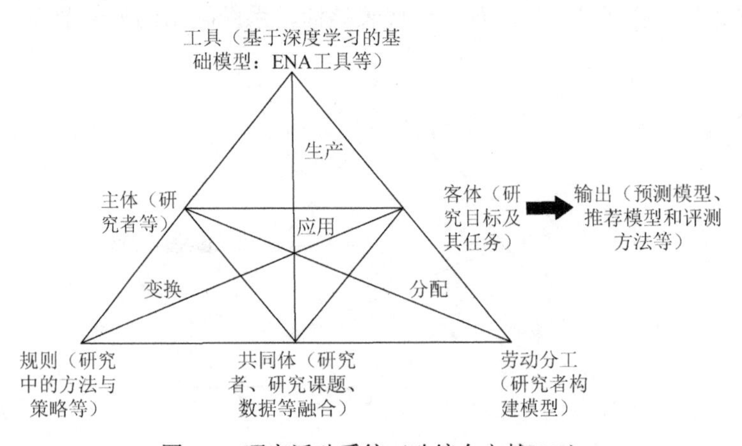

图 2.3　研究活动系统（改编自文献[28]）

2. 实践活动系统

实践活动也是活动设计的基本分析单位，针对实践活动系统中的相关设计如下：①主体包括研究者、软件工程师、数据工程师、数据分析师、教师和学习者等；②客体映射成围绕着实践或实证目标所制定的任务；③相关的研究者、数据分析师、教师与学习者、实证课题与数据集等构成了一个实践共同体；④在实践分工中，需定义不同主体角色的任务，如数据分析师完成相关学习分析数据的处理、分析和解释，由教师和学习者一起验证相关学习分析活动对学习者的干预所产生的效果；⑤实践中的规则包括实践或实证中的方法或策略、研究者（软件工程师）与教师和学习者之间的交往与沟通规则（如隐私保护等）及对实践成果效果的验证与评价准则等；⑥在实践活动中，整个共同体团队（如研究者、数据分析师和教师与学习者等）还会使用到课堂和线上所构成的混合环境、相关的设备设施、各种研究活动系统输出的学习分析模型（如预测模型和推荐模型等）、统计方法、资料（包括线下或线上）和采集各种数据的工具等，这些内容属于工具的范畴。该活动系统的输出可以是各种分析数据（如分析结果）、预警信息、干预选择和效果评价等信息。实践活动系统如图 2.4 所示。

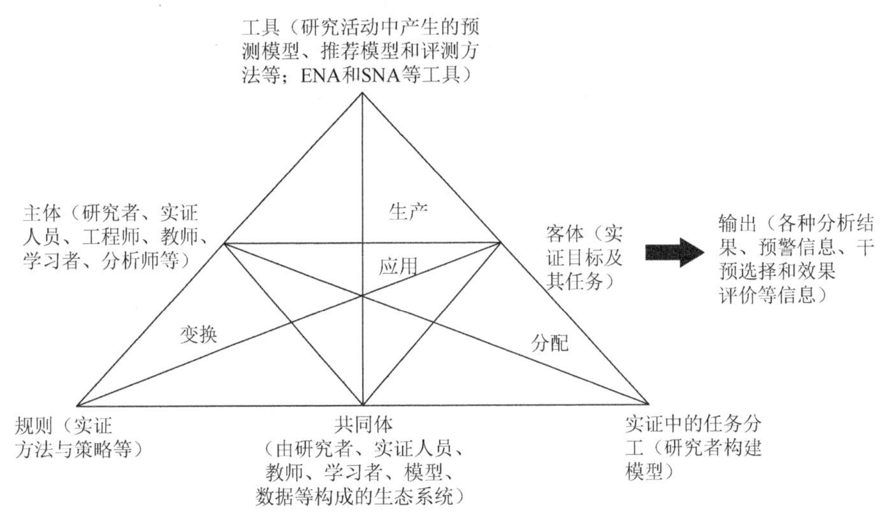

图 2.4　实践活动系统（改编自文献[28]）

3. 研究与实践活动设计的一般模式及其实例化

研究活动与实践活动的设计主要是对这些活动中的各个要素及要素之间的关系进行科学的编排，结合研究与实践活动一般流程及研究与实践活动设计中的要素，设计如图 2.5 所示的研究与实践活动的一般模式（也称为总体设计）[26]。在此基础上，再将待研究课题的研究与实践活动设计实例化，以得到具体的研究与实施步骤。

1）研究活动的一般模式

在传统研究中，研究活动设计的流程如下：在研究活动的准备阶段，研究者先根据研究问题确定研究内容，并按问题开展资料查找和调研，针对问题建立假设，接着进行证据收集或假设检验，并得出相关的结论（在必要时可对所得出的结论加以验证）等。

2）实践活动的一般模式

针对一类混合课堂中的学习活动设计的流程可以具体描述如下。针对课堂中的学习活动，在学习活动准备阶段，教师首先根据课堂教学经验，将教学目标进行分类设计，为学习任务的设计和学习过程的评价提供依据。其次，依据教学目标和学习者的特征分析结果，将学习者分成若干小组，设计学习者在学习过程中要完成的具体学习活动任务，对学习者的学习交流进行指导，帮助学习者开展主动学习和探究式学习。最后，在学习过程实施阶段，教师可对学习者的先决知识进行测试，制定相关的学习约束规则；教师还可以根据不同的学习任务为学习者设计其要用到的媒体工具、具体学习流程及每个活动的学习时间。同时，对学习活动的监测和评价也是学习活动设计中必不可少的环节，这主要包括课堂测试、学习者自评和教师评价等方式，评价将贯穿于整个学习活动过程中。

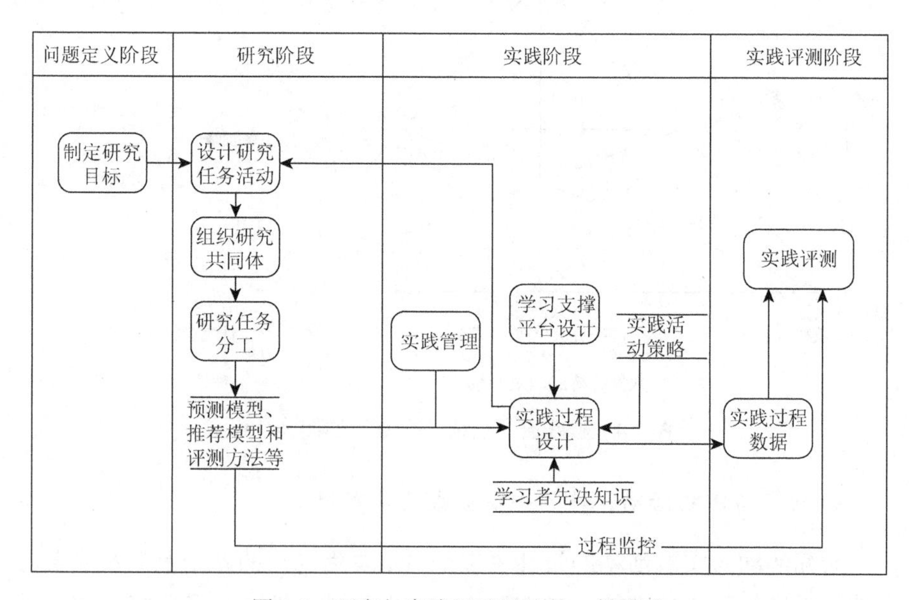

图 2.5　研究与实践活动设计的一般模式

针对线上自主学习活动，可以设置以问题或者任务为导向的协作学习活动，学习者利用协作交流工具开展协作学习，对此过程中的数据进行分析，并利用推荐模型为学习者推荐学习资料或学习同伴。此外，还可对学习者的反思报告进行分析，依据分析结果利用推荐模型进行相关推荐，以帮助学习者解决在学习活动中遇到的问题。

3）实例化研究活动与实践活动

依据上述研究与实践活动设计的一般模式，以 OOSE 混合课程为例，说明实例化研究活动与实践活动后的结论。

（1）研究活动实例化。据此通过研究活动，构建多维度的预测模型和推荐模型，并结合教育教学活动中的实际问题开展研究活动，这些内容的细节将在本书后面的各章节中展开。

（2）实践活动实例化。在研究的基础上，进一步考虑短文本学习分析实践活动。一是针对文本对话流数据，采用 ENA 方法和机器学习方法分别预测个体学习者的成绩，以对比这两种预测方法的效果。二是基于交互（I）-构建（C）-主动（A）-被动（P）模式框架（ICAP）[1]和 CP 框架分析学习者所在团队的认知投入度（CE），探究认知投入度对学习者学业成绩的影响程度。三是采用 ENA 与 SNA 相结合的方法，即采用 SENS 来刻画学习者团队的学习能力。

4）基于短文本学习分析研究与实践的生态活动系统设计

首先研究 TFSTLA 的特征，在此基础上从整体上设计一类基于 TFSTLA，利用 TFSTLA 的原则，为进一步的相关活动设计打下基础。

（1）TFSTLA 的动态性。根据活动理论，由文献[29]可知活动通过一系列动作来实现，而动作可以由一系列操作实现，其中的操作是无条件执行的基本单位。活动可以同时在动机、目标和条件三个层次发生。动机是主体最终想要或需要达成的目标，而达成相关目标需要具备一定的条件。需要注意的是，这些活动不是静态活动，而是根据环境的变化或研究者（或学习者）的动机或技能的不同动态变化的，活动会在各级各类活动系统之间不断发生，并能够在活动之间进行交互与转换[30]。此外，针对相同的活动，可以设计不同动作集和操作集加以实现，相同动作也可以被不同活动重用[31]。

（2）TFSTLA 的结构性。基于短文本学习分析研究与实践的生态活动系统是由研究和实践两个子活动系统构成的，具体如图 2.6 所示。图 2.6 中左边是研究活动系统（其产出如算法模型、服务或原型工具等），右边是实践活动系统（其产出如针对实践效果的评测和针对学习者的干预措施等），左右活动系统之间通过研究活动系统的产出和实践活动系统的工具关联起来。

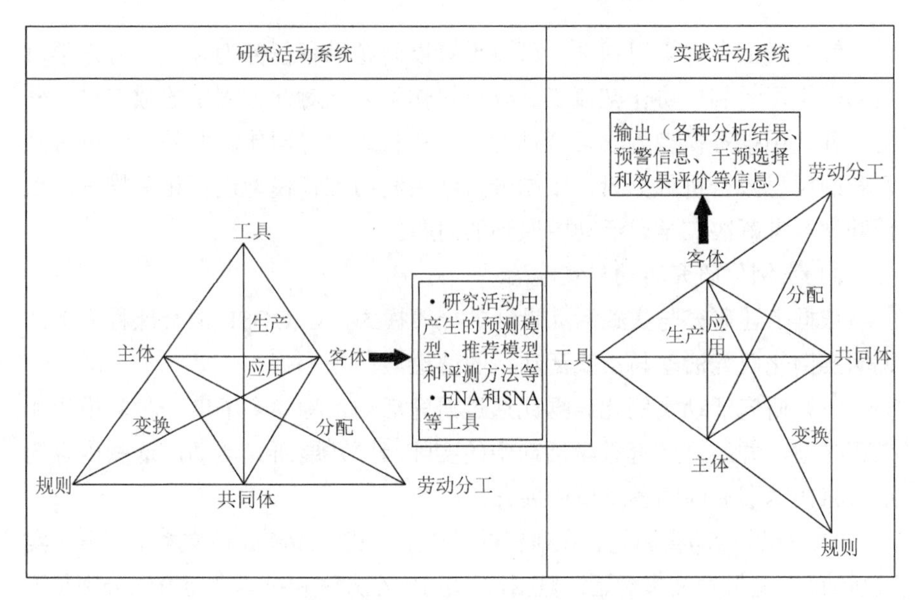

图 2.6　基于短文本学习分析研究与实践的生态活动系统

如果将整个实践活动看成教与学的过程，那么可以将实践生态活动系统分成线下的教学活动系统和课外线上自主学习或协作学习的学习活动系统，这样可构造得到如图 2.7 所示的基于短文本学习分析研究与实践的生态活动系统。在图 2.7 的左边是研究活动系统，右边是实践活动系统，包括课外线上自主学习或协作学习的学习活动系统与线下的教学活动系统。左边的研究活动系统通过其产出与实践活动系统中的工具关联起来，而对应的产出可以是诸如算法模型、服务或原型工具等，或是利用相关的教育学理论（如 ICAP 和 CP 等）对实践中的某现象所进行的解释等。这些产出，或对课后的线上自主学习与协作学习等活动提供支撑（如预测、推荐或干预等），或为线下课堂教学活动提供反馈，以支持教师改进教学设计与教学过程等，甚至还可以为教学管理者提供做管理决策的依据等。在实践活动系统中，教学活动系统与学习活动系统分别发挥不同的作用，以促进短文本学习分析更好地服务于教与学，具体描述如下所示。

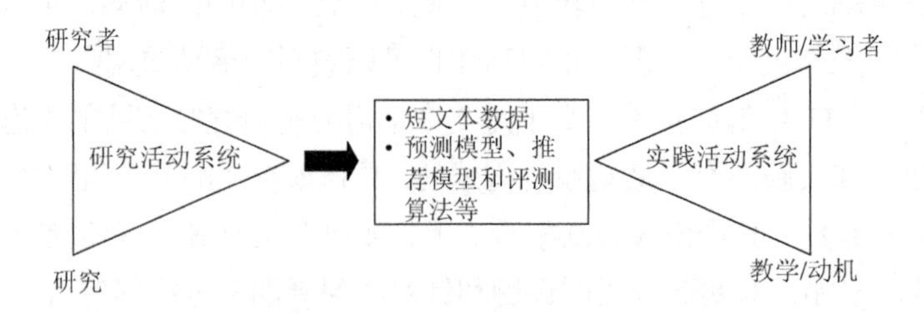

图 2.7　分解后的基于短文本学习分析研究与实践的生态活动系统

第一，教学活动系统——短文本学习分析赋能教学实践。

在如表 2.1 和图 2.8 所示的教学活动系统中，短文本学习分析为帮助教师理解教学中的学习者外显行为和内隐特征提供了契机，破解了传统学习评测的难题，为因材施教理念走向教育教学实践赋能，推动数据驱动的教育实践发展。借助基于短文本学习分析的智能学习系统，实现智能学习预测、推荐、干预等服务，有效地促进学习者的个性化学习，同时能够减轻教师的教学负担，使教师更有精力开展对学习者能力的培育。此外，短文本学习分析赋能教学评价，可以帮助教师全面地掌握学习者状态，及时识别高危学生并及时为学习者提供学习支持，从而提高教学评价的精准性和科学性，如学习成绩预测、学习资源推荐等。

表 2.1　以教师为主体的教学活动系统

视角	共同体	规则	主体	中介工具	客体	劳动分工
教师	教师、学习小组	基于课程标准和教学目标的课程设计，何时使用教学服务（预测、推荐干预）的规则	教师	短文本学习分析系统	总结学生表现的报告	学生解决问题，教师提供指导

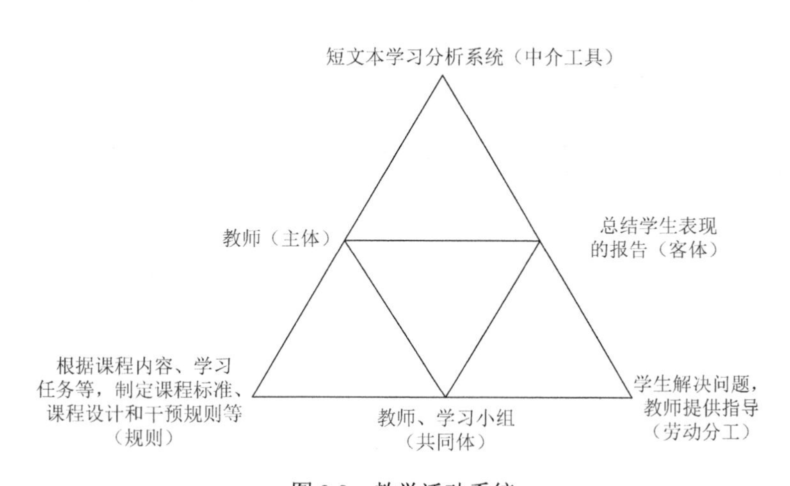

图 2.8　教学活动系统

①学习成绩预测。学习成绩预测是解决学习者参与率、投入度低等问题的关键要素，让学习者能够尽早地了解自己的学习情况，对自己的学习行为进行阶段性反思、自我调节，及时地改进学习习惯和调整学习方式，从而提高学习质量。而学习是一个互动的过程，且学习者协作会话短文本反映了学习者在协作活动中的社交、情感及行为参与情况，是学习成绩预测的重要组成部分。融合学习者学习基础和学习能力等特征，设计基于短文本的学习成

绩预测模型，从而帮助学习者意识到潜在的课程学习风险，对改善学习行为、提高学习质量等具有重要意义，有利于保持学习的持久性。

②学习资源推荐。不同的学习者在课程中的知识水平、学习参与程度不同，并且不同的学习者在学习活动和学习内容的选择上存在偏好差异，因此，利用短文本学习分析可以及时有效地了解学习者在学习过程中存在的困境，为学习者提供符合个人特征的学习资源和学习活动路径，提高学习积极性。通过短文本挖掘学习者兴趣点和求助行为，设计基于学习者兴趣点和求助行为的学习推荐模型，其中，基于学习者兴趣点的推荐是通过预测学习者对知识点的喜好程度，为其推荐出合适的回答者。基于学习者求助行为的回答者推荐是通过学习者提出的问题来为学习者推荐合适的回答者。

第二，学习活动系统——短文本学习分析赋能自主学习。

在表 2.2 和图 2.9 所示的学习活动系统中，短文本学习分析可以帮助培养学习者的学习动机、实现学习目标，为解决学习者交互层次浅、学业成就感低等问题提供方案。短文本学习分析通过采集学习过程中的交互数据，使用自然语言处理技术、情感计算等机器学习算法和数理统计方法，分析学习者交互过程、情感状态，以此对学习过程进行多维度的诊断和评价。学习者利用短文本学习分析提供的诊断和评测（如学习投入分析、深度学习能力分析等）提高自我管理能力，获得更高的学习成就感。

表 2.2　以学生为主体的学习活动系统

视角	共同体	规则	主体	中介工具	客体	劳动分工
学生	教师、学习小组	根据课程内容、学习任务等，制定课程标准、课程设计和干预规则等	学生	短文本学习分析系统	预期目标：如学习者学习投入、深度学习能力等	学生解决问题，教师提供指导

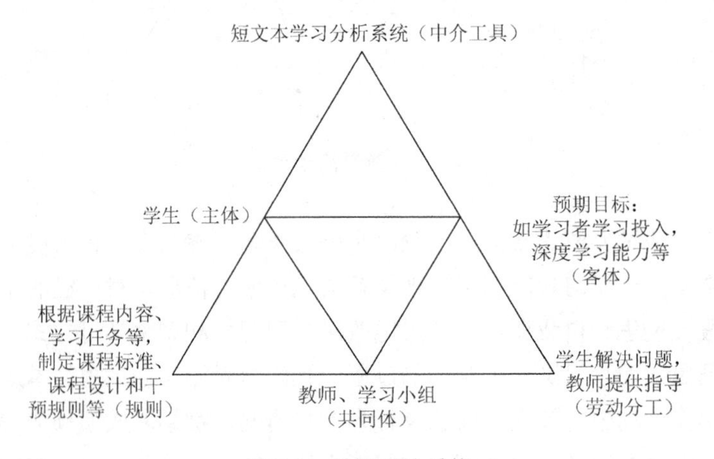

图 2.9　学习活动系统

①学习投入分析。学习者认知投入是实现智能教学评测的重点，包括学习者运用适当的学习策略、投入必要的学习时间和精力来理解困难问题或掌握复杂的技能，并且实现学习者认知投入的评测有助于教师及时了解学习者的知识掌握质量，为学习者提供个性化支持和发现教学问题以改进教学质量。如何度量认知投入是一个极具挑战的问题。结合知识构建理论，研究基于短文本的学习者个体和协作群体的认知投入表征模型，以表征学习者认知投入水平，实现学习过程的分析和监测，以及对学习活动的及时评价与反馈。

②深度学习能力分析。关注学生的深度学习状况，有利于培养学习者高阶思维和创新能力的发展，传统衡量学习者深度学习能力的常见评测方法以学习者自我报告为主，无法满足过程性、动态的分析需求。而短文本学习分析利用机器学习评测技术，可以了解学习者的深度学习过程。因此，从智能建模的视角出发，建立基于短文本的深度学习能力表征模型，并进一步刻画学习者个体和协作群体深度学习能力，分析学习者深度学习过程、影响因素，从而为教育教学过程中深度学习能力的培养提供参考，并在新的学习情境下围绕模型展开进一步的探索。

（3）TFSTLA 的重复性。活动系统是自含的，即活动系统可以嵌套使用。即针对该框架的局部研究（如针对学习分析原型系统的开发框架设计等）可以继续使用活动理论。

5）基于短文本学习分析研究与实践中的活动设计

基于短文本学习分析研究与实践的生态活动系统中的活动设计描述如下：①定义和使用理论框架活动视角，首先，结合 EPAI 和活动理论，定义 TFSTLA；其次，基于 EPAI 视角，确定研究问题和主要的研究内容；最后，基于活动理论视角，完成确定使用该理论框架的方法与途径，以及验证据此框架开展研究和实践应用时效果等任务；②基于活动理论视角，对短文本数据进行预处理；③基于活动理论视角，构造算法或服务模型，以支持该理论框架的应用与实施；④进行具体实践活动，使用该短文本学习分析模型并评测实践效果。

第五节　短文本学习分析理论框架及其工作原理

一、TFSTLA

依据 EPAI 理论框架可以解决短文本学习分析要做什么的问题，进一步依据活动理论可以解决如何做的问题。在短文本学习分析这一场景下，融合 EPAI 和活动理论，构建出如图 2.10 所示的 TFSTLA 理论框架。具体描述如下所示。

融合了 EPAI 和活动理论的 TFSTLA 包含了四个阶段，分别为图 2.10 中最左边的基于 EPAI 视角的问题定义［EPAI（E）］阶段。图 2.10 中心上面是基于活动理论视角的活动总体设计阶段，包括研究活动系统、构建模型与方法等工具 M 和实践活动系统。图 2.10 中心下面是基于活动理论视角的求解框架（流程设计阶段），包括理论研究阶段、模型实现与训练阶段、数据采集与预处理阶段、实证与实践阶段。图 2.10 中最右边为基于解释模型的干预［EPAI（I）］阶段。位于图中心之上的 EPAI（P）为该理论框架在教学中的学习分析实践与应用阶段；位于图中心之下的 EPAI（A）为对相关实践与应用效果的评价阶段，这些实践应用和评价结果为进一步改进教学和提供干预奠定了基础。其中，我们在活动理论视角的活动总体设计阶段与活动理论视角的求解框架（流程设计）阶段之间建立起了相关联系，以描述将高层（总体）设计阶段映射到详细（流程）设计阶段中的具体内容，这些内容可在研究活动与实践活动中具体实施。

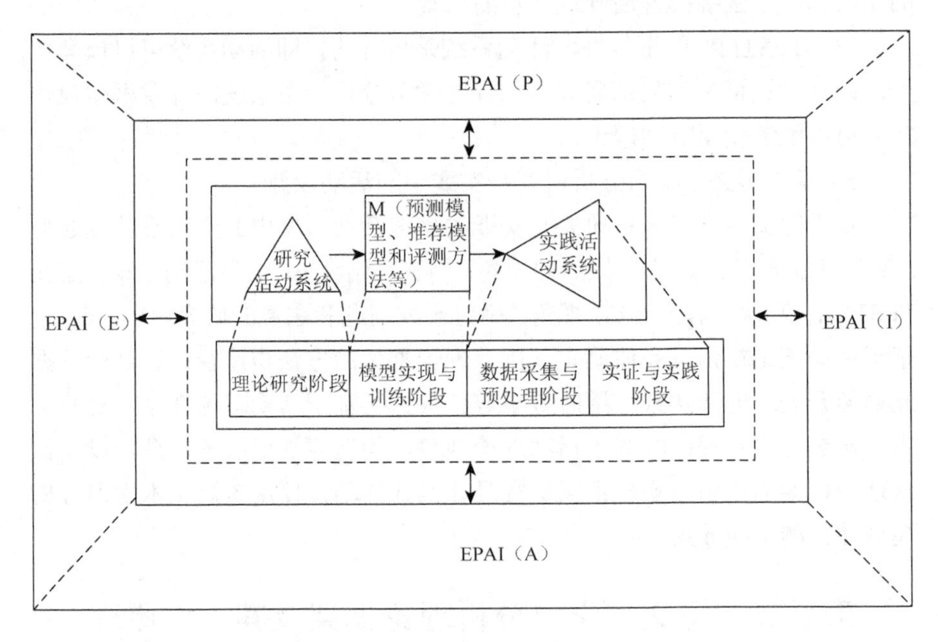

图 2.10　融合 EPAI 和 AT 的 TFSTLA

二、TFSTLA 工作原理

下面将从四个视角理解 TFSTLA 各阶段的工作原理。

1）基于 EPAI 视角的问题定义［EPAI（E）］阶段

如图 2.10 所示，TFSTLA 的基座为 EPAI 理论框架，该框架限定了短文本学习分析所涉及的研究问题范畴，为“做什么”奠定了基础，即在多个视角透视短文本学习分析概念的基础上，定义其研究内容或任务的范畴（如设计并构建分析、预测、推荐和干预等诸多模型与服务），进一步可以将其归纳整理以形成本书的目标，解决了“做什么”的问题。

2）基于活动理论视角的活动总体设计阶段

在 EPAI 基础上，以活动理论为指导，从研究和实践两个角度，对研究活动和实践活动进行总体设计。

一方面，从研究的视角设计研究活动。其目的是针对研究目标，确定支持构建短文本学习分析研究内容（如需要研究与构建相关任务范畴下的各种计算模型或服务），为了解决上述问题或完成相关任务提供所需的技术支持，即获得具体指导短文本学习分析过程的模型或方法（如图 2.10 所示的 M，在短文本学习分析研究背景下包括相关的预测、推荐和干预等模型或服务），这些模型或服务在短文本学习分析中扮演着智能赋能人工或利益相关者（如学习者、教师和教育管理者）的角色。这些模型或服务可以单独使用，也可以组合使用（如仅做预测，或者在预测基础上进行推荐或干预等）。

另一方面，从实践的视角设计实践活动。①定义实践内容或任务的范畴，具体方法是根据需定义的相关术语，引入该实践内容或实践任务下的相关理论（如用 CP 理论和 ICAP 理论阐述认知投入），也可在此基础上修正与扩充现有的理论（如融合 ICAP 理论和 CP 理论）。②应用相关领域下的模型或算法（即图 2.10 所示的 M，如人工智能模型或统计模型等），注意此处模型是指算法的一种描述形式，而服务可以视为对算法的一种实现，据此将相关服务组装在一起就可以得到原型工具。③进一步引入所需的领域理论（如教育学或心理学等领域中的理论），对所获得的结果进行解释。

3）基于活动理论视角的求解框架（流程设计）阶段

针对上述总体设计结论，进一步采用带有泳道的 UML 活动图对 TFSTLA 进行了详细设计，所形成的求解框架如图 2.11 所示。

图 2.11 的求解框架包括四个阶段，具体描述如下所示。

（1）理论研究阶段。依据短文本学习分析的问题定义和设计目标，选择并构建短文本学习分析中的核心关键模型或服务，如预测模型、推荐模型和评测模型，并描述出其对应的算法模型。

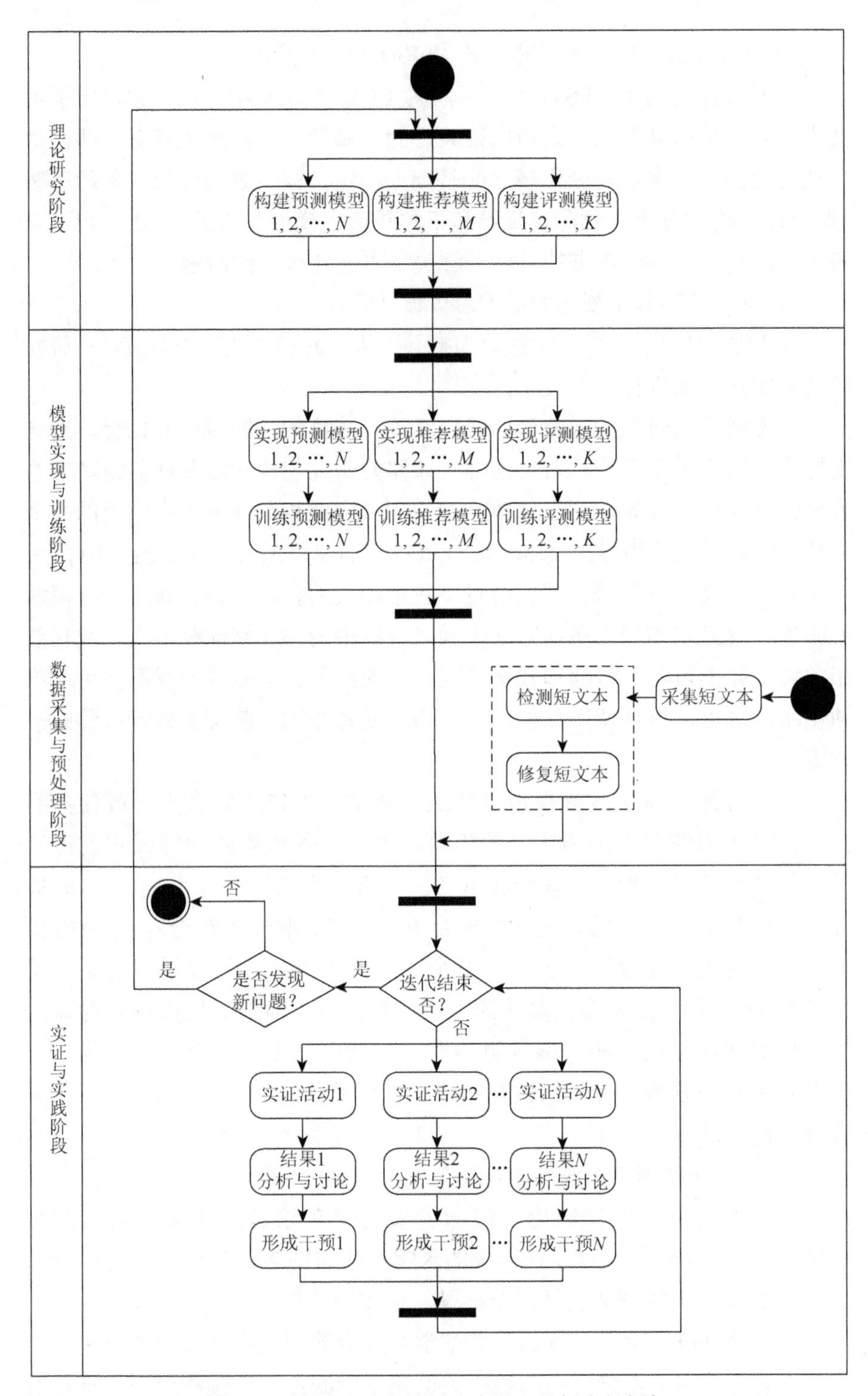

图 2.11　TFSTLA 下的短文本学习分析求解框架

（2）模型实现与训练阶段。针对理论研究阶段中产生的算法模型，采用统计、机器学习和深度学习等方法，设计并实现相关模型，在此基础上基于相关数据集训练这些模型直到模型收敛。

（3）数据采集与预处理阶段。应用上述的已收敛模型进行实证及实践活动。首先采集相关的短文本，其次对这些短文本进行预处理，如针对短文本进行真词错误、误解等错误的检测和修复，以获取到高质量的短文本。

（4）实证与实践阶段。对已预处理的短文本，依据学习分析的需求，采用相应模型进行实证。一方面，通过实践验证所提出模型的有效性。另一方面，采用相关的模型（如预测模型、推荐模型）进行相应的实证活动。

4）基于解释模型的干预（EPAI（I））阶段

该阶段在实证活动中所观察到的结果基础上，通过讨论环节来实施对这些实证结果的解释，在解释阶段中将以教育学、心理学等相关领域中的基础理论为支撑，以获得可理解、可解释和可采纳的可信结果，并在此基础上实施干预（必要时可进一步评估干预的结果并对干预环节加以完善及改进）。

第六节　短文本学习分析理论框架下的各阶段任务

短文本学习分析理论框架是整个研究与实践活动的指导方针和行动指南，下面据此构建并描述其各个阶段的具体任务。

一、理论研究阶段

依据短文本学习分析需求或问题，针对理论研究阶段的问题定义如下。

定义 2.1　基于短文本学习分析理论研究阶段的问题定义，该定义的输入与输出描述如下。

输入：基于短文本学习分析需求。

输出：学习分析相关的研究结论（如模型和教学设计原则等）。

需说明的是，①短文本学习分析需求（如分析者的需求或是预测或是推荐）应与学习分析相关的研究结论一致，具体研究内容在第四章、第五章进行描述。②从输入到输出，存在着一个基于 TFSTLA 设计的学习分析研究活动系统，该系统定义了由输入转换为相应输出的途径，该途径既包括了完成该活动所需的相关步骤、过程和对应的指导原则，也包括输出相关的学习分析中的模型或所需技术方法及相关的学习分析结果等。③相关的输出结果可以通过教育学、心理学等领域的相关理论（如 ENA、CP 和 ICAP 等）或基于人工智能深度学习模型加以解释。

二、模型实现与训练阶段

1. 学习者成绩预测模型

首先，考虑学习分析中的学习者成绩预测模型，并以问题定义的方式加以描述。

定义 2.2 基于短文本的学习者成绩预测模型，其相关的输入与输出描述如下所示。

输入：学习者基本信息；短文本。

输出：学习者的成绩预测结果。

基于 TFSTLA 设计的预测研究活动系统中的过程如下：第一步是预处理，目标是采样和处理丢失的数据或对错误数据进行检测并修复等；第二步是设计模型，目标是使得所选择或设计的模型不断适应数据，最终可获得收敛的模型；第三步是后处理，目标是选择相关属性并调整参数；第四步是验证模型在新数据集（测试集）上的可推广性；第五步是诊断，目标是推导因果关系以确定每个属性在预测中的重要性；第六步是优化模型，目标是获得可解释的结论。

一种实际应用场景可以描述如下：当通过设计和实现手段获得了预测模型时，可以采用上述手段实现对学习者的学业成绩等的预测，在此基础上实施相关的反馈和干预（如推荐、预警），并通过这些干预手段促使学习者保持积极的学习状态。

针对学习者学业成绩的预测，输入的短文本是学习者的课后活动中的短文本对话流数据，这些数据既包含了学习者的显性行为（对话中的发言次数），也包含了学习者的隐性特征（如通过短文本体现的情感、认知等元素）及学习者的基本信息等，据此采用预测模型实现对学习者的成绩预测。

2. 基于短文本的推荐模型

首先，我们的一个基本观点是将推荐作为一种具体干预手段，即认为推荐是教师常用的一种教学干预策略或手段。其次，考虑基于短文本进行的推荐，相关的推荐问题描述如下所示。

定义 2.3 基于短文本的推荐模型，其相关的输入与输出描述如下所示。

输入：短文本。

输出：向学习者推荐的内容。

基于 TFSTLA 设计推荐的应用活动系统中需要考虑对预测结果的干预。这些预测的结果可以反馈给教师，让教师及时地发现与鉴别学习者所存在的各种问题（如学习方法问题，或可能的心理问题），并据此进行有效的干预。

一种具体的推荐问题描述如下所示。

定义 2.4 基于学习者学业成绩预测结果或学习者行为的推荐模型，其相关的输入与输出描述如下所示。

输入：学习者学业成绩预测结果数据集；短文本。

输出：向学习者推荐的内容。

该模型将根据实际情况向学习者推荐学习资源（如电子书或某视频链接）、提供某种建议及向学习者发出约谈信息等。

3. 学习者评测模型

基于教育学的相关理论，针对学习分析中的相关结果，可进一步对学习者的相关情况进行评测，为此，需要研究相应的学习者评测模型。相关的推荐问题描述如下所示。

定义 2.5 基于短文本学习分析的评测模型，其相关的输入与输出描述如下所示。

输入：使用相关模型获得的应用结论（如预测或推荐结果）。

输出：相关的评测结论。

三、数据采集与预处理阶段：错误数据的检测与修复

除了一般意义下的数据预处理（如处理丢失的数据），还需考虑针对短文本的检测与修复，这将有效地提升待分析数据的质量，为我们得出有价值的答案提供帮助。相关的问题定义如下所示。

定义 2.6 基于短文本的错误数据检测与修复，其相关的输入与输出描述如下所示。

输入：短文本。

输出：完成错误数据检测与修复后的短文本。

基于 TFSTLA 设计的错误数据检测与修复的研究活动系统中的相关研究策略如下：一方面，如果没有高质量的短文本，即便是有了好的学习分析模型，相关分析与应用也可能会造成实证结果与真实情况相去甚远。另一方面，短文本理解问题本身非常复杂（如短文本属于非结构化数据类型，其理解存在二义性等），且是自然语言处理领域中的研究热点与难点，故该

问题的求解也需要随着该领域研究的进步（如产生新的模型或高效的算法等）而不断得到深层次的解决。

据此，通过采用机器学习或深度学习算法实现自动从短文本中找出潜藏在文本中的不可观察的语法错误或语义错误，并对此进行修正，是获得待分析的高质量短文本的有效途径。

四、实证与实践阶段：利用学习分析中的模型处理数据并评估效果

1）实施实证活动

基于 TFSTLA 设计的实证活动实施的具体流程可以简述为确定实证目标、收集实证数据、运行实证平台或设备环境、选择实证分析方法加以实施，对最后得到的实证结果进行解释、反思与总结。

2）评测与解释阶段

为进一步对学习者进行干预，需要对实证中获得的结果进行相关的评价和解释，这涉及相关领域理论的应用。

教育学和教育心理学等领域所涉及的相关学习理论（广义理论如行为主义、认知主义、构建主义和人本主义等理论；狭义理论如 ICAP 理论和 CP 理论等），可被用于描述或解释学习类型、过程和影响学习的各种因素，并进一步解释学习是如何发生的，以及如何促进学习者的学习，或决定如何对学习者实施干预。

3）干预阶段

干预是影响学习者学习过程与结果的最重要因素之一。实施正确的干预可以对学业成绩产生积极影响，但同时还要注意的是，如果应用了不当的干预（其特点是细节不足或所提供信息缺乏相关性等），可能会对学习者的表现产生负面影响。

第七节　本 章 小 结

本章讨论了 TFSTLA，在研讨构建理论框架基础的需求前提下，研究了短文本学习分析的基础，构建了活动系统构成要素，探讨了基于短文本学习分析研究与实践活动设计的一般模式等。在此基础上，本章扩展了 EPA 并设计了活动理论视角下的短文本学习分析活动，设计了短文本学习分析理论框架，并探讨了其所涉及的理论框架基础，如理论框架的内涵、意义与应用等，据此框架给出了短文本学习分析的问题定义与求解框架。

在解决问题 RQ2.1 的基础上，针对问题 RQ2.2，本章提炼出了该理论

框架需研究与解决的关键问题，具体描述如下：①确定核心术语的内涵，回答短文本学习分析“是什么”的问题；②确定研究对象、问题的范围和主要的研究内容，回答要“做什么”的问题；③确定实施问题和内容研究与实践的理论框架，回答“怎么做”的问题；④对于相关的实证结果，回答“怎么评”的问题。针对这些关键问题的求解即构成了形成该理论框架的相关途径。

针对问题 RQ2.2，本章基于元理论（如活动理论和 EPAI 理论）构建了短文本学习分析的理论框架 TFSTLA，具体步骤包括：①定义用于选择 TFSTLA 的基础理论的标准；②选择构建 TFSTLA 的基础理论；③构建支持短文本学习分析理论框架的活动设计；④形成短文本学习分析理论框架。

基于 TFSTLA，本章指导并展开了具体的研究与实践活动，具体描述如下：①基于 TFSTLA 透视了短文本学习分析；②解释了 TFSTLA；③定义了问题与求解框架。这些研究说明了短文本学习分析理论框架与后继研究内容之间的关系，据此可以从宏观视角归纳出该理论框架下的短文本学习分析的相关研究范畴、问题和任务（第二章第六节），以进一步实现对研究与实践活动的指导，这些具体的内容将在后续章节中开展（问题 RQ2.3）。

此外，部分模型和算法的结果的可解释性值得进一步研究，学习分析中的模型和算法可能会忽略并掩盖学习过程中的某些关键要素，如一种可能的特殊场景是某学习者在受到外因激励时下决心去做某一件事情，最终结果可能是让任何预测模型的结果均失效，这是因为学习者内部因素（如动机、创造力、批判性思维等）发挥了重要作用，这些要素对于学习分析的影响需要在多学科、多模态背景下进一步展开研究和探索。

最后，在模型和算法之外，使用与学习者相关的数据时涉及学习者的隐私和使用伦理等问题，也会影响学习分析结果的解释和使用，这些问题已经引起了研究者的关注，但限于本书的主题和研究范围，这方面的研究将不展开讨论。

参 考 文 献

[1] University of Southern California. Organizing Your Social Sciences Research Paper. [2021-10-13]. https://libguides. usc.edu/writingguide/theoreticalframework.

[2] 戴维·涅米，罗伊·D. 皮，博罗·萨克斯伯格，等. 教育领域学习分析. 韩锡斌，韩赟儿，程建钢，译. 北京：清华大学出版社，2020.

[3] 戴维·H. 乔纳森. 学习环境的理论基础. 郑太年，任友群，译. 上海：华东师范大学出版社，2002：91-100.

[4] 吴娟，翟芸，王智颖，等. 活动理论视角下数字阅读徽章体系构建与应用. 电

化教育研究，2022，43（4）：92-98，115.
[5] 张军，董秋瑾. 活动理论视域下研训行一体化教师学习模式建构研究. 教师教育研究，2021，33（3）：18-23.
[6] 刘清堂，卢国庆，张妮，等. 活动理论支持的区域同侪研修模式构建及实践探索. 中国电化教育，2021（1）：118-127.
[7] 赵春，李世瑾，舒杭，等. 混合学习投入度研究框架构建、机理分析及实证研究——活动理论的视角. 现代远距离教育，2020（6）：69-77.
[8] 毛刚，刘清堂，吴林静. 基于活动理论的小组协作学习分析模型与应用. 现代远程教育研究，2016（3）：93-103.
[9] 郭欣悦，吴峰，邵梁. 职业教育虚实融合场景化学习活动设计研究. 中国电化教育，2021（2）：131-136.
[10] 张姗姗，龙在波. 活动理论视角下高校英语经验教师专业发展能动性研究. 外语教学，2021，42（6）：85-90.
[11] Maimaiti G，Jia C，Hew K F. Student disengagement in web-based videoconferencing supported online learning：An activity theory perspective. Interactive Learning Environments，2021，29（6）：1-20.
[12] Marwan A，Sweeney T. Using activity theory to analyse contradictions in English teachers' technology integration. The Asia-Pacific Education Researcher，2019，28（2）：115-125.
[13] 赵文君，张晓霞，宁锐，等. 课例研究中理论与实践的冲突与融合：活动理论视角. 数学教育学报，2021，30（3）：32-37.
[14] Knight S，Shum S B. Theory and Learning Analytics. New York：Solar，2017：17-22.
[15] 实践与理论的关系. [2022-07-01]. https://baijiahao.baidu.com/s？id = 1717753156654005895& wfr = spider&for = pc.
[16] Davis A，Williams K. Epistemology and curriculum. The Blackwell Guide to the Philosophy of Education，2008：253.
[17] 顾小清，张进良，蔡慧英. 学习分析：正在浮现中的数据技术. 远程教育杂志，2012，30（1）：18-25.
[18] The New Media Consortium. Learning analytics. The Horizon Report 2011 Edition，2011：28-30.
[19] Hoppe H U. Computational methods for the analysis of learning and knowledge building communities. New York：Solar，2017：23-33.
[20] Knight S，Shum S B，Littleton K. Epistemology，assessment，pedagogy：Where learning meets analytics in the middle space. Journal of Learning Analytics，2014，1（2）：23-47.
[21] Vygotsky L S，Cole M. Mind in Society：Development of Higher Psychological Processes. Cambridge：Harvard University Press，1978.
[22] Jonassen D，Spector M J，Driscoll M，et al. Handbook of Research on Educational Communications and Technology：A project of the Association for Educational Communications and Technology. New York：Routledge，2008.
[23] 吕巾娇，刘美凤，史力范. 活动理论的发展脉络与应用探析. 现代教育技术，2007，17（1）：8-14.

[24] 李松林. 教学活动设计的理论框架——一个活动理论的分析视角. 教育理论与实践，2011，31（1）：54-57.

[25] Chung C，Hwang G，Lai C. A review of experimental mobile learning research in 2010–2016 based on the activity theory framework. Computers and Education，2019，129：1-13.

[26] 刘清堂，叶阳梅，朱珂. 活动理论视角下 MOOC 学习活动设计研究. 远程教育杂志，2014，32（4）：99-105.

[27] Bruegge B，Dutoit A H. 面向对象软件工程：使用 UML、模式与 Java. 3 版. 叶俊民，汪望珠，译. 北京：清华大学出版社，2011.

[28] Cole M，Engeström Y. A Cultural-historical Approach to Distributed Cognition. Distributed Cognitions：Psychological and Educational Considerations. Cambridge：Cambridge University Press，1993：1-46.

[29] Carvalho M B，Bellotti F，Berta R，et al. An activity theory-based model for serious games analysis and conceptual design. Computers and Education，2015，87：166-181.

[30] Kuutti K，Nardi B. Activity Theory as a Potential Framework for Human-Computer Interaction Research. Cambridge：MIT Press，1996：17-44.

[31] Hasan H. Integrating IS and HCI using activity theory as a philosophical and theoretical basis. Australasian Journal of Information Systems，1999，6（2）：44-55.

第三章　短文本中的错误数据检测与修复研究

在贯穿本书的OOSE混合课程教学背景下，教师要求学习者组队完成一个项目，该项目的具体任务是实现一类学习分析原型系统。学习者常常以QQ群等形式组成虚拟团队进行讨论，其中最常见的讨论方式是文字输入或语音输入的形式，在这样的讨论中学习者之间可以进行沟通、交流，并在此基础上完成课程所要求项目的原型系统实现。这些讨论中所留下的文字记录即短文本（简称文本），所得到的数据是基于短文本学习分析的主要数据源。由于所获取的原始短文本中可能存在着真词错误和文本语法错误（简称文本错误）等，所以需要先对原始短文本进行处理以获得高质量的短文本，这是进行短文本学习分析研究与应用的前提。因此，本章将研究短文本数据中的真词错误与文本错误数据的检测与修复问题。

第一节　短文本中真词错误数据的检测与修复研究

假设学习者在讨论过程中采用拼音输入法为主的方式输入文本进行交流。在此过程中会存在真词错误（如同音不同词的输入错误），如果对此不加以处理，那么当采用学习分析相关的算法模型对含有这些错误的文本直接进行处理时，将因这些真词错误造成学习者交互文本的语义理解错误，从而导致针对学习者交互文本的学习分析结果（如分析学习者的潜在学习趋势或进行基于预测的推荐等）出现严重偏差，最终造成使用学习分析技术的应用失效[1]。因此，如何对文本中存在的真词错误实施检测与修复，是一个值得研究的挑战性问题。

国外从20世纪60年代开始对以英文为主的真词错误展开了检测与修复方面的研究[2]，其所采用的方法主要有基于统计的方法[3-5]、自然语言处理技术[6]和基于语义信息技术[7]等。国内从20世纪90年代初开展了对中文真词错误的检测与修复研究[8]。由于中文中的词与词之间不存在像英文那样有空格形式的自然分隔符，所以中文真词错误的检测与修复问题的解决更加困难。研究者通常需要先对中文做分词处理，然后采用经典真词错误检测与修复技术进行处理，这些技术手段主要有基于语言学知识的方法[9]、基于统计的方法[10, 11]和混合方法[1]等。近年来，国内外均有研究者开始引入人工智能中的深度学习模型，试图解决真词错误检测与修复方面的问题[12]。但从这些研究工作的实际应用效果上看并不理想，该问题还需在理论与技术实现方面进行进一步的研究与探索[13]。

中文真词错误数据的检测与修复问题，可描述为输入一段含有真词错误的文本，经相关算法处理后，输出已经实施了真词错误检测与修复的文本[1]。在中文真词检测与修复方面所采用的经典算法模型，主要包括基于 *n*-gram 概率统计模型、基于上下文语境模型[14]和基于中文固定搭配模型[1]，下面对这些模型进行描述。

1. 基于 *n*-gram 概率统计模型的真词检测与修复模型

该模型的工作原理可概述如下。首先，针对分词后的文本语料（如句子），统计句子中与同音词前后相关的 n 个词所组成序列的出现频次；其次，在相同的文本语料中，用混淆集中的词替换句子中出现的相关同音或形近词，然后统计与每一个混淆词前后相关的 n 个词所组成的序列出现的频次[15]，并采用极大似然估计方法计算出同音词及其对应的混合词的 *n*-gram 概率[16]。

该模型所用的检测与修复策略是[16]：将概率值低的序列判定为错误序列（即将该序列中与对应 n 个词相关的中心词判定为有错误的真词），将概率值高的序列作为纠错或修复的候选（即将该序列中与对应 n 个词相关的中心词作为替换词）。

2. 基于上下文语境模型的真词检测与修复模型

下面描述该模型的工作原理[17]。根据分词后的文本语料（如句子），统计二元模型及其对应频次并构建二元模型库。通过遍历每个句子中的每个词，以找出同音词。按所需设定窗口的大小，构建同音词对应的二元组。根据二元模型库统计与同音词对应的二元组的频次之和。采用混淆词替换同音词，并以相同方式统计每一个混淆词所对应的二元组的频次之和。计算同音词和混淆词的上下文语境得分。

该模型所用的检测与修复策略是将得分最高的词作为正确词，如该词为原句中的同音词则不做修改；否则，将原句中的同音词标记为错误词（即出现了真词错误），并采用该得分最高的词作为纠错或修复的候选词。

3. 基于中文固定搭配模型的真词检测与修复模型

该模型的工作原理描述如下[17]。在分词文本语料（如句子）的基础上，基于文献[18]中的方法构建搭配知识库；遍历每个句子中的每个词并找出同音词，通过搭配知识库统计句子中同音词搭配的频次；采用对应混淆词集合中的每一个混淆词对该同音词进行替换，并以相同方式统计混淆词的搭配数；计算每一个同音词和混淆词的搭配得分。

该模型所用的检测与修复策略与“基于上下文语境模型的真词检测与修复模型”的相同。

4. 模型的影响因素与衡量标准

需要说明的是上述三种传统的经典模型在影响因素与衡量标准方面是不同的。①在影响因素方面，基于 *n*-gram 概率统计模型将原词与周围的若干个词组成的序列的频次作为影响因素；基于上下文语境模型将原词与周围的词分别共现的频次作为影响因素；基于中文固定搭配模型将原词与远距离词之间的搭配频次作为影响因素。②在衡量标准方面，基于 *n*-gram 概率统计模型采用了概率值大小作为衡量标准，取值范围在 [0, 1][1]；基于上下文语境模型和基于中文固定搭配模型则采用频次大小作为衡量标准，其取值范围是一个大于等于 1 的整数。

最后，上述这三个模型的时间复杂度均为 $O(S_n \times n \times m)$，其中 S_n 为句子的个数，n 为句子包含词的平均个数，m 为混淆集的大小。

一、传统真词错误检测与修复模型

本节基于 *n*-gram 概率统计模型、基于上下文语境模型和基于中文固定搭配模型，按照融合方法的思想[1]，构造一种中文真词错误的检测与修复算法。

1. 问题定义

定义 3.1 真词错误[17]。真词错误是指一种与上下文相关的错误，即将句子中的原词错写成词典中已经存在的另一个有效的相似词。

现举一个实例进行说明。“小吴为了买（卖）自家的熟（蔬）菜做了一期直拨（播），但在直播期间他说明了一些让很多人无法接收（受）的规矩”，在此句括号中的词为正确的用词。在此例句中由于输入者使用了拼音输入法，把“卖”错写成了“买”，把“蔬菜”错写成了“熟菜”，把“直播”错写成了“直拨”，把“接受”错写成了“接收”，这就是典型真词错误案例。根据与原词之间的相似性，真词错误主要有两种类型[17]，一是词形和读音上的相似而导致的输入错误，如“卖”与“买”、“接收”与“接受”，以及“直拨”与“直播”等；二是语义理解上的偏差而导致的搭配错误，如“熟菜”与“蔬菜”等。出现中文真词错误是应用场景中常见的问题，由于真词错误具有多样性的特点，其检测与修复均是一个困难的问题。

由于中文真词错误文本的存在，使用学习分析的相关处理模型，对原句子进行语义理解时会造成错误，所以我们需要事先对这类错误进行检测与修复处理。针对这类检测与修复的问题描述如下。

定义 3.2　真词错误检测与修复问题。

输入：含有真词错误的文本。

输出：已经完成检测并修复了真词错误的文本。

据此，本节需研究的问题如下所示。

问题 RQ3.1：如何检测真词错误数据？

问题 RQ3.2：如何针对真词错误数据进行修复？

问题 RQ3.3：所用方法的效果如何？

2. 研究方法

针对“如何检测真词错误数据（问题 RQ3.1）”和“如何针对真词错误数据进行修复（问题 RQ3.2）”这两个问题，文献[17]提出的解决思路是将上述三种经典模型融合起来，构造出了一种中文真词错误检测与修复的模型，基于这一思路的问题求解算法如下所示[17]。

步骤 1　构造由同音词组成的混淆集，以及构造包括中文固定搭配及其在语料中出现频次的中文搭配知识库。

步骤 2　针对待校对的文本进行分词处理。

步骤 3　针对该文本中的每一个句子中的每一个词进行同音词判断，若该句子中的词出现同音词，则进一步找出该同音词所对应的混淆集。

步骤 3.1　基于 *n*-gram 概率统计模型计算该同音词和每一个混淆词的得分 S_1。

步骤 3.2　基于上下文语境模型计算该同音词和每一个混淆词的得分 S_2。

步骤 3.3　基于中文固定搭配模型计算该同音词和每一个混淆词的得分 S_3。

步骤 4　依据 S_1、S_2 和 S_3 计算出该词的综合得分 S（即 $S = a_1 \times S_1 + a_2 \times S_2 + a_3 \times S_3$，其中 a_i 代表权重，该权重取值由应用需求或专家经验等因素决定），将分数最高的词视为正确的词，若分数最高的词是原句中的同音词，则不必进行修复；若分数最高的词是混淆词，则将该同音词视为具有真词错误的词，并将分数最高的词作为修复词进行替换。迭代这一过程，直至待校对文本中的所有词被判断完。

至此，解决了问题 RQ3.1 和问题 RQ3.2。

3. 实验结果与分析

下面通过实验回答问题 RQ3.3。

1）数据集与预处理

实验所使用的测试集是从“知乎”的机器学习板块中通过爬虫程序所

爬取的数据，共计 36949 条提问数据，实验处理时将每条提问当作一个“句子”对待。

首先针对所采集的数据集中的数据进行了传统意义上的预处理，主要包括除去停用词、HTML 标签、表情和图片等，同时去除如“是的”等简单“句子”。预处理后得到一个具有 36000 个“句子”的数据集。在此基础上，通过人工查找及构造的方式，获得了 12000 个真词错误，并将其用人工方式标注出来。基于上述数据集构建了 30524 组混淆集。

2）实验指标设置与实验结果比较

为了对比各模型在实验中的性能表现，需在相同的评价指标下针对同一数据集进行实验结果对比。

（1）评价指标与实验结果。为了评价真词错误检测与修复模型的效果，本节采用了召回率（即正确找到的真词错误数与找到的真词错误数之比，记为 R ）和准确率（即正确找到的真词错误数与实际的真词错误数之比，记为 P ）指标。此外，本节提出了一种修复率（即正确修复的真词错误数与正确找到的真词错误数之比，记为 C ）指标，用于评价模型对真词错误的修复效果。

依据这些相关评价指标，将第三章第一节之“一”中的三种经典模型作为基线模型，与基于文献[17]的融合模型进行对比，相关实验结果对比如表 3.1 所示。

表 3.1　实验结果对比[17]

指标	R/%	P/%	C/%
基于 *n*-gram 概率统计模型	68.2	74.2	85.0
基于上下文语境模型	77.8	83.3	76.4
基于中文固定搭配模型	73.2	80.4	86.9
基于文献[17]的融合模型	85.6	86.3	92.9

（2）不同算法模型的实验结果对比分析情况说明。经过对实验结果的分析，相关发现描述如下[17]。

一是基于 *n*-gram 概率统计模型无法找到远距离搭配错误方面的真词错误。究其原因是数据稀疏及没有考虑长距离词对同音词使用的影响。

二是基于上下文语境模型在一定程度上缓解了数据稀疏所导致的问题，但同样因为没有考虑到长距离词的影响，无法找到长距离词搭配错误方面的真词错误。

三是基于中文固定搭配模型可以找到部分长距离词搭配错误方面的真词错误，但是由于该算法并没有考虑局部上下文的影响，因此对局部上下文语义冲突导致的真词错误的检测效果并不好。

四是基于文献[17]的融合模型不仅考虑到上下文的影响，还考虑到长距离词对同音词使用方面的影响，所以该模型所找到的真词错误包括了上述三种经典模型所能够找到的所有错误类型。但是，由于存在数据稀疏等因素的影响，所以该模型并不能找全所有的真词错误。总体而言，基于文献[17]的融合模型在文本真词错误的检测与修复问题（即问题 RQ3.3）上优于其他三种经典模型。

4. 进一步的讨论

1）关于数据集规模的思考

针对本章的问题 RQ3.3，由于考虑了数据集规模可能会对实验结果产生影响，因此文献[17]在上述数据集合的基础上，设计了不同规模的数据集，并针对这些算法模型进行了进一步的实验，得出了如下结论。

（1）在不同规模的数据集上，基于文献[17]的融合模型均好于其他模型。

（2）当数据集中的样本数增大时，上述四种模型在召回率、准确率和修复率等指标方面均有提升，这也表明数据稀疏是真词错误检测与修复应用中的一个“真正”的障碍。

（3）基于文献[17]的融合模型与其他三种模型的增长形态基本保持一致且在关键节点的表现上都有相似的变化。这恰好说明了基于文献[17]的融合模型是以这三种模型为基础的一种混合模型，因此相关实验效果在影响方面也类似。

2）多层次分析模型

针对本章提出的问题 RQ3.1～问题 RQ3.3 这三个研究问题，下面将从基于真词错误数据检测的视角、基于真词错误数据检测处理流程、基于真词错误数据修复原则和算法性能四个方面，对基于文献[17]的融合模型进行说明。

（1）基于真词错误数据检测的视角：基于文献[17]的融合模型是从句子中的词本身的角度统计 2-gram 和 3-gram 出现频次及词固定搭配的频次，该模型在出现数据稀疏情况时会受到影响。

（2）基于真词错误数据检测处理流程：基于文献[17]的融合模型是采用三种经典模型同时对同一个同音词进行计算，对这三种模型的计算结果加权求和得到一个综合分数，以此分数判定所计算的同音词是否存在真词错误。采用这种真词错误数据检测和修复的处理策略，使得基于文献[17]的融合模型能更充分地检测与修复这类错误数据。

（3）基于真词错误数据修复原则：为了实现相对更全面的自动真词错

误检测与修复，基于文献[17]的融合模型所使用的策略是综合得分高者被优先用于真词错误修复，即直接将得分最高的词作为修复词推荐出来实现真词错误的修复。

（4）算法性能：基于文献[17]的融合模型相关指标如准确率和修复率等均相对较高，这说明该模型在检测和修复的准确性等方面可在一定程度上满足应用的需求。

二、基于 BERT 的真词错误检测与修复模型

1. 问题定义

假定 $\boldsymbol{S}=[s_1, s_2, \cdots, s_n]$ 是待检测的文本，其中 n 为文本中所含有的词和标点符号的个数，$\boldsymbol{L}=[l_1, l_2, \cdots, l_n]$ 是对文本中每一个词和标点符号是否有真词错误的标记向量，$\boldsymbol{T}=[t_1, t_2, \cdots, t_n]$ 是 $\boldsymbol{S}$ 中对含有真词错误的词进行修复后的文本，$\mathbf{Vocab}=\{\text{word\_key}:\mathbf{related\_words\_value}\}$ 是一类键值对形式的词典，通过该词典可以获得某一个词的相近词。

本节设计了一种基于 BERT 的真词错误检测与修复模型，并在其中定义了两个函数 f 和 g，使得 $\boldsymbol{L}=f(\boldsymbol{S})$，$\boldsymbol{T}=g(\boldsymbol{S},\boldsymbol{L},\mathbf{Vocab})$。其中，$f$ 用于检查待检测文本 $\boldsymbol{S}$ 是否含有真词错误，g 用于修复文本 $\boldsymbol{S}$。

下面定义相关术语。

定义 3.3 真词错误检测。

输入：待检测的源文本 $\boldsymbol{S}=[s_1, s_2, \cdots, s_n]$。

输出：文本 $\boldsymbol{S}$ 中每个位置是否存在真词错误的向量 $\boldsymbol{L}=[l_1, l_2, \cdots, l_n]$。

定义 3.4 真词错误修复。

输入：待修复的文本 $\boldsymbol{S}=[s_1, s_2, \cdots, s_n]$，文本 $\boldsymbol{S}$ 中每个位置是否存在真词错误的标记向量 $\boldsymbol{L}=[l_1, l_2, \cdots, l_n]$，词典 $\mathbf{Vocab}=\{\text{word\_key}:\mathbf{related\_words\_value}\}$。

输出：修复后的文本 $\boldsymbol{T}=[t_1, t_2, \cdots, t_n]$。

2. 研究方法

针对定义 3.3 和定义 3.4 中的问题，利用自然语言处理方法，本书设计了一种基于 BERT 的真词错误检测与修复模型，该模型的工作原理如下所示。

步骤 1 输入为带有真词错误的源文本 $\boldsymbol{S}=[s_1, s_2, \cdots, s_n]\in\mathbf{R}^n$；对源文本 $\boldsymbol{S}$ 进行预处理之后可以得到符合 BERT 输入格式的数据 $\boldsymbol{S}_{\text{extend}}$。

步骤 2 将 $\boldsymbol{S}_{\text{extend}}$ 输入 BERT 模型，将基于 BERT 所得到源文本 $\boldsymbol{S}$ 的语义表示记为 $\boldsymbol{S}_{\text{sementic}}$，即 $\boldsymbol{S}_{\text{sementic}}=\text{BERT}(\boldsymbol{S}_{\text{extend}})$。

步骤 3 利用 BiLSTM 和条件随机场，检测源文本 $\boldsymbol{S}$ 中可能出现真词错

误的概率，若存在真词错误则再考虑定位该词在源文本 $\boldsymbol{S}$ 中的位置，从而可得到 $\boldsymbol{S}$ 中每个位置是否存在真词错误的标记向量 $\boldsymbol{L}$，进一步可以定位源文本 $\boldsymbol{S}$ 中真词错误位置 i。

步骤 4　针对源文本 $\boldsymbol{S}$ 中所定位的真词错误位置 i，获取该位置所对应的词；利用 BiLSTM 和条件随机场，获取该词在 **Vocab** 词表中所对应的概率最大的相似词并进行替换，最终得到修复后的文本 $\boldsymbol{T}$。

3. 实验结果与分析

1）数据集

实验中所选择的数据集是某中文日报 2014 版的部分语料，通对该语料进行划分，可得训练集数据 251834 条、验证集数据 27981 条和测试集数据 1100 条。

2）评价指标

将错误检测的准确率 P、召回率 R 及真词错误修复的修复率 C 作为评价指标，其中 P 表示对应模型检测错误的准确性，R 表示检查错误位置正确数量占总检查数量的比例，C 表示将真词错误修复正确的数量占检测正确数量的比例。这三个测评指标的计算公式是

$$\begin{cases} P = \dfrac{\sum_{i=1}^{N}\sum_{j=1}^{\mathrm{len}(\boldsymbol{S}_i)}\overline{l_{i,j}^{P} \oplus l_{i,j}^{T}}}{\sum_{i=1}^{N}\sum_{j=1}^{\mathrm{len}(\boldsymbol{S}_i)}\overline{l_{l,j}^{P}}} \\ R = \dfrac{\sum_{i=1}^{N}\sum_{j=1}^{\mathrm{len}(\boldsymbol{S}_i)}\overline{l_{i,j}^{P} \oplus l_{i,j}^{T}}}{\sum_{i=1}^{N}\sum_{j=1}^{\mathrm{len}(\boldsymbol{S}_i)}\overline{l_{l,j}^{T}}} \\ C = \dfrac{\sum_{i=1}^{N}\sum_{j=1}^{\mathrm{len}(\boldsymbol{S}_i)} I\left(\boldsymbol{S}_{i,j}^{T}, \boldsymbol{S}_{i,j}^{F}\right)\overline{l_{l,j}^{P}}}{\sum_{i=1}^{N}\sum_{j=1}^{\mathrm{len}(\boldsymbol{S}_i)}\overline{l_{i,j}^{P} \oplus l_{i,j}^{T}}} \end{cases} \tag{3.1}$$

式中，N 为测试集中源文本的总数量；len 为计算文本中词符个数的函数；I 为一个指示函数，当所接受的两个参数相等时，该函数的取值为 1，否则取值为 0；$\boldsymbol{S}_{i,j}^{T}$ 表示修复正确的第 i 个文本中第 j 个位置的词的编码；$\boldsymbol{S}_{i,j}^{F}$ 表示修复错误的第 i 个文本中第 j 个位置的词的编码；$\oplus$ 为异或符号，当两个值相同时为 0，否则为 1；$l_{i,j}^{P}$ 表示预测的第 i 个文本中第 j 个位置是否是正确的值，若是正确的词，则为 True，否则为 False；$l_{i,j}^{T}$ 表示实际第 i 个文本中第 j 个位置是否是正确的值。

3）预处理

使用该模型的预处理有以下步骤：①构造预训练数据，即当文本 $\boldsymbol{S}$ 的

位置 i 无错误时，对其标记 True 标签；否则对其标记 False 标签，并进一步将每个词进行分割，使词与标签之间一一对应，再利用 BERT 的词典，将每一个词转换成其所对应的编码，最终将文本的输入转换成 BERT 模型所需要的输入；②构建相似词表，通过统计训练集中错误位置的正确替换词可以得到相似词表。

4. 实验设置与结果分析

1）实验设置

本实验基于 PyTorch 框架，模型中的主要参数设置描述如下。

（1）在修复操作集合的设置上，相似词表包含 3153 个词的相似词，平均每个词的相似词为 9 个。

（2）在模型的层面上，多种语义表示建模的部分将遵循 Google 开源的 BERT-LARGE 设置，BiLSTM 隐藏层大小为 256。

（3）在优化层面上，选取 Adam 为优化方法；设置数据批次大小为 32；设置模型可接受的最大句子长度为 64。

2）结果分析

使用基线模型［即 BERT + DNN + 条件随机场（CRF）］与本节基于 BERT 的真词错误检测与修复模型（即 BERT + BiLSTM + 条件随机场）进行对比。基线模型利用 BERT 和深度神经网络（DNN）进行编码，并利用 CRF 进行解码。对比实验结果如表 3.2 所示。

表 3.2 对比实验结果

模型	指标		
	P	R	C
基线模型	0.8145	0.5588	0.4664
本模型	0.8027	0.6694	0.5997

对比实验结果的分析如下：从 R 值视角考虑，由于本模型的 R 值（0.6694）高于基线模型的 R 值（0.5588），说明本模型能够发现更多的错误。从 C 值考虑，本模型的 C 值（0.5997）高于基线模型的 C 值（0.4664），说明本模型在发现文本错误之后，能够更有效地对文本的错误进行修复。从 P 值考虑，本模型的 P 值（0.8027）相较于基线模型（0.8145）稍弱，但对于错误的判断方面二者本质上相差不大。由此，针对文本的真词错误检测与修复问题，从综合角度看，本模型相较于基线模型而言有更好的效果。

第二节　基于 BERT 的文本语法错误检测与修复模型

现有模型（如基于 RNN 或 CNN 的编码器-解码器框架[19, 20]和基于 Transformer 的框架[21]）虽然能够发现大部分文本语法错误（简称为文本错误），但在文本错误检测与修复（也称为文本纠错）方面依然存在着有待进一步解决的问题[22]，一是由于当前的文本错误检测与修复模型所采用的是编码器-解码器框架，其解码速度较慢；二是在传统文本错误的检测和修复任务处理中，通常将这两个任务分开而不是考虑将它们统一在一起以解决问题。因此，文本语法错误检测与修复问题值得进一步研究。

一、问题定义

设 $\boldsymbol{S}=[s_1, s_2, \cdots, s_n] \in \mathbf{R}^n$ 为一个源文本，n 为源文本中的词个数。L 是一个布尔值，用于标记该文本是否存在错误。$\boldsymbol{T}=[t_1, t_2, \cdots, t_m] \in \mathbf{R}^m$ 是对 $\boldsymbol{S}$ 进行纠错后的目标文本，m 为目标文本中的词个数。N 为获取的文本总数。

定义 3.5　文本检查。文本检查 judge($\boldsymbol{S}$) 是一种将源文本打上标记 L 所需要的函数。

输入：待检测的源文本 $\boldsymbol{S}=[s_1, s_2, \cdots, s_n] \in \mathbf{R}^n$。

输出：标记所输入源文本 $\boldsymbol{S}$ 是否存在错误的布尔值 L。

例如，若 $\boldsymbol{S}=$[“我”,“是”,“是”,“学”,“生”]，则 judge($\boldsymbol{S}$) $= L =$ False。

定义 3.6　文本差异[22]，记为 $\text{diff}(\boldsymbol{S}, \boldsymbol{T})$。$\text{diff}(\boldsymbol{S}, \boldsymbol{T})$ 是将源文本转换成目标文本所需要进行的一系列操作。

定义 3.7　文本错误修复。

输入：带有标记数 L 为 False 的源文本 $\boldsymbol{S}=[s_1, s_2, \cdots, s_n] \in \mathbf{R}^n$。

输出：经过 $\text{diff}(\boldsymbol{S}, \boldsymbol{T})$ 之后得到的目标文本 $\boldsymbol{T}=[t_1, t_2, \cdots, t_m] \in \mathbf{R}^m$。

针对定义 3.7，定义如下将进一步研究的问题。

问题 RQ 3.4：如何实现文本错误数据的检测？

问题 RQ 3.5：如何实现文本错误数据的修复？

问题 RQ 3.6：该方法是否可以针对文本错误数据进行有效检测与修复？

二、研究方法

研究方法中所使用的文本纠错模型分为两步，第一步是使用文本错误检测模型，以发现文本错误；第二步则是使用文本错误修复模型，以实现错误修复，即将文本错误检测后所得到的错误句子输入第二个模型中进行修复。

1. 文本的错误检测模型

针对问题 RQ3.4，本节所提出的文本错误检测模型的工作原理如下。

步骤 1 输入为源文本 $\boldsymbol{S}$；对 $\boldsymbol{S}$ 进行预处理之后可得到符合 BERT 输入格式的数据 $\boldsymbol{S}_{\text{extend}}$。

步骤 2 基于 BERT 得到源文本的多种语义表示为

$$\boldsymbol{S}_{\text{sementic}} = \text{BERT}(\boldsymbol{S}_{\text{extend}}) = [\boldsymbol{H}_1, \cdots, \boldsymbol{H}_n, \boldsymbol{I}_1, \cdots, \boldsymbol{I}_n, \boldsymbol{R}_1, \cdots, \boldsymbol{R}_n]$$

式中，$\boldsymbol{H}$ 为原语义表示，$\boldsymbol{I}$ 为插入语义表示，$\boldsymbol{R}$ 为替换语义表示；通过多个 BLOCK 可以建模上述三种语义表示。其中，每个 BLOCK 是一个包含了多头注意力、残差连接、批归一化 1、前向神经网络和批归一化 2 的结构。

步骤 3 利用 BiLSTM 将获得的语义表示进行解码，并利用池化层提升模型的泛化能力。

步骤 4 利用全连接神经网络进行分类，得到该文本是否有错误的标记 L，L 计算公式是

$$L = \text{Softmax}(W\boldsymbol{v}(i) + b) \tag{3.2}$$

该文本错误检测模型的总损失函数值为

$$\text{Loss} = -\sum_{i}^{M} \text{pre}(i) \ln(\text{True}(i)) \tag{3.3}$$

式中，将训练时的文本总数记为 M，将判断第 i 条短文本是否有错误的预测值记为 $\text{pre}(i)$，将判断第 i 条短文本是否有错误的实际值记为 $\text{True}(i)$。

2. 文本的错误修复模型

针对问题 RQ3.5，本节所提出的模型是基于文献[19]中的工作进行文本修复，该修复模型有输入层、向量表示层、编码层、解码层和输出层五个具体层次。在输入 $\boldsymbol{S}$ 后，利用 Word2Vec 方法将短文本转换成向量表示；利用编码层获取其语义表示向量；利用解码层将语义表示向量转换成修复之后的表示向量，并最终转化成文本进行输出，具体如图 3.1 所示。

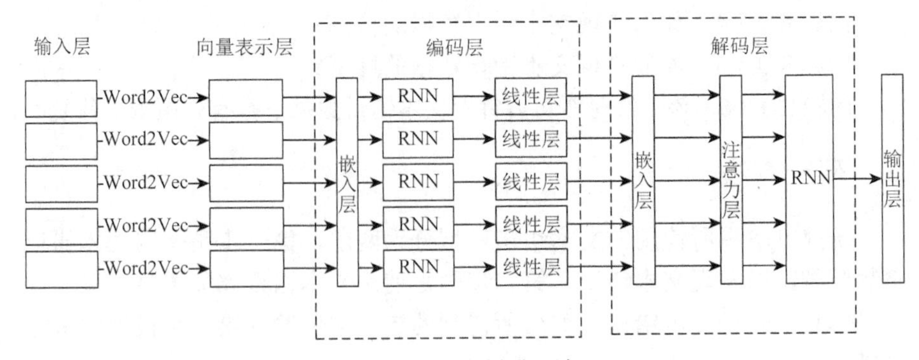

图 3.1 文本纠错方法

该模型的损失函数为

$$\text{Loss} = \sum_{i=1}^{N} \text{Cross\_Entropy}(\boldsymbol{T}_i, \text{pre\_}\boldsymbol{T}_i) \tag{3.4}$$

式中，第 i 个句子实际修复后的文本记为 $\boldsymbol{T}_i$，模型预测的第 i 个句子修复后的文本记为 $\text{pre\_}\boldsymbol{T}_i$。

三、实验设计

1. 数据集

模型的训练数据集使用 NLPCC2018_GEC 公开数据集进行训练，该数据集共有 717241 条短文本，利用随机划分的方法，将其中 80%的数据作为训练集，余下的 20%的数据作为验证集。

此外，针对本书的实验（测试），选取了 2022 年 OOSE 混合课程前 15 周的学习者数据，主要包含 165 个学习者的在线交流的短文本。考虑到数据可能存在词数量长度过短和数据重复等方面的问题，根据具体情况，将其中文本长度小于四个字符的短文本进行了删除处理，并且将重复的数据进行了删除处理，最终得到了 5664 条数据。针对该数据，随机获取其中 2000 条数据作为测试集数据，在此基础上采用人工方式对其进行标注和修改。

2. 测评指标

将错误检测的准确率 P、文本纠错的查准率 Edit_P、查全率 Edit_R 和 $F_{0.5}$ 分数作为测评指标，其中 P 表示对应模型检测错误的准确性；Edit_P 表示纠错结果正确的位置占模型进行修复位置的比率；Edit_R 表示修复结果正确的位置占存在错误位置的比率；$F_{0.5}$ 是 Edit_P 和 Edit_R 的调和分数，所表示的是模型的整体能力。这四个测评指标的计算定义[22]为

$$\begin{cases} P = \dfrac{\sum_{s\in\text{Source}} I(s^r, s^p)}{K} \\ \text{Edit}_P = \dfrac{\sum_{s\in\text{Source}} \left|e(\boldsymbol{S}) \cap g(\boldsymbol{S})\right|}{\sum_{s\in\text{Source}} \left|e(\boldsymbol{S})\right|} \\ \text{Edit}_R = \dfrac{\sum_{s\in\text{Source}} \left|e(\boldsymbol{S}) \cap g(\boldsymbol{S})\right|}{\sum_{s\in\text{Source}} \left|g(\boldsymbol{S})\right|} \\ F_{0.5} = \dfrac{\left(1+0.5^2\right) \times P \times R}{R + 0.5^2 \times P} \end{cases} \tag{3.5}$$

式中，Source 为测试集中源文本的集合；K 为预测中有错误的文本的总个数；I 为一个指示函数，当所接受的两个参数相等时，该函数的返回值为 1，否则取值为 0；s^r 表示实际文本是否存在错误，当存在错误时 s^r 为 1，否

则为 0；s^p 表示模型预测文本是否存在错误，当存在错误时，s^p 为 1，否则为 0；$e(\boldsymbol{S})$ 表示文本 $\boldsymbol{S}$ 预测的修复操作集合；$g(\boldsymbol{S})$ 表示文本 $\boldsymbol{S}$ 实际的修复操作集合；“| |”计算集合大小的函数；$F_{0.5}$ 分数表示查准率比查全率的重要程度高 1 倍，这是一个偏重于 P 值的测评指标。而其他 F 值（如 $F_{1.5}$），则属于偏重 R 值的测评指标。

四、实验设置与结果分析

1. 实验设置

本实验基于 PyTorch 框架，模型中的主要参数设置描述如下。

（1）在错误检测模型上，多种语义表示建模的部分将遵循 Google 开源的 BERT-LARGE 的设置。

（2）在错误修复模型上，使用 PyCorrector[23]中包含的 Seq2Seq 方法进行错误的修复，该模型在处理真词错误的同时，也能处理文本错误。

（3）在优化层面上，选取 Adam 为优化方法，设置最大句子长度为 512，Batch _ size 是 2。

2. 实验结果

在经过人工标注之后，得到 41 条含有错误的短文本。其中真词错误有 20 条；文本错误有 11 条，而文本错误中冗余重复有 4 条，成分残缺有 7 条。

在仅采用“错误修复模型”的情况下，模型共修复了 644 条句子，其中修复了真词错误句子 15 条、冗余重复句子 2 条和成分残缺句子 1 条。

在采用“错误检测 + 错误修复模型”的情况下，利用本节的错误检测模型，总共预测了 71 条错误句子，其中正确检测了 37 条句子；利用本节的错误修复模型，共修复 52 条句子，其中修复了 15 条含有真词错误的句子和 2 条冗余重复的句子。

针对 RQ3.6 所提出的问题，本书对“错误检测 + 错误修型”的实际效果进行了评估，具体结果如下所示。文本纠错型实验结果如表 3.3 所示，表明使用“错误检测 + 错误修复模型”可以更为有效地进行文本纠错。

表 3.3　文本纠错模型实验结果

模型	指标			
	P	Edit_P	Edit_R	$F_{0.5}$
错误修复模型	0.045	0.045	0.439	0.055
错误检测+错误修复模型	0.521	0.326	0.414	0.340

3. 实验分析与讨论

从测试数据集上看，在人工标记之后，反映学习者对话的文本中有错误的数据为 41 条，这可以判定 2022 年 OOSE 课程前 15 周的学习者对话流的文本质量较高。

从实验结果上看，对于较为简单的含有文本错误和真词错误的句子，本节所采用的模型有一定的文本纠错能力。但在针对实验结果的分析中也发现了该模型存在对于原本正确的句子也实施修复的情况，这将会最终导致该模型的准确率降低，分析其中的原因是，该模型所使用的 Seq2Seq 结构较为简单，且在编码层和解码层所使用的神经网络均为轻量级神经网络模型，因此在数据集中的 P 值和 R 值均相对较低。针对此问题，可以增加对文本进行错误检测的步骤，这样可以降低修复正确句子的概率，使得模型在实际应用中更为有效。

第三节　本 章 小 结

本节针对文本中的真词错误和文本语法错误的检测与修复问题开展了研究。①本节构造了一种融合性策略的中文文本真词错误的检测与修复算法模型，这一设计策略提高了文本真词错误检测与修复的准确性。②本节提出了基于 BERT 的真词错误检测与修复模型，即利用 BERT 计算短文本的多种语义表示；依据语义表示定位错误出现的位置；利用 BiLSTM 和 CRF 获取词典中的每个词修正该词的词概率；利用最大概率所对应的词对真词进行修复。③本节采用了基于 BERT 的文本错误检测与修复模型处理文本语法方面的错误。这些工作旨在为学习分析的研究和应用提供更高质量的数据。

参 考 文 献

[1] 于勐，姚天顺. 一种混合的中文文本校对方法. 中文信息学报，1998（2）：32-37.

[2] Dashti M S. Real-word error correction with trigrams：Correcting multiple errors in a sentence. Language Resources and Evaluation，2017（2）：1-18.

[3] Gale W A，Church K W. Estimation procedures for language context：Poor estimates are worse than none. 9th Symposium on Computational Statistics，Dubrovnik，1990：69-74.

[4] Sumit S，Swadha G. A correction model for real-word errors. Procedia Computer Science，2015，70：99-106.

[5] Schmaltz A，Kim Y，Rush A，et al. Adapting sequence models for sentence correction. Proceedings of the 2017 Conference on Empirical Methods in Natural Language

Processing，Copenhagen，2017：2807-2813.

[6] Xie Z，Avati A，Arivazhagan N，et al. Neural language correction with character-based attention. CoRR，2016，abs/1603.09727.

[7] Hirst G，Budanitsky A. Correcting real-word spelling errors by restoring lexical cohesion. Natural Language Engineering，2005，11（1）：87-111.

[8] 鲁松，白硕. 自然语言处理中词语上下文有效范围的定量描述. 计算机学报，2011，24（7）：742-747.

[9] Hsieh Y M，Bai M H，Huang S L，et al. Correcting chinese spelling errors with word lattice decoding. ACM Transactions on Asian and Low-Resource Language Information Processing，2015，14（4）：1-23.

[10] 李超，刘辉. 一种基于关联分析与 N-Gram 的错误参数检测方法. 软件学报，2018，29（8）：2243-2257.

[11] 陈笑蓉，秦进. 特征和语言模型结合的中文文本查错. 计算机应用，2004，24（B12）：259-261.

[12] Zhou J，Chen L，Liu H，et al. Chinese grammatical error correction using statistical and neural models. 7th CCF International Conference，Berlin，2018：117-128.

[13] 张仰森，俞士汶. 文本自动校对技术研究综述. 计算机应用研究，2006，23（6）：8-12.

[14] 王璐，张仰森. 基于典型句型的词语搭配定量分析及提取算法. 计算机科学，2012，39（B06）：232-234，270.

[15] 刘亮亮，王石，王东升，等. 领域问答系统中的文本错误自动发现方法. 中文信息学报，2013，27（3）：77-83.

[16] 刘亮亮，曹存根. 基于局部上下文特征的组合的中文真词错误自动校对研究. 计算机科学，2016，43（12）：30-35.

[17] 叶俊民，徐松，罗达雄，等. 一种中文真词错误检测与修复方法. 计算机工程，2019，45（8）：178-183.

[18] 施恒利，刘亮亮，王石，等. 汉字种子混淆集的构建方法研究. 计算机科学，2014，41（8）：229-232，253.

[19] Grundkiewicz R，Junczys-Dowmunt M. Near human-level performance in grammatical error correction with hybrid machine translation. Proceedings of the 2018 Conference of the North American Chapter of the Association for Computational Linguistics：Human Language Technologies，New Orleans，2018：284-290.

[20] Chollampatt S，Ng H T. A multilayer convolutional encoder-decoder neural network for grammatical error correction. Proceedings of the 32nd AAAI Conference on Artificial Intelligence，New Orleans，2018：5755-5762.

[21] Wei Z，Liang W，Shen K，et al. Improving grammatical error correction via pre-training a copy-augmented architecture with unlabeled data. Proceedings of Annual Conference of the North American Chapter of the Association for Computational Linguistics，Minneapolis，2019：156-165.

[22] 叶俊民，罗达雄，陈曙. 基于层次化修正框架的文本纠错模型. 电子学报，2021，49（2）：401-407.

[23] Xu M. PyCorrector：Text error correction tool（Version 0.4.2）. [2021-10-07]. https://github.com/shibing624/pycorrector.

第四章　基于短文本的学习者成绩预测

第一节　引　言

在基于对话流文本的学习者成绩等级预测算法[1]和文本情感增强的学习者成绩预测模型[2]的基础上，进一步考虑BERT、BiLSTM 与 CNN之间的不同模型组合的应用会对学习者成绩预测结果产生何种影响，这是一个非常值得研究的问题，因为这样的研究可以为应用选择出更合适的方案。

一、预测研究的视角、方法与应用

（1）研究的多视角。在语言类课程学习中，研究者针对阅读理解测验成绩开展了预测研究，发现依据词汇理解深度来预测阅读理解测验的效果，要强于仅依据词汇量来预测阅读理解测验的效果[3]，相关的研究还发现难度不同的短语对作文成绩的预测能力不同[4]。从社会学视角，基于学校所处的社会环境、学习者的社会阶层、学校所在国家的社会公平程度等因素，采用基于社会分层变量的测量方法可以解释学习者成绩之间为什么会出现差异[5]。从大数据视角，采用大数据和数据挖掘技术可以发现关于学习者的大规模数据中潜在的规律，为在线或混合形式的教学和管理优化提供了决策依据[6-8]，该领域主要包括了近年来LAK和EDM会议所报道过的大规模研究与应用工作。在深度学习模型视角，针对在线或混合课堂中的学习者所留下的对话流文本开展学习者的成绩预测研究与应用，开启了一扇方法与途径的新大门[1]。进一步的研究将会针对以文本数据为基础的多模态数据，这将为学习分析中预测模型的研究与应用提供更深入的洞察力。

（2）方法的多层次。除了可以采用传统的预测模型（如时间序列预测技术[9]和回归分析方法[10]等），目前的预测模型与机器学习、深度学习技术进行了更多融合，在越来越强大的算力帮助下，研究者不断地提供预测效果更好的模型（如基于深度学习技术的预测模型和基于预训练的语言模型等），如文献[11]从教育心理学和数据挖掘两个视角，列举了预测学习者表现（如学习者成绩）方面所涉及的模型与方法，具体如认知诊断[12]、知识追踪[13]、矩阵分解[14]、主题建模[15]、稀疏因子分析[16]和深度学习[17]等方法。

（3）应用的多元化。针对学习者学业成绩预测的应用，已在教育领域产生了显著的效果，例如，对于学校招生和专业课教学，可以通过成绩预测对这些工作起到一定的引导作用与辅助效果[18]。又如，在线学习自动评价模式与所构建的学习者学业成绩预测模型相结合，将帮助教师尽早地发现并干预那些在课程学习中有可能会出现不及格倾向性的学习者[19, 20]。进一步的应用还有，可以通过对入学申请者提供的各种资料做成绩预测，以决定是否发放相关的录取通知书[21]或者通过对学习者的预测结果向其推荐学习资源[22-25]等。

二、学习者成绩预测的研究现状

教育中的预测分析工作常会利用到统计技术或数据挖掘技术，所处理的数据对象包含了结构化数据和非结构化数据（如短文本数据或对话流数据等）。

具体研究情况归纳如下：①基于多个领域的研究视角，既有语言学角度下的阅读成绩预测[3]、作文成绩预测[4]，也有社会学角度下的学习者成绩差异解释[5]，还有技术角度下的大数据分析[6]与数据挖掘等技术在学习者成绩等级预测方面的研究与应用（如 LAK 和 EDM 系列会议）等；②基于传统算法的应用视角，有常见的最小二乘法、指数曲线法、移动平均数法、指数平滑法、趋势外推法、最大近似法、最高水平线预测法、回归分析和回归方程等传统预测方法[9, 10]；③从应用领域的影响视角，有专业课教学[18]、通过相关变量（如能力等）预测学习者的成绩[26]、发现潜在的挂科学习者[27]和制定学校招生政策[28]；④从理论模型视角，一方面，研究者构建了六步模型[29]、基于 QFD 的学习者学习能力评估理论模型[30]、学业成绩预测框架[31]，以及构建了课程、课堂、课外“三位一体”的预警信息发现与生成模型[32]等；另一方面，有研究者构建了学习成绩预测领域的数学模型，如学业成绩和满意度的模型[33]、学业成绩人工神经网络预测模型[34]。此外，还构建了学习者学习状态分析模型[35]、判定学习者网络学习效果的监管数据挖掘模型[36]、学习者知识和策略的概率模型[37]、基于自然语言处理技术的数学成绩预测模型[38]、基于贝叶斯框架的学习者成绩预测模型[39]、基于 MOOC 上日志数据和点击流数据的预测生成模型[40]等。

因此，上述对学习者成绩（或者成绩等级）预测的研究基本上涵盖了现代教育体系下的各个层面，研究方法从传统的统计理论（如线性回归）到运用近年来兴起的大数据和人工智能技术（如机器学习和深度学习等），具体如在早期基于对话流的学习者成绩等级预测模型探究中，研究者使用了 LDA[41]模型和 LSTM[42]模型，其中使用 LDA 模型来提取对话流文本段中的主题信息[1]，使用 LSTM 模型来解决和处理与时间序列有关的问题。

进一步，对话流文本所隐含的信息还包括了学习者对所学课程内容的掌握程度和关注点，分析这些对话流文本并预测学习者的成绩，以支持教师提前对潜在成绩不良的学习者进行及时干预等，这在应用方面有着重要意义。

第二节　文本情感增强的学习者成绩预测模型

在考虑短文本情感增强下，基于我们已经研究的短文本情感增强的学习者成绩预测问题，本节进一步讨论不同组合模型对于学习者成绩预测的影响情况。

通过组合方式设计的短文本情感增强的学习者成绩预测模型如下：①BERT + CNN 模型；②BiLSTM + BiLSTM 模型；③BERT + BiLSTM 模型；④BiLSTM + CNN 模型。其中，+号之前的模型用于学习者短文本情感分类，而+号之后的模型用于学习者的学习状态表征建模与成绩预测。

一、问题定义

基于文献[2]和[43]中的定义与描述，将学习者的个数记为N，学习者的集合记为V，则$|V| = N$。

定义 4.1　学习者的学习成绩表征 AP。学习者的学习成绩记为$\mathrm{AP}[0,1]^N$，其中$\mathrm{AP}(i)$表示将学习者i的成绩映射到$[0,1]$的区间中。

定义 4.2　学习者的学习状态表征$\mathbf{LS}$。学习者i在知识点t上的学习状态表征记为$\mathbf{LS}^t(i) = [\mathbf{LS}_{i,t,0}, \mathbf{LS}_{i,t,1}, \cdots, \mathbf{LS}_{i,t,m-1}]^{\mathrm{T}}$。其中，$\mathbf{LS}_{i,t,j}(j = 0,1,\cdots, m-1) \in [0,1]$，将学习状态表征的维度记为$m$，将所有学习者的学习状态表征存储在$\mathbf{LS} \in [0,1]^{N\times T\times m}$中。学习者在课程对应能力维度的掌握情况采用$\mathbf{LS}^t(i)$中的对应维度表示，若掌握情况较好，则该维度值高，否则值低。

定义 4.3　学习特征表征$\mathbf{LF}$。将T个不同知识点下的N个学习者的d维特征表征记为$\mathbf{LF} \in \mathbf{R}^{N\times T\times d}$。其中，将学习者$i \in N$在知识点$t \in T$上的特征记为$\mathbf{LF}^t(i) = [\mathbf{LF}_{i,t,0}, \mathbf{LF}_{i,t,1}, \cdots, \mathbf{LF}_{i,t,d-1}]^{\mathrm{T}}$；$\mathbf{LF}^t(i)$由$\boldsymbol{F}_{g(i)}^t$、$\boldsymbol{F}_{b(i)}^t$和$\mathbf{Sentiment}_{\mathbf{ST}^t(i)}$这三类特征拼接形成，其中$\boldsymbol{F}_{g(i)}^t$表示学习者$i \in N$在知识点

$t \in T$ 上的人口统计学特征，$\boldsymbol{F}_{b(i)}^{t}$ 表示学习者 $i \in N$ 在知识点 $t \in T$ 上的学习行为特征，$\mathbf{Sentiment}_{\mathbf{ST}^t(i)}$ 表示学习者 $i \in N$ 在知识点 $t \in T$ 上的短文本情感特征。

定义 4.4 短文本情感增强的学习者成绩预测。

输入：学习者的特征表征 $\mathbf{LF}$。

输出：预测的学习者成绩表征 AP。

其中，预测成绩的过程即利用 $\mathbf{LF}$ 获取学习者的学习状态表征 $\mathbf{LS}$，再通过 $\mathbf{LS}$ 预测学习者的学习成绩表征 AP。

二、BERT + CNN 模型

BERT + CNN 模型是一个两阶段模型，即用 BERT 模型做学习者短文本情感分类，而用 CNN 模型做学习状态表征建模与成绩预测。

1. 基于 BERT 的学习者短文本情感分类模型

基于 BERT 模型的短文本情感分类模型，对获取到的短文本先进行数据清洗，将无效的字符进行删除；再将短文本嵌入标签，最后对 BERT 模型进行微调。

1）模型输入

将学习者 $i \in N$ 针对该课程中的知识点 $t \in T$ 所发表的短文本评论（或回复等）记为 $\mathbf{ST}^t(i) = \{\boldsymbol{s}_1, \cdots, \boldsymbol{s}_p\}$，其中 $\boldsymbol{s}_j = \{w_{j1}, \cdots, w_{jL_j}\}$，而 w_{j^*} 表示句子 $\boldsymbol{s}_j$ 中所包含单词的对应词典位置，L_j 表示句子 j 的长度。通过对短文本进行标签嵌入可以得到此模型的输入 $\mathbf{txt}$。

2）模型输出

在得到模型的输入 $\mathbf{txt}$ 后，可以利用 BERT 模型获取短文本的语义表示向量 $\boldsymbol{v}$；在此基础上输出学习者短文本属于各个不同情感类别的概率，并定义其损失函数，相关的计算公式是

$$\mathbf{Sentiment}_{\mathbf{ST}^t(i)} = \mathrm{Softmax}(W\boldsymbol{v}(i) + b) \tag{4.1}$$

$$\mathrm{Loss} = -\sum\nolimits_i^N \sum\nolimits_j^T \sum\nolimits_k^M \mathrm{pre}(i, j, k) \log(\mathrm{True}(i, j, k)) \tag{4.2}$$

式中，将短文本情感记为 $\mathbf{Sentiment}_{\mathbf{ST}^t(i)}$；将情感类别个数记为 M；将第 i 个学习者的第 j 个知识点的第 k 个情感类别的预测值记为 $\mathrm{Pre}(i, j, k)$；将第 i 个学习者的第 j 个知识点的第 k 个类别的实际值记为 $\mathrm{True}(i, j, k)$，该实际值是一个布尔值，当该短文本实际为第 k 个类别时，该布尔值为 1，否则为 0。

2. 基于 CNN 的学习状态表征建模与成绩预测

基于 CNN 设计的情感增强的学习者成绩预测模型有三层，第一层针对学

习者的学习特征表征建模，第二层采用 CNN 对学习者的学习状态表征$\mathbf{LS}$进行建模；第三层针对学习者的学习状态表征$\mathbf{LS}$预测学习者的成绩表征 AP 。

1）学习者的学习特征表征建模

通过式（4.1）获取学习者的情感特征$\mathbf{Sentiment}_{\mathbf{ST}^t(i)}$，同时通过诸如教学网站上的日志数据，获得学习者的人口统计学特征$\boldsymbol{F}_{g(i)}^t$及学习行为特征$\boldsymbol{F}_{b(i)}^t$，通过拼接函数 fuse() 对$\mathbf{Sentiment}_{\mathbf{ST}^t(i)}$、$\boldsymbol{F}_{g(i)}^t$和$\boldsymbol{F}_{b(i)}^t$三者进行拼接，可以得到拼接后的向量$\mathbf{LF}_{\text{fuse}}^t(i)$，再通过归一化函数对各个向量的值进行归一化，最终得到学习者的学习特征表征$\mathbf{LF}^t(i)$，以实现学习者的学习特征表征建模，再将学习者的学习特征表征$\mathbf{LF}^t(i)$作为模型的输入向量，相关具体计算公式是

$$\mathbf{LF}_{\text{fuse}_{k,j}}^t(i)=\text{fuse}\left(\mathbf{Sentiment}_{\mathbf{ST}^t(i)},\boldsymbol{F}_{g(i)}^t,\boldsymbol{F}_{b(i)}^t\right) \tag{4.3}$$

$$\mathbf{LF}_{k,j}^t(i)=\frac{\mathbf{LF}_{\text{fuse}_j}(i)-\min\left(\mathbf{LF}_{\text{fuse}}(i)\right)}{\max(\mathbf{LF}_{\text{fuse}}(i))-\min(\mathbf{LF}_{\text{fuse}}(i))} \tag{4.4}$$

式中，将学习特征表征$\mathbf{LF}^t(i)$的第j个向量的第k维特征记为$\mathbf{LF}_{k,j}^t(i)$；将拼接之后$\mathbf{LF}_{\text{fuse}}^t(i)$的第$j$个向量的第$k$维特征记为$\mathbf{LF}_{\text{fuse}_{k,j}}^t(i)$。

2）学习者学习状态表征建模

获取的学习者的学习特征表征维度较高，且可能会出现部分特征对于学习者的成绩有较大的影响，而另一部分特征对学习者的成绩影响则相对较小的情况，为此，本节提出一种能够增强局部特征影响的卷积神经网络模型，以实现对学习者的学习状态表征进行建模。

在卷积神经网络模型内使用了多层卷积层，具体描述如下。首先，通过式（4.3）和式（4.4）获取学习者的学习特征表征$\mathbf{LF}^t(i)$，再通过添加维度使其变成二维数据。其次，在经过卷积层时，通过卷积对数据进行处理。最后，$\mathbf{LF}^t(i)$在经过多层卷积之后的结果，可以通过函数 Flatten 平展，得到教学环境下的学习者的学习状态表征$\mathbf{LS}$。

3）学习成绩预测

通过式（4.3）和式（4.4）获得教学环境下的学习者的学习状态表征$\mathbf{LS}^t(i)$后，再通过全连接神经网络预测教学环境下学习者的成绩表征$\text{AP}(i)$，具体预测方法为

$$\text{AP}(i)=\sum\nolimits_{i=1}^{n}\boldsymbol{W}(i)\mathbf{LS}^t(i)+b \tag{4.5}$$

该成绩预测模型的损失函数定义为

$$\text{loss}=\sqrt{\frac{\sum\nolimits_{i=1}^{n}(\text{AP}(i)-\text{AP}^r(i))^2}{n}} \tag{4.6}$$

式中，$AP(i)$ 是第 i 个学习者的课程预测成绩；$AP^r(i)$ 是学习者的课程真实成绩。

三、BiLSTM + BiLSTM 模型

BiLSTM + BiLSTM 模型也是一个两阶段模型，即用第一阶段的 BiLSTM 模型（记为 BiLSTM1）做学习者短文本情感分类，再用第二阶段的 BiLSTM 模型（记为 BiLSTM2）做学习状态表征建模与成绩预测。

1. 基于 BiLSTM1 的学习者短文本情感分类模型

该模型包含输入层、句子向量表示层、短文本向量表示层和输出层四层。

1）输入层

将学习者 $i \in N$ 对于该课堂中的知识点 $t \in T$ 上发表的评论（或回复等）记为短文本 $\mathbf{ST}^t(i) = \{\boldsymbol{s}_1, \cdots, \boldsymbol{s}_p\}$，其中 $\boldsymbol{s}_j = \{w_{j1}, \cdots, w_{jL_j}\}$，$w_{j^*}$ 表示句子 $\boldsymbol{s}_j$ 中所包含单词的对应词典位置，L_j 表示句子 j 的长度。利用课程短文本数据训练词嵌入模型，并利用此模型得到每个句子的词向量表示 $\boldsymbol{s}_j = \{w_{j1}, \cdots, w_{jLj}\}$[44]。

2）句子向量表示层

针对句子向量表示层，将每个句子 $\boldsymbol{s}_j$ 中的词向量使用 BiLSTM1 模型进行处理，由此得到句子 $\boldsymbol{s}_j$ 中每个单词在建模后的语义表示 $\boldsymbol{h}_{jq}$，$q \in [1, L_j]$[2]。由于并非所有词都能平等地反映出学习者的情感或重要性。为此，使用结合学习特征表征 LF 注意力机制，可以提取句子中不同词对该学习者的重要性，并通过加权的方式聚集得到第 j 个句子的语义表示 $\boldsymbol{s}_j$。

3）短文本向量表示层

使用 BiLSTM1 层对每个句子的语义 $\boldsymbol{s}_j$ 进行处理，可以得到各个句子建模后的语义表示 $\boldsymbol{H}_q$，$q \in [1, p]$，这是计算短文本语义表示的基础。

同样地，由于短文本中的不同句子的语义表示 $\boldsymbol{s}_j$ 对学习者的重要性也是不同的。所以，在句子层面利用了结合学习特征表征的注意力机制，以得到不同句子的语义重要性，然后通过加权的方式得到所有句子的聚合表示。同时，为了让最终短文本的语义表示的维度不要过大，以避免影响到对文本情感分类的效果，可以通过对聚合得到的短文本语义再施加一个线性变换和一个 Sigmoid 函数变换，以得到最终的短文本的语义表示 $\mathbf{doc}^t(i)$[2]。

4）输出层

在获取到短文本的语义表示 $\mathbf{doc}^t(i)$ 之后，需输出该短文本属于不同情感类别的概率，并定义其损失函数，相关计算公式[2]是

$$\mathbf{Sentiment}_{\mathbf{ST}^t(i)} = \boldsymbol{p} = \text{Softmax}(\boldsymbol{W}'\mathbf{doc}^t(i) + \boldsymbol{b}') \tag{4.7}$$

$$\text{Loss} = -\sum_{\mathbf{ST}^t(i)\in \mathbf{TD}} \sum_{c=1}^{C} \boldsymbol{p}_c^r(\mathbf{ST}^t(i)) \cdot \log(\boldsymbol{p}_c(\mathbf{doc}^t(i))) \tag{4.8}$$

式中，$\mathbf{Sentiment}_{\mathbf{ST}^t(i)}$ 表示短文本情感；$\boldsymbol{p} \in [0,1]^C$ 表示所预测的 C 个不同情感类别的概率分布，这样，通过Softmax函数可以得到 $\mathbf{doc}^t(i)$ 在 C 个不同情感类别上的分布概率；$\mathbf{ST}^t(i) \in \mathbf{TD}$ 表示所收集到的某课程 $\mathbf{TD}$ 的每一条短文本数据；C 为设置的情感类别个数；$\boldsymbol{p}_c^r$ 是 $\mathbf{ST}^t(i)$ 真实情感分类的类别，该向量只在短文本所属的情感类别对应的位置上取值为 1，其余位置取值为 0[2]，据此定义了该模型的损失函数。

2. 基于 BiLSTM2 的学习状态表征建模与成绩预测

为了提高基于短文本预测学习者成绩的准确率，本节设计了一种短文本情感增强的成绩预测模型。

此模型包括三层，其中第一层为学习特征表征构建层，该层将短文本情感 $\mathbf{Sentiment}_{\mathbf{ST}^t(i)}$ 与人口统计学特征 $\boldsymbol{F}_{g(i)}^t$ 和学习行为特征 $\boldsymbol{F}_{b(i)}^t$ 相融合，得到情感增强的学习特征表征 $\mathbf{LF}^t(i)$。第二层为学习状态表征建模层，该层利用长短期记忆神经网络（LSTM）建模学习状态表征 $\mathbf{LS}^t(i)$。第三层为成绩预测层，该层基于某时刻（如期末时刻）的学习状态表征 $\mathbf{LS}^T(i)$ 预测学习者的成绩 $\mathrm{AP}(i)$。

四、BERT + BiLSTM2 模型与 BiLSTM1 + CNN 模型

BERT + BiLSTM2 模型也是一个两阶段模型，即用 BERT 模型做学习者短文本情感分类，用 BiLSTM2 模型做学习状态表征建模与成绩预测。BiLSTM1 + CNN 模型是一个两阶段模型，即用 BiLSTM1 模型做学习者短文本情感分类，用 CNN 模型做学习状态表征建模与成绩预测。

BERT模型选用的是第四章第二节之“二”中“基于BERT的学习者短文本情感分类模型”中的 BERT 模型。而 BiLSTM1 模型选用的是第四章第二节之“三”中“基于 BiLSTM1 的学习者短文本情感分类模型”中的 BiLSTM 模型。CNN 模型选用的是第四章第二节之“二”中的“基于 CNN 的学习状态表征建模与成绩预测”中的CNN模型。该组合模型的具体细节在此不再赘述。

五、实验与分析

由于上述四个组合模型的数据集和评价指标均一致，所以可以把这些模型的实验结果放在一起加以对比。

1. 数据集

采用国内某在线教学平台上工科课程的学习行为数据，并从中选择了

该在线教学平台中的 C2 和 C4 这两门课程的数据集。该数据集中的数据包括了本书需要的学习者短文本数据、在线学习者的人口统计学数据（即学习者的年龄、学历和性别），以及在线学习者在课程中的学习行为特征（如视频观看时长、评论发表次数）等数据，共计 16 种行为数据。

由于所获取的学习者短文本数据中缺少有关的情感类别，采用人工方式对学习者短文本数据的情感类别（分为积极/消极/疑惑和正常四类情感）进行标注。

2. 学习者短文本情感分类模型实验结果

1）实验设置与评估指标

获取学习者短文本数据，通过随机分割的方法，将 80%的数据作为训练集，将 10%的数据作为测试集，同时，将剩下的 10%的数据作为验证集。使用指标 Accuracy、MicroPrecision、MicroRecall 和 MicroF1Score 来评价情感分类模型的整体表现。

将学习者短文本情感属于第 i 个类别且预测正确的个数记为 TP_i，将学习者短文本情感类别不属于第 i 个类别但预测结果属于第 i 个类别的个数记为 FP_i，将学习者短文本情感类别属于第 i 个类别但预测结果不属于第 i 个类别的个数记为 FN_i，则评价指标可用的公式为

$$\mathrm{Accuracy}=\frac{\sum_{i=1}^{M}\mathrm{TP}_i}{N_1} \tag{4.9}$$

$$\mathrm{MicroPrecision}=\frac{\sum_{i=1}^{M}\mathrm{TP}_i}{\sum_{i=1}^{M}(\mathrm{TP}_i+\mathrm{FP}_i)} \tag{4.10}$$

$$\mathrm{MicroRecall}=\frac{\sum_{i=1}^{M}\mathrm{TP}_i}{\sum_{i=1}^{M}(\mathrm{TP}_i+\mathrm{FN}_i)} \tag{4.11}$$

$$\mathrm{MicroF1Score}=\frac{2\times\mathrm{MicroPrecision}\times\mathrm{MicroRecall}}{\mathrm{MicroPrecision}+\mathrm{MicroRecall}} \tag{4.12}$$

2）实验结果与讨论

首先，针对文本情感的分类效果，选择 BERT 模型和 BiLSTM 模型进行比较。基于式（4.9）～式（4.12）的评估指标，在采用 C2 和 C4 这两门课程的数据集进行了训练与测试后，相关对比结果如表 4.1 所示。

表 4.1　BERT 模型和 BiLSTM 模型针对文本情感的分类效果

模型	指标		
	MicroPrecision	MicroRecall	MicroF1Score
BiLSTM	0.68	0.32	0.37
BERT	0.77	0.77	0.77

由表 4.1 可知，BERT 方法在文本情感分类效果方面比 BiLSTM 方法更好，究其原因如下所示。

（1）基于 BiLSTM1 模型，学习社区短文本情感分类方法利用句子向量表示层，从词表示聚合得到句子向量表示，再将得到的句子向量表示通过 BiLSTM 层辅以改进的注意力机制，并最终通过 Softmax 函数得到学习者的情感分类。该方法可以捕获学习者的情感表达向量，但受限于模型量级较小，在获得句子向量表示时效果不够精确，最终导致准确率不高。

（2）在短文本情感分类对比中，BERT 预训练模型在所有指标上都取得了更好的效果，这是由于 BERT 预训练模型本身是由大量语料经过长时间训练得到的，在句子的向量表示方面有很好的效果，因此在做情感分类时可以得到较好的结果。

3. 学习者成绩预测实验结果

1）实验设置与评估指标

将学习者的情感特征、人口统计学特征及学习行为特征这三种向量进行拼接，将所得到学习者的学习特征向量作为数据集。将数据集中 80%的数据作为训练集，10%的数据作为测试集，另外 10%的数据作为验证集。采用准确率 $\text{Accuracy}_{\text{grade}}$ 和均方根误差 RMSE 作为测评指标来评价学习者成绩预测模型的整体表现，相关的计算公式是

$$\text{Accuracy}_{\text{grade}}=\frac{T_{[-a,+b]}}{N} \tag{4.13}$$

$$\text{RMSE}=\sqrt{\frac{\sum_{i=1}^{n}(\text{AP}_{\text{pre}}(i)-\text{AP}_{\text{true}}(i))^2}{n}} \tag{4.14}$$

式中，$T_{[-a,+b]}$ 表示预测分数和学习者真实成绩的差距在该区间范围的学习者个数；$\text{AP}_{\text{pre}}(i)$ 表示预测学习者 i 的期末成绩；$\text{AP}_{\text{true}}(i)$ 表示学习者 i 的真实期末成绩。本节设定的 a 与 b 的值均为 0.03，即预测分数与学习者的真实成绩的差值的绝对值在百分制下小于 3 分即为正确。

2）实验结果

基于式（4.13）和式（4.14）的评估指标的设置，本节在学习者的学习特征向量数据集上进行了训练与测试，将 BERT＋CNN 模型/BiLSTM1＋BiLSTM2 模型/BERT＋BiLSTM2 模型/BiLSTM1＋CNN 模型进行了对比，成绩预测模型的对比结果如表 4.2 所示。

表 4.2　成绩预测模型的对比结果

方法	准确率	RMSE
BERT + CNN	0.97	0.031
BiLSTM1 + BiLSTM2	0.94	0.0293
BERT + BiLSTM2	0.96	0.023
BiLSTM1 + CNN	0.95	0.049

首先，对比BiLSTM1 + BiLSTM2和BiLSTM1 + CNN两个模型的结果，发现在文本情感预测模型均为BiLSTM1模型的前提下，BiLSTM1 + CNN的准确率比BiLSTM1 + BiLSTM2的更高，且均方误差更小。其次，对比BERT + CNN和BERT + BiLSTM2两个模型结果，发现在文本情感预测模型均为BERT模型的前提下，BERT + CNN的准确率比BERT + BiLSTM2更高，且均方误差更小。这说明了在文本情感预测模型一致的情况下，CNN模型在成绩预测方面的效果比BiLSTM2模型的效果更好。

在本数据集下CNN模型优于LSTM模型的原因分析如下：一方面，LSTM模型特点是处理时序问题，捕获时序特征，而由于本节所使用的数据集仅是一次课程的数据，即该数据集所对应的课程周期较短且模型的输入维度较高，该模型无法突出部分影响较大的特征，这可能是导致LSTM模型的准确率不够高的原因。另一方面，CNN模型能够捕获局部特征，从而获取了局部关键信息，而本实验中所使用数据集恰好适应了CNN的这一特征，且CNN模型能够突出影响较大的特征，而对于影响较小的特征则加以忽视，这也符合学习者学习上某些特征对于成绩的影响大，某些特征对于成绩的影响小这一特点，因此在采用该数据集的前提下，CNN模型能够在各项指标中得到更好的效果。

第三节　本 章 小 结

本节讨论在考虑文本情感因素（即短文本情感增强）和具有相同问题定义（即短文本情感增强的学习者成绩预测问题）的背景下，研究BERT、BiLSTM与CNN之间的不同组合模型(如BERT + BiLSTM、BERT + CNN、BiLSTM + BiLSTM和BiLSTM + CNN)对于学习者成绩预测的影响，并讨论了这些模型产生不同效果的相关原因。

参 考 文 献

[1] 罗达雄，叶俊民，郭霄宇，等. ARPDF：基于对话流的学习者成绩等级预测算法. 小型微型计算机系统，2019，40（2）：267-274.

[2] 叶俊民，罗达雄，陈曙. 基于短文本情感增强的在线学习者成绩预测方法. 自动化学报，2020，46（9）：1927-1940.

[3] 朱勇，孔令琦. 来华汉语专业研究生阅读能力质性研究. 华文教学与研究，2017（1）：26-33.

[4] 葛诗利. 面向大学英语教学的通用计算机作文评分和反馈方法研究. 北京：北京语言大学，2008.

[5] 任春荣. 社会分层对学生成绩的预测效应：一项基于追踪设计的研究. 北京：教育科学出版社，2015.

[6] 中国科学技术协会. 2014-2015 系统科学与系统工程学科发展报告：系统科学与系统工程学科发展报告. 北京：中国科学技术出版社，2016.

[7] Zheng L，Niu J，Zhong L. Effects of a learning analytics - based real - time feedback approach on knowledge elaboration，knowledge convergence，interactive relationships and group performance in CSCL. British Journal of Educational Technology，2022，53（1）：130-149.

[8] Ouyang F，Wu M，Zheng L，et al. Integration of artificial intelligence performance prediction and learning analytics to improve student learning in online engineering course. International Journal of Educational Technology in Higher Education，2023，20（1）：4.

[9] 白耀东. 体育预测学. 成都：四川教育出版社，1992.

[10] 雷蕾. 应用语言学研究设计与统计. 武汉：华中科技大学出版社，2016.

[11] Liu Q，Huang Z，Yin Y，et al. EKT：Exercise-aware knowledge tracing for student performance prediction. IEEE Transactions on Knowledge and Data Engineering，2019，33（1）：100-115.

[12] DiBello L V，Roussos L A，Stout W. Review of cognitively diagnostic assessment and a summary of psychometric models. Handbook of Statistics，2006，26：970-1030.

[13] Corbett A T，Anderson J R. Knowledge tracing：Modeling the acquisition of procedural knowledge. User Modeling and User-Adapted Interaction，1994，4（4）：253-278.

[14] Thai-Nghe N，Drumond L，Krohn-Grimberghe A，et al. Recommender system for predicting student performance. Procedia Computer Science，2010，1（2）：2811-2819.

[15] Zhao W X，Zhang W，He Y，et al. Automatically learning topics and difficulty levels of problems in online judge systems. ACM Transactions on Information Systems，2018，36（3）：1-27，33.

[16] Lan A S，Studer C，Baraniuk R G. Time-varying learning and content analytics via sparse factor analysis. Proceedings of the 20th ACM SIGKDD International Conference on Knowledge Discovery and Data Mining，New York，2014：452-461.

[17] Piech C，Bassen J，Huang J，et al. Deep knowledge tracing. Computer Science，2015，3（3）：19-23.

[18] 廉玉淳. 中等医学教育理论与实践. 赤峰：内蒙古科学技术出版社，1993.
[19] 王改花，傅钢善. 网络学习行为与成绩的预测及学习干预模型的设计. 中国远程教育，2019（2）：39-48.
[20] 李建伟，苏占玖，黄贇茹. 基于大数据学习分析的在线学习风险预测研究. 现代教育技术，2018，28（8）：78-84.
[21] Brooks C，Thompson C. Predictive modelling in teaching and learning. Handbook of Learning Analytics，2017：61-68.
[22] 王嘉琦，顾晓梅，王永祥. 混合学习情景下英语视听资源的个性化协同推荐研究. 外语电化教学，2020（3）：54-60.
[23] 丁永刚，张雨琴，付强，等. 基于 SOM 神经网络和排序因子分解机的图书资源精准推荐. 情报理论与实践，2019，42（9）：133-138，170.
[24] 李浩君，张广，王万良，等. 基于多维特征差异的个性化学习资源推荐方法. 系统工程理论与实践，2017，37（11）：2995-3005.
[25] 丁永刚，张馨，桑秋侠，等. 融合学习者社交网络的协同过滤学习资源推荐. 现代教育技术，2016，26（2）：108-114.
[26] Dimitrov D M. 心理与教育中高级研究方法与数据分析. 王爱民译. 北京：中国轻工业出版社，2015.
[27] 魏顺平. 在线教育学习分析研究. 北京：中央广播电视大学出版社，2016.
[28] 大丫畅爸. 宝贝在狮城上册——新加坡留学生的学习与生活实录. 武汉：华中师范大学出版社，2016.
[29] Ohia U O. A model for effectively assessing student learning outcomes. Contemporary Issues in Education Research，2011，4（3）：25-32.
[30] 蔚莹，刘希龙，赵明轩，等. 基于 QFD 模型和双向聚类技术的电子商务专业学生能力分析——以中高职电子商务专业“三位一体”在线教育平台为例. 中国远程教育，2017（2）：33-44，79，80.
[31] Wu F T，Mou Z J. Study on the prediction framework of learning results based on learners' individual behavior analysis. China Electrochemical Education，2016（1）：41-48.
[32] 金义富，吴涛，张子石，等. 大数据环境下学业预警系统设计与分析. 中国电化教育，2016（2）：69-73.
[33] Duque L C，Weeks J R. Towards a model and methodology for assessing student learning outcomes and satisfaction. Quality Assurance in Education，2010，18（2）：84-105.
[34] Arsad P M，Buniyamin N. A neural network students' performance prediction model（NNSPPM）. 2013 IEEE International Conference on Smart Instrumentation，Measurement and Applications，Kuala Lumpur，2013：1-5.
[35] Lu L S，Yu M H. Study of student learning status based on outlier detection. Journal of Computer and Modernization，2016，31（3）：35-40.
[36] Shi X，Qian Y，Sun L. Research on supervision process of network learning based on educational data mining. Modern Education Technology，2016，16（6）：87-93.
[37] Käser T，Hallinen N R，Schwartz D L. Modeling exploration strategies to predict student performance within a learning environment and beyond. Proceedings of the 7th

International Learning Analytics and Knowledge Conference，Vancouver，2017：31-40.
[38] Crossley S，Liu R，Mcnamara D. Predicting math performance using natural language processing tools. Proceedings of the 7th International Learning Analytics and Knowledge Conference，Vancouver，2017：339-347.
[39] Lang C. Opportunities for personalization in modeling students as Bayesian learners. Proceedings of the 7th International Learning Analytics and Knowledge Conference，Vancouver，2017：41-45.
[40] Tang S，Peterson J，Pardos Z. Predictive Modelling of Student Behaviour Using Granular Large-Scale Action Data. New York：Solar，2017：223-233.
[41] 余冲，李晶，孙旭东，等. 基于词嵌入与概率主题模型的社会媒体话题识别. 计算机工程，2017，43（12）：184-191.
[42] 田生伟，周兴发，禹龙，等. 基于双向 LSTM 的维吾尔语事件因果关系抽取. 电子与信息学报，2018，40（1）：200-208.
[43] Qiu J，Tang J，Liu T X，et al. Modeling and predicting learning behavior in MOOCs. Proceedings of the 9th ACM International Conference on Web Search and Data Mining，San Francisco，2016：93-102.
[44] Pennington J，Socher R，Manning C D. Glove：Global vectors for word representation. Proceedings of the 2014 Conference on Empirical Methods in Natural Language Processing，Doha，2014：1532-1543.

第五章　短文本学习分析中的推荐算法

第一节　学习分析中的推荐算法

Siemens[1]认为学习分析的主要目标是通过采集、测量和分析学习者及其学习环境的数据以理解与优化学习，在这个过程中将涉及许多模型或技术，如预测模型、推荐模型、分析模型和干预模型等，以支持学习者的个性化或自适应学习[2]。学习分析的本质是对与学习相关的数据进行挖掘、分析、理解和应用[3]。

学习分析应用中的核心关键任务之一是针对学习者的相关数据进行预测，并在此基础上对学习者实施有效干预，而推荐就是有效的干预措施之一。

国内外相关推荐模型的研究与应用得到了广泛关注，相关研究既有基于标签的教育资源管理与推荐模型[4]，也有基于知识图谱的数字学习资源推荐方法[5]、基于自适应学习[6]和基于社交网络的个性化学习环境推荐模型[7]。既有传统的协同过滤推荐[8, 9]、基于内容的推荐[10]、混合推荐[11]和基于知识的推荐[12]等模型与方法，也有基于深度神经网络方法[13]和基于学习者模型的推荐[14]。既有学习内容推荐[15]和问题回答者推荐[16]，也有个性化学习路径推荐[17-20]、学习资源推荐[21, 22]、学习伙伴推荐[23]和学习云空间推荐活动[24]等。这表明，在学习分析领域，所面对的推荐模型研究及应用本身具有显著的理论意义和实用价值。

一、推荐系统开发中的一些讨论

推荐系统在学习分析领域有着广泛的应用[25]，如何在某一种学习场景下向学习者推荐其所需的内容？这是一个值得研究的问题。

针对学习者，值得推荐的内容是丰富多彩的（即内容视角，如推荐学习资料等），涉及推荐的任务也是方方面面的（即任务视角，如推荐问题回答者等）。

推荐模型（本节中对模型和算法这两个术语，将不加区分地使用）的核心思想就是采用某种方法或策略从一个数据集中获取到某种有用的模式，并据此向用户（如学习者）提供相关的有价值信息。针对学习分析中的推荐活动的进一步说明如下：①依据应用场景，推荐模型所使用的数据集可以多种多样，所用的数据集既可以是用户过去的行为数据，也可以是用户使用时的环境数据等；②推荐就是向用户提供的有价值信息；③推荐模型中所涉及的方法或策略即是某一种可用的推荐算法（如基于内容的推荐、协同过滤推荐等）。

下面将从数据集获取和使用的视角、算法的选择和评价视角进一步讨论相关问题。

1. 数据集获取和使用的视角[25]

从该视角出发，所面对的问题如下[1]：①教育领域一直缺乏可供研究的参考数据集；②大多数推荐系统研究仍严重依赖于脱机数据，这不是因为在线实时数据的获取从技术上有多么困难，而是因为在教育领域中，与研究中的应用相关的问题和用户数据过于复杂；③不同的数据集对于推荐算法的评估可能会产生不同的影响[25, 26]，所以相关算法的测评值仅作为一种参考；④研究者在实际中使用大多数教育数据集进行推荐应用时，面临着数据隐私方面的挑战。

2. 算法的选择和评价视角[25]

从该视角出发，需要思考和进一步研究和实践的问题有：①应该评估推荐算法的哪些方面？②如何评估推荐算法？

第一个问题涉及评估的内容和评估所用数据集。首先，对评估所用数据集问题，无论针对相关推荐算法的优化有多大的提升，由于教育领域应用场景复杂，现阶段的推荐应用和评估依然是针对离线数据集。其次，在面对推荐算法的性能、准确性、正确性等指标的选择上，通常会优先考虑算法的性能指标。

第二个问题涉及评估的指标体系如何设计或选择等方面问题。通常的做法是，按照一定比例将数据集划分为训练集（如 80%）和测试集（如 20%）两个部分，相关的对比实验是基于这个策略来实施的。关于评估指标选择方面，可以根据特定需求来选择，传统做法则考虑了如下两种情况[1]：第一种情况是如果输入数据包含明确的用户偏好（如 5 级用户偏好），那么使用 MAE 或 RMSE 这两个指标；第二种情况是如果输入数据包含隐式用户首选项（如视图、书签、下载等），那么可以使用精确率（ precision ）、召回率（ recall ）和 F1 分数值（ F1 是精确率和召回率的有效结合）这些指标。

二、短文本学习分析中的推荐问题与求解途径

使用推荐模型的前提是首先要正确理解输入数据的语义。针对混合课

堂中的在线讨论数据(如文本),采用传统的 *n*-gram 技术和近期兴起的 RNN 方法均可以用于理解文本的语言结构，并根据句子或段落中作为输入的前一个单词来预测下一个单词。这些方法无须经过特征工程即可学习到这些资源的表示。由文献[27]可知，在正确理解输入数据的语义方面，*n*-gram 方法的预测准确率为 70.4%，而 RNN 方法的预测准确率为 72.2%，这项研究表明可以使用无特征工程技术的细粒度时间序列行为建模来进行推荐模型的研究与应用，而相关的改进方法（如 LSTM）则可以更加准确地实施预测，而这些预测的结果将进一步用于推荐活动之中，为陷入困难中的学习者提供帮助；同时这些预测结果还可以用于各种教学评估活动之中。

在混合学习过程中，学习者面临着各种各样的问题，其中部分有价值的问题包括如何实现自适应学习中的学习资源推荐？如何根据混合课程或在线学习的学习过程中的求助行为来推荐问题回答者？如何基于学习者隐性行为进行问题回答者推荐？这些问题均源自学习者的需求（如求助行为），求解的目标是及时有效地解决这些学习者在学习过程中所遇到的问题（如为其推荐合适的问题回答者），以提高其学习效果，这是一个值得研究的课题。

针对这些问题的一种有效求解途径如下。首先，为了推荐学习资源，可以采用基于 HIN 元路径的相似性度量方法，结合知识转化概率和学习反馈信息，计算学习者与所需学习资源之间的适配度（本质上是一种基于相似度的计算），并依据该相似度进行排名，并通过 Top-*K* 策略将学习资源推荐给学习者。其次，为了推荐问题解决者，需要计算基于标签的学习者隐性行为变量取值，并计算学习者针对解决问题的倾向性变量取值，并结合学习者的能力变量取值，通过使用不同模型得到学习者的综合得分，据此分值可以产生推荐给学习者所需的问题解决者。最后，也可以获取学习者求助行为类别，根据该类别为其推荐论坛问题回答者。这些内容将在后继小节中展开探讨。

第二节　自适应学习中的推荐问题研究

如何针对学习者进行学习资源的精准推荐是自适应学习领域研究与应用中的核心关键问题之一。传统方法是考虑学习者之间的相似度，或知识单元之间的相似度，以此为依据向学习者推荐学习资源[15]，如国外针对自适应学习中学习资源推荐的研究，聚焦于推荐算法设计[28-30]和自适应学习平台的应用效果研究[31]，探究了对推荐算法产生影响的学习环境因素，以及大数据技术在学习资源推荐中的应用。国内的研究聚焦在推荐算法改进[32, 33]、学习者和学习资源的特征与关联等方面[34]，并注意到了个性化因素的作用[35, 36]。相关研究工作表明，适用于自适应学习中的推荐算法包括协同过滤、聚类、基于内容的推荐和蚁群优化等算法。

文献[37]中的这些研究与应用主要是针对同构信息网络这样的背景，但自适应学习系统（记为 ALS）本质上是一种异构信息网络（记为 HIN）。在这类异构系统中，由于其学习数据呈现出复杂性和多样性，在该系统中的多类对象（包括不同对象及相同对象）之间都会有不同的交互产生，对象的属性维度大且对象之间的连接频繁[37]。因此，如何从异构信息网络的角度来研究短文本学习分析中的学习资源推荐问题，尚待进一步探索。其中的一种探究思路是使用 HIN 中的元路径相似性度量来设计学习资源的推荐算法（注意本节中的学习资源是一种广义的称谓，其还可以包括问题回答者）。

一、基于 HIN 元路径的相似性度量

1. 一个实例研究

从 HIN 中的概念（如网络模式、元路径等）[15, 38]出发，研究基于元路径的相似性度量算法，以便为基于 HIN 的自适应学习中的学习资源及问题回答者推荐提供帮助[37]。

首先看一个基于 HIN 描述的学习环境的例子。如图 5.1 所示，在一个 ALS 实例中涉及了三类对象（如学习者、课程知识和问题回答者）及若干对象之间的关联关系（如学习者学习课程知识、问题回答者辅导学习者、问题回答者引用课程知识及该课程知识的前驱与后继课程知识等）。该 ALS 中的对象及对象间的关系所构成的网络是一个 HIN[37]，故在 ALS 中可以应用 HIN 中的相关原理和方法（如元路径相似性度量等）。

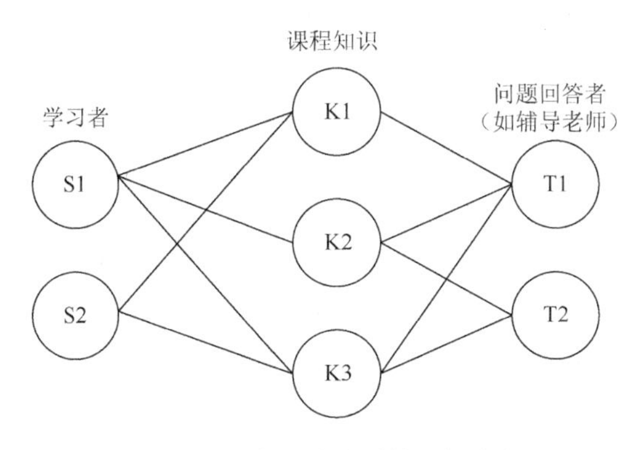

图 5.1　一个自适应系统网络实例

网络模式是对 ALS 的一种抽象表示，通过简化和抽象手段以提高 ALS 的可理解性和可操作性，如从图 5.1 中的 ALS 可以归纳出的一种网络模式如图 5.2 所示。

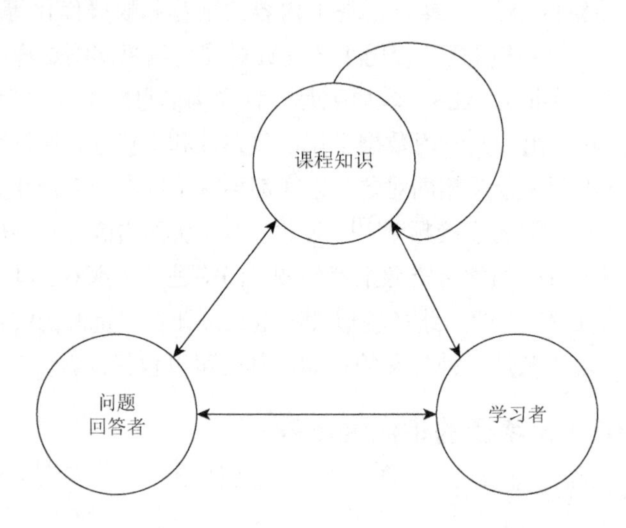

图 5.2　自适应系统中的网络模式

将网络模式 $T_G = (A, R)$ 中的一条路径称为元路径 P ，如果该路径 P 满足从节点 A_1 到节点 A_{l+1} 的复合关系 $R = R_1 \circ R_2 \circ \cdots \circ R_l$ ，其中“∘”代表关系上的复合运算[15, 38]。

假设用 S 代表抽象化的学习者，K 代表抽象化的（课程）知识，T 代表抽象化的问题回答者。

现在从不同视角分析一下该实例中的典型元路径实例及其语义。①从学习者出发，元路径 SKS 表示已经学习过某课程知识的学习者；元路径 SKK 表示学习者从某一个课程知识的学习，转向另一个课程知识的学习；元路径 STS 表示请问题回答者辅导（或答疑等）的学习者得到了辅导（或答疑）；元路径 SKT 表示将引用过某一课程知识的问题回答者推荐给需要学习这一课程知识的学习者。②从问题回答者出发，元路径 TKT 表示已经辅导过某课程知识的问题回答者，其语义表明该问题回答者具备了辅导该课程所需的知识和教学经验；元路径 TKK 表示问题回答者 T 从某一个课程知识的辅导，转向另一个课程知识的辅导；元路径 TST 表示要求学习者回答问题（或做实验，或做作业等）的问题回答者得到了学习者的回应（或提交实验报告，或提交作业等）。③从（课程）知识出发，元路径 KSK 表示该课程知识已经被某学习者学习过；元路径 KTK 表示该课程知识 K 已经被某问题回答者 T 辅导过。表 5.1 为自适应系统中的典型元路径。

表 5.1　自适应系统中的典型元路径[15]

元路径	物理意义
SKS	学习过相同课程知识的学习者
SKK	学习者由某一课程知识点的学习转向该课程的另一知识点的学习
STS	被同一问题回答者辅导过的学习者
SKT	将引用过某一课程知识的问题回答者推荐给学习这一课程知识的学习者

2. 问题定义

定义 5.1　基于元路径的相似性度量[38]。

输入：由学习者、课程知识与问题回答者等对象之间交互所构成的有向图 ALS。

输出：ALS 中对象间的相似性计算结果。

输入中的有向图所指即 ALS 中描述异构对象之间交互的 HIN；输出的计算结果是相似性的一种实例，可以应用相似性去计算，如学习者与课程知识的相似性、学习者与问题回答者的相似性等，可进一步用于向学习者推荐学源（如相关的电子资源或问题回答者）。

3. 基于元路径的相似性度量方法[15]

文献[15]提出了一种可行的研究思路，①将基于杰卡德相似性算法与顶点可达性原理[39]相结合设计出的相似性计算算法（记为SimALS1）作为研究中的一种基线算法，以实现相关模型的实验对比；②在 SimALS1 算法基础上，再分别设计基于 SK 关系和基于 KK 关系的相似性计算算法，并将这两个算法作为基于 SimALS1 算法的改进算法，分别记为 SimALS2 和 SimALS3；③将融合了 SimALS2 和 SimALS3 的算法记为 SimALS4 [15]。下面将研究针对这些算法的设计与相关比较。

1）SimALS1 相似性度量

将元路径 $P = R_1 \circ R_2 \circ \cdots \circ R_l$ 上两个项目 s 和 t 之间的相似性计算表示为

$$\text{SimALS}(s \in R_1.S, t \in R_l.T | \ R_1 \circ R_2 \circ \cdots \circ R_l) = \frac{1}{2\left|O\left(s|R_1\right)\right|\left|I\left(t|R_l\right)\right|} \sum_{i=1}^{|O(s|R_1)|} \sum_{j=1}^{|I(t|R_l)|} \text{SimALS}\left(O_i\left(s| \ R_1\right), I_j\left(t| \ R_l\right) | R_2 \circ \cdots \circ R_l\right) \times M_{xy} \tag{5.1}$$

式中，$O(s | R_1)$ 是项目 s 基于关系 R_1 的外邻域；$I(t | R_l)$ 是项目 t 基于关系 R_l 的内邻域；$R_1.S$ 和 $R_l.T$ 分别表示关系 R_1 的源对象类型和 R_l 的目标对象类型；M_{xy} 表示邻接矩阵 $\boldsymbol{M}$ 中第$(x，y)$项的取值，该值代表从知识点 x 转换为知识点 y 的转换概率，其中，邻接矩阵 $\boldsymbol{M}$ 通过知识转换概率

图 KG 构造，而知识转换概率图 G 可以通过预训练模型获得该算法的时间复杂度为 $O(n^{l/2})$，其中，l 为元路径的长度。该式描述了项目 s 和 t 在路径 P 上以 s 为起点、以 t 为终点的到达同一节点/关系上的两两随机游走概率。

2）基于 KK 关系改进的 SimALS 相似性度量

由于知识点之间存在着相应的前驱与后继关系等，假设不同知识点之间的转化是依据一定转换概率实现的。当将原来的这些相似性度量算法用于自适应学习系统中做推荐应用时，发现原 SimALS 算法存在着局限性，即该算法在计算含有 KK 的元路径中对象之间的相似性时，忽略了知识点之间按相关的转换概率进行传播的信息。为此，本书采用 DKT 模型[40, 41]，将知识点之间的链接信息（如通过转换概率实现该深度知识跟踪模型中知识点之间的链接）引入到知识点之间相似性计算中，从而避免了原 SimALS 算法在知识点转换方面所存在的局限性。

改进后的相似性度量算法描述如下。

当 R_i=KK 且 $i\in\{1,2,\cdots,l\}$ 时，相似性 SimALS($s\in R_1.S$和$t\in R_l.T$) 值的计算公式为

$$\begin{aligned}&\text{SimALS}\left(s\in R_1.S,t\in R_l.T|\ R_1\circ R_2\circ\cdots\circ R_l\right)=\\&\frac{1}{2\left|O\left(s|R_1\right)\right|\left|I\left(t|R_l\right)\right|}\sum_{i=1}^{|O(s|R_1)|}\sum_{j=1}^{|I(t|R_l)|}\text{SimALS}\\&\left(O_i\left(s|R_1\right),I_j\left(t|R_l\right)\middle|R_2\circ\cdots\circ R_l\right)\times M_{xy}+\left(1-w\right)\times\text{DKTP}_s\end{aligned}\qquad(5.2)$$

式中，M_{xy} 表示邻接矩阵 $\boldsymbol{M}$ 中第(x, y)项的取值，该值代表从知识点 x 转换为知识点 y 的转换概率，其中，邻接矩阵 $\boldsymbol{M}$ 从预训练模型得到的知识转换概率图 KG 中获取；DKTP_s 为学习者的知识掌握概率，该值可以从深度知识跟踪模型中计算得出，此部分内容将在第五章第二节之“二”中进一步描述；w 为取值范围为$(0, 1)$间的超参数。

3）基于 SK 关系改进的 SimALS 相似性度量[15]

当计算含有 SK 的元路径下两个项目的相似性时，可以进一步考虑学习者与知识点之间的反馈信息（如包含着用户喜好的反馈信息），即当 $R_i=\text{SK}$ 且$i\in\{1,2,\cdots,l\}$时，相似性 SimALS($s\in R_1.S$和$t\in R_l.T$) 值的计算公式为

$$\begin{aligned}&\text{SimALS}\left(s\in R_1.S,t\in R_l.T\middle|R_1\circ R_2\circ\cdots\circ R_l\right)=\\&\frac{1}{2\left|O\left(s|R_1\right)\right|\left|I\left(t|R_l\right)\right|}\sum_{i=1}^{|O(s|R_1)|}\sum_{j=1}^{|I(t|R_l)|}\text{SimALS}\left(O_i\left(s|R_1\right)(1+\lambda),I_j\left(t|R_l\right)\middle|R_2\circ\cdots\circ R_l\right)\times M_{xy}\end{aligned}\qquad(5.3)$$

式中，用$\lambda=(a+b+c+d)/4$表示学习者对于某一知识点的反馈信息量，其中的a、b、c、d分别表示学习者是否对某一知识点进行了收藏/点赞/打标签/转发等操作。若对某一知识点进行了相关操作，则相应的超参数取值为1，否则取值为0，在此，a、b、c、$d\in\{0,1\}$，且$0\leqslant\lambda\leqslant1$。

4）基于KK和SK关系改进的SimALS相似性度量

当$R_i=\text{KK}$且$i\in\{1,2,\cdots,l\}$时，将基于KK关系改进的SimALS相似性计算结果记为S_1；当$R_i=\text{SK}$且$i\in\{1,2,\cdots,l\}$时，将基于SK关系改进的SimALS相似性计算结果记为S_2。同时，将基于KK和SK关系改进的SimALS相似性计算结果记为S。

假设在本设计中采用了最简单的线性加权调和策略，则基于KK和SK关系改进的SimALS相似性度量值的计算为

$$S=\alpha\times S_1+\beta\times S_2 \tag{5.4}$$

式中，权重因子α和β可以基于实验或依据专家的经验值或依据实际需要来设定，可以设定$\alpha=0.6$，$\beta=0.4$。

进一步地，关于基于KK和SK关系改进的SimALS相似性度量的一些思考如下所示。①由式（5.4）计算所得到的S值即可作为同时考虑KK和SK关系改进的SimALS相似性度量值。②如果增加了新的改进关系，可以在此公式中设定新的权重因子并与先前权重因子（如α和β等）进行调和处理，以实现扩展。③进一步可以根据实际需求选择不同的混合策略（经典策略如分级混合策略、交叉调和策略、瀑布混合策略和基于特征的混合策略等）进行实证探索，以期选出更加符合具体应用场景的关系改进的SimALS相似性度量计算公式。

在本节后续的实验中，将基于KK和SK关系改进的SimALS相似性度量值进行线性加权融合。这样，当计算含有KK和SK的元路径下两个项目的相似性$\text{SimALS}(s\in R_1.S$和$t\in R_l.T)$时，其值的计算为

$$\text{SimALS}\left(s\in R_1.S,t\in R_l.T\mid R_1\circ R_2\circ\cdots\circ R_l\right)=$$
$$\frac{1}{2\left|O\left(s|R_1\right)\right|\left|I\left(t|R_l\right)\right|}\sum_{i=1}^{\left|O\left(s|R_1\right)\right|}\sum_{j=1}^{\left|I\left(t|R_l\right)\right|}\text{SimALS}\left(O_i\left(s|R_1\right)(1+\lambda),I_j\left(t|R_l\right)\middle|R_2\circ\cdots\circ R_{l-1}\right)$$
$$\times M_{xy}+(1-w)\times\text{DKTP}_s \tag{5.5}$$

4. 实验分析

实验设计包括了两个部分内容，一是基于SimALS1的推荐算法（简记为SimALS1，同理还有简记的SimALS2和SimALS3）-基于SimALS4的推荐算法（简记为SimALS4）之间的对比实验；二是基于搜索引擎推荐方

法（记为 RMonSE）与基于 SimALS4 推荐方法的对比结果。具体描述如下所示。

1）SimALS1-SimLAS4 算法之间的对比实验

（1）实验数据。选择了 OOSE 混合课程中 58 名学习者的第 1 周～第 7 周的学习记录[包括学习者编号、答题记录、与回答者的交互记录、对知识点的行为记录（如点赞/收藏/转发等标记）、自主学习知识点的记录等]并将其作为训练集，选择第 8 周～第 13 周的学习记录并将其作为测试集，为弱化过拟合的影响，可采取数据增强、交叉验证和早停等策略来应对。

（2）实验方法。根据 OOSE 混合课程教学要求，从中构建领域知识库 D_2（包括 OOSE 课堂知识点、OOSE 课堂知识点学习资源链接等）；根据学习者的线上学习记录提取助教老师辅导记录 D_3（包括助教老师编号、辅导学习者编号、助教老师辅导学习者的知识点编号等）及学习者信息库 D_1（如学习者编号、答题记录、与回答者的交互记录、对知识点的行为记录、自主学习知识点的记录等）。

从 D_1、D_2 和 D_3 三个数据集中抽取节点并获取连接关系，可以构成融合了学习者、领域知识和回答者（如助教老师）信息的 HIN，该 HIN 成为基于元路径的相似性度量算法的输入。

（3）评价指标。根据所设计的资源推荐算法的特点，本节选择了针对算法模型的分类准确率（简称准确率）和排序准确率两个评价维度，其中的排序准确率用平均排序分来度量，以实现对推荐算法的评价。下面给出这两个评价指标的定义。

定义 5.2 分类准确率 $P(L)$。$P(L)$ 是指通过推荐算法产生的推荐资源中被学习者接受的推荐资源的比例。该指标的值为

$$P(L)=\frac{\sum_{i=1}^{N}|\boldsymbol{S}_i|}{\sum_{i=1}^{N}|\boldsymbol{I}_i|} \tag{5.6}$$

式中，N 为学习者人数；$\boldsymbol{I}_i$ 为第 i 个学习者收到的推荐资源集合；$|\boldsymbol{I}_i|$ 为该学习者收到资源集合 $\boldsymbol{I}_i$ 中的资源个数（如 $|\boldsymbol{I}_i|=10$，即推荐模型向学习者推荐 10 个学习资源）；$|\boldsymbol{S}_i|$ 为第 i 个学习者接收推荐资源的个数，即学习者 i 认为是有用的推荐资源数目。

当使用定义 5.2 比较两个推荐算法时，我们发现如果这两个算法所推荐的 n 个推荐资源中都有 m 个资源是学习者所需要的资源时，那么这两个推荐算法的推荐准确率均为 m/n，这表明定义 5.2 中的分类准确率指标无法区分这两个推荐算法。为此还需要进一步考虑平均排序分这一评价指标，这是因为学习者所需要的这 m 个推荐资源在整个结果中的排序情况可能并

不相同，这意味着使得这 m 个资源排名靠前的推荐算法更具有优势，为此考虑使用平均排序分来进一步衡量推荐算法的优劣。

定义 5.3　平均排序分（ARS）。ARS 是指学习者需求的推荐资源在推荐算法所生成的推荐序列中的排名之和与推荐序列中包括学习者需求的推荐资源在内的所有资源的排名之和的比例。该指标的值为

$$\mathrm{ARS}=\frac{\sum_{j\in \boldsymbol{D}}R_j}{\sum_{i\in \boldsymbol{U}\cap \boldsymbol{D}}R_i} \tag{5.7}$$

式中，$\boldsymbol{U}$ 为推荐算法所产生的推荐资源集合；R_i 为推荐资源 i 在推荐序列 $\boldsymbol{U}$ 和推荐序列 $\boldsymbol{D}$ 共同集合中的排序；$\boldsymbol{D}$ 为学习者所需求的推荐资源集合；R_j 为学习者所需求的推荐资源 j 在 $\boldsymbol{U}$ 中的排序[15]。如果该平均排序分的值越低，那么表示推荐算法的准确率越高。

（4）实验结果的讨论。进一步要讨论的问题是，在考虑推荐准确率和平均排序分指标的前提下，针对如下四个推荐算法进行比较，即针对 SimALS1（即原始 SimALS）、SimALS2（基于 KK 关系改进的相似性度量的推荐算法）、SimALS3（基于 SK 关系改进的相似性度量的推荐算法）和 SimALS4（基于 KK 关系和 SK 关系融合的相似性度量的推荐算法）之间的比较。

针对本节所提出的研究问题的相关实验结果如图 5.3 和图 5.4 所示。在图 5.3 中，SimALS4 的准确率最高，SimALS1 的准确率最低，而 SimALS2 和 SimALS3 的准确率差别不大。值得注意的是，如果在同时推荐资源个数超过 10 个时，那么四个算法的准确率会有所下降。

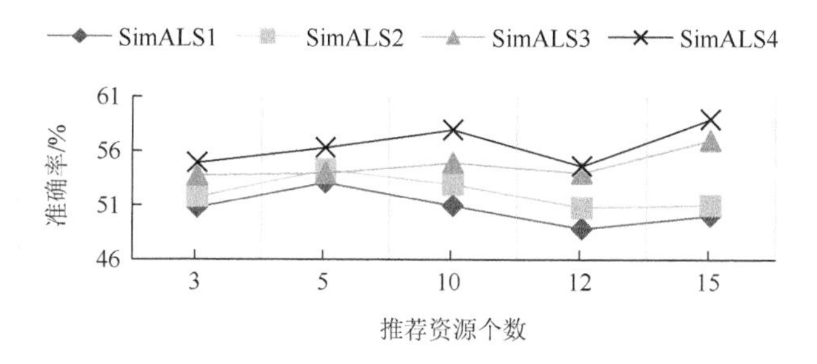

图 5.3　准确率对比

在图 5.4 中，SimALS4 的平均排序分值最低（这说明该算法模型推荐的准确率在所对比的四个算法中最好），而 SimALS2 和 SimALS3 的平均排序分值依然差别不大；值得注意的是，当四个推荐算法在同时推荐资源的个数超过 3 个时，平均排序分值均有不同程度的增加，即当推荐资源个数超过 3 个时，当四个算法推荐的准确率会有所下降。

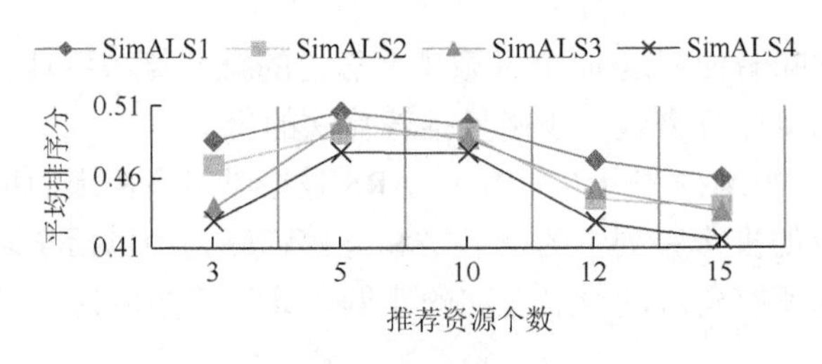

图 5.4　平均排序分对比

（5）结论。第一，通过实验对本节所提出的四个推荐算法进行了对比，可以得出以下结论：①对 SimALS 算法在传播信息方面加以改进，可以得到的对应算法为基于单一 KK 关系改进的推荐算法 SimALS2；对 SimALS 算法在反馈信息方面加以改进，可以得到的对应算法为单一 SK 关系改进的推荐算法 SimALS3，这两个推荐算法在推荐准确率上均有了较大幅度的提高；②同时融合了基于 KK 关系和 SK 关系的推荐算法 SimALS4 比只考虑了单一关系改进的推荐算法 SimALS2 或 SimALS3 的推荐准确率要更高。

基于此，本节对基于 HIN 的学习资源推荐算法的改进提高了该推荐算法的准确率，这为进一步基于 HIN 的自适应学习的推荐算法设计打下了基础。

第二，综合本节所采用的这两个评价指标，SimALS4 算法在推荐资源个数较少时，其推荐准确率和由平均排序分值所表达的优先推荐精准率均比较良好，且该推荐模式也更适应实际应用中的场景，即在学习分析系统中，多数学习者往往只关注所推荐资源中的前几条资源。

2）对比基于搜索引擎推荐方法 RMonSE 与基于 SimALS4 算法的推荐结果

（1）实验中的研究问题。选择一种基于搜索引擎的推荐方法作为基线，与基于 SimALS4 算法的推荐方法（记为 RMonS4）进行对比。

RMonSE 的基本原理是通过所提问题主题之间的相似度计算实现推荐，RMonSE 的输入为学习者所提问题的描述。输出包括：①相似问题列表；②每个问题与原问题之间的相关性评分；③推荐的回答者列表或推荐的学习资源。

针对所需对比的 RMonSE 与 RMonS4，设定实验中的研究问题如下所示。

问题 RQ5.1：针对单个的学习者提问（数据），RMonSE 与 RMonS4 的推荐效果如何？

问题 RQ5.2：学习者在 OOSE 混合课程中一个学期的学习者提问规律是什么？

问题 RQ5.3：针对整个 OOSE 混合课程中一个学期的所有学习者提问数据，RMonSE 与 RMonS4 的推荐效果如何？

（2）实验方法。在 RMonSE 与 RMonS4 下，首先分析如何进行推荐及如何判断一个提问问题的推荐效果。针对该问题的具体做法如下。首先，分析学习者本次所提问题的本质是什么；其次，据此建立对比这两种方法的评价指标；然后，针对所采集到的所有学习者在一个学期的所提问题，统计问题的数量并进行分析，以对比这两种方法下的学习者提问的推荐效果。

针对上述做法，需补充两点说明。

第一，为了获取采用 RMonSE 和 RMonS4 所得到的推荐结果及学习者对推荐结果的反馈信息，本节针对学习者进行了问卷调查，该问卷调查反馈分数采用李克特量表（如打分范围为 1.0～5.0 分）进行打分，分数越高代表学习者对所推荐内容的认可度越高。

第二，采用准确率、平均排序分和综合指标作为实验结果比较的指标。首先，准确率与平均排序分的计算采用式（5.6）和式（5.7）。其次，结合式（5.6）和式（5.7）定义综合指标，具体结论如式（5.8）所示。

已知准确率是一种衡量推荐算法推荐准确程度的指标，而平均排序分是一种衡量推荐算法能否有针对性地将学习者最需要的学习资源最先推荐出来的指标。在学习分析系统中，准确实现学习资源推荐虽必不可少，这个结果反映出了在推荐结果之中的学习者所需的学习资源，但该指标并没有考虑所推荐的结果与学习者所需之间的适应性。适应性是指推荐算法应该将学习者最需要的学习资源最优先推送给该学习者，对适应性所采用的评价指标为平均排序分[式（5.7）]。显然，相比于准确性，适应性则更为重要，因为适应性是实现个性化推荐目标的关键所在。

进一步地，为了综合准确率和平均排序分这两个指标来更好地刻画推荐算法，本节采用调和策略设计了一种综合评估指标CE，其计算方法为

$$\mathrm{CE}=\sigma\left(P(L)\times\alpha+\frac{1}{\mathrm{ARS}}-\alpha\right) \tag{5.8}$$

式中，$P(L)$ 为推荐算法的准确率；ARS 为推荐算法的平均排序分；α 为超参数。

（3）实验结果。第一，针对问题 RQ5.1 所提出的问题开展实验研究。

与此推荐过程相对应的一个应用场景是，针对 OOSE 混合课程中的学习者同时采用 RMonSE 和 RMonS4 进行了推荐实验并收集学习者的反馈信息，现以其中一名学习者所提问题（如享元模式的使用场景是什么样子）为例，说明该问题的分析处理过程和结论。

在该场景下，对该学习者的提问进行分析后得出的具体结论如下所示。①什么是享元模式；②享元模式应如何应用？其中前者是后者的基

础，而后者是该学习者真正希望通过提问获得的推荐内容，即应该如何应用享元模式。相关的实验结果如表 5.2 所示。

表 5.2　RMonSE 与 RMonS4 的推荐结果与反馈

RMonSE 算法推荐结果		RMonS4 算法推荐结果		
推荐的内容	问卷调查反馈（1～5分，分数越高，代表效果反馈越好）	推荐链接	推荐的内容	问卷调查反馈（1～5分，分数越高，代表效果反馈越好）
享元模式-百度百科	3	r_{116}	设计模式-廖雪峰的	4
享元模式的一些特点与使用场景都有哪些？	4	r_{115}	如何学习设计模式？	5
面试官：说说你对享元模式的理解？应用场景？	5	r_{135}	什么是享元模式？（注：该链接内容有举例说明该模式的具体应用）	5

表 5.2 的结果表明，相比于 RMonSE，由于 RMonS4 结合了更多的学习者个人特征，故该算法模型能更好地满足个体学习者个性化需求。

第二，针对问题 RQ5.2 和问题 RQ5.3 所提出的问题开展实验研究。

针对问题 RQ5.2，基于所有学习者在 OOSE 课堂中一个学期的提问统计数据，可绘制如图 5.5 所示的规律。

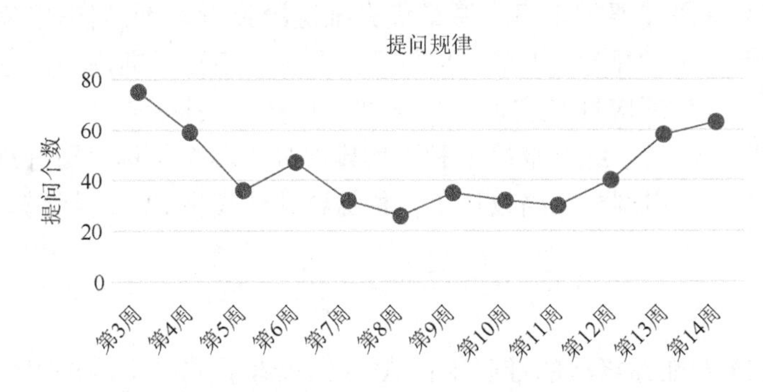

图 5.5　OOSE 课堂中一个学期所有学习者的提问数量

由图 5.5 看出，在学期（课程）开始初期，学习者的提问数量非常多；但随着课程的进行，提问数量呈现下降趋势，在学期（课程）中期，提问数量呈现平稳状态；到了学期（课程）后期，提问数量呈现上升趋势。针对图 5.5 所表现出的提问情况，一种可信的解释是，在学期开始初期，学习者一方面对新课程有某种程度的新鲜感且有较多思考时间，所以学习者相对比较活跃，故所提出的问题相对较多且所提出的问题所涉及面较广；

在学期中期，由于该学期各课程授课已经全面铺开，学习者要应对多门课程的学习与课后作业所带来的压力，所以针对本课程的思考时间相对有限，且由于期中学业考试压力较小，不少学习者本能地放松了自我约束，其表现集中在这时期的请假人数较多，而提问人数较少；到了学期后期，由于课程期末考试日益迫近，学习者又开始自我提振士气，全面应对即将到来的考试，这时学习者的学习积极性较高，其主要表现为学习者所提出的问题开始增多。

第三，针对问题 RQ5.3 所提出的问题开展实验研究。

针对整个 OOSE 课堂中一个学期的所有学习者提问数据，应用 RMonSE 与 RMonS4 的推荐结果对比如表 5.3 所示。

表 5.3 RMonSE 与 RMonS4 的推荐结果对比

所提问题数量 A	RMonSE 算法推荐结果中对于学习者而言是准确结果的数量 B	RMonS4 算法推荐结果中对于学习者而言是准确结果的数量 C	准确率		平均排序分		综合指标	
			搜索引擎方法	RMonS4 算法	搜索引擎方法	RMonS4 算法	搜索引擎方法	RMonS4 算法
866	2001	1896	0.77	0.73	0.56	0.45	0.815	0.855

（4）实验分析与讨论。第一，相比于 RMonSE 直接利用学习者提问中的关键词进行学习资源推荐，RMonS4 利用学习者提交的答题记录及问题提问内容来确定学习者有疑惑的知识点，进而向学习者推荐出更多的学习资源。

第二，在表 5.3 中，RMonSE 最先推荐的内容只针对享元模式这个单一的知识点，这个结果满足了对学习者的提问所进行分析后的具体结论（即什么是享元模式），但该推荐结果对提问者的真正意图（即享元模式应如何应用）的帮助有限。这意味着该推荐结果虽然可以部分解决享元问题及应用场景这一提问，但该推荐结果对于学习者的知识获取与应用的帮助有限且不利于学习者构建完整的知识结构并进行灵活应用，即该方法的适应性较弱。进一步分析 RMonS4 的推荐情况。由于该算法第一个的推荐资源不仅与学习者的提问内容享元模式的应用场景密切相关，同时还向该学习者提供了更加全面的学习资源推荐，即所推荐的内容为设计模式详解。

对于这两个方法所推荐的结果，我们通过问卷调查的方式获取到了该学习者在使用这两种方法时对所推荐结果的认可度反馈，对于 RMonS4 算法推荐的学习资源，学习者给出了较高的评分和理由，认为所推荐的这个学习资源不仅帮助其掌握了享元模式及应用场景，同时也帮助该生将享元模式与其他设计模式相区分，并认为该推荐资源有利于学习者建立更全面的知识结构，这意味着 RMonS4 算法的适应性相对 RMonSE 而言效果更好。

第三，针对问题 RQ5.1 和问题 RQ5.2 所发现的规律的解释如下：①课程开始阶段，学习者时间相对充裕，压力不大，且内容和要求相对简单，所以学习者可以依据个人情况进行自主学习并积极开展小组讨论，这将产生大量问题；②在学期中期阶段，部分学习者出现学习疲劳，加之没有正式课程考试方面的压力，所以在学习上开始表现出松懈的倾向，这时学习者的注意力可能会在其他方面（如课外活动等），这造成了学习者所提出的问题数目大为减少；③在学期期末阶段，由于结课、期末考试（OOSE 中还有原型系统验收）等方面的压力剧增，这样学习者又开始正式投入课程学习（如阅读前面未能及时认真阅读的相关教程和参考资料等）和原型系统开发过程，在这个过程中由于思考的深入，这时又会产生大量的问题。

第四，通过整理并统计该学期 OOSE 混合课程中的学习者所提问题，针对这些问题分别基于 RMonSE 和 RMonS4 进行推荐实验，并收集学习者对于所推荐学习资源是否准确或满足学习者需求的结果反馈，接着根据相关评价指标进行计算（具体如表 5.3 所示）。综合评价指标表明，RMonS4 算法在该指标上优于 RMonSE 算法。

二、自适应学习中的学习资源及问题回答者推荐

1. 问题定义

推荐是干预的一种实例，故可以将推荐系统（RS）视为干预系统（IS）的一种实例。推荐系统的核心组成部分是推荐引擎，其上运行着的是推荐算法或推荐模型。在前面章节所讨论的预测问题，可以认为是进行推荐或干预的前奏，即如果在预测出学习者需要得到学习资源帮助的前提下，如何更精准地进行学习资源推荐。这是干预环节需要进一步研究与解决的问题，即站在学习分析视角下，面向教育领域的推荐活动的前提是先完成对相关学习者的预测，并在预测的基础上实施推荐或干预。需强调的一点是，在本节中的学习资源包含了问题对应的学习资源（如资料链接等）和能够帮助提出问题的学习者解答该问题的回答者。

推荐系统通常依据学习者的学习风格和认知水平，向学习者推荐学习资源或问题回答者。具有推荐功能的学习分析系统是一种自适应学习系统的实例。为了给出问题研究的框架，先说明一些相关术语和问题定义，这

些内容将以文献[38]中与异构信息网络概念相关的术语为基础，并站在自适应学习系统的视角加以描述。

定义 5.4　自适应学习系统中的学习资源推荐[15]。

输入：学习者模型 Students；领域知识模型 Knowledge；回答者模型 Answers；学习者实例 s。

输出：问题对应的学习资源 RecRe；该问题的回答者 RecAns。

其中，学习者模型 Students 记录了所有学习者的相关信息，包括学习者的个人编号 ID，学习过的知识点资源序列 LR，对某一知识点请教过的回答者序列 KT，以及对知识点的行为记录 KACT；领域知识模型 Knowledge（即教学资源信息库），记录了与教学资源有关的信息，包括问题与知识点的对应矩阵 QK，学习资源与知识点的对应矩阵 RK，知识点间的转换概率 KG；回答者模型 Answers 记录了所有回答者的相关信息，包括回答者个人编号 A_ID、回答者的辅导记录（该记录包含了回答过的知识点）A_K 和通过学习者模型 Students 实例化出具体学习者 s。

2. 研究框架

传统的自适应学习系统通过计算学习者之间的相似性，或者计算知识单元之间的相似性，以实现向学习者推荐学习资源。但这一方法忽略了学习者与知识单元之间的关联，而利用这类关联的学习资源推荐将更能满足自适应学习系统的基本设计目标。

为了在本节中实现这一目标，学习者的学习资源推荐任务将采用第五章第二节之“一”的基于 HIN 中元路径的相似性计算方法[15, 38]，该任务的核心是构建 HIN 模型，其中 HIN 模型需要依据学习者模型 Students、领域知识模型 Knowledge 和回答者模型 Answers 进行建模。学习者模型源自于学习者及其相关的学习信息。学习者推荐学习资源的研究框架如图 5.6 所示。

图 5.6 可为进一步的研究提供研究目标和具体任务，即该图中的相关活动在进一步研究中可用函数形式实现。图 5.6 中的活动定义如表 5.4 所示，活动图中的输入输出变量说明如表 5.5 所示。

3. 构建模型

依据定义 5.4，构建学习者模型、回答者模型和领域知识模型，具体如下所示。

1）构建学习者模型

学习者模型描述了学习者内外部的学习特征，这是实现自适应学习分析系统的前提和基础[39]，该模型描述和记录了出现在自适应学习分析系统中的学习者状况，是系统中学习者的抽象表示[42]。

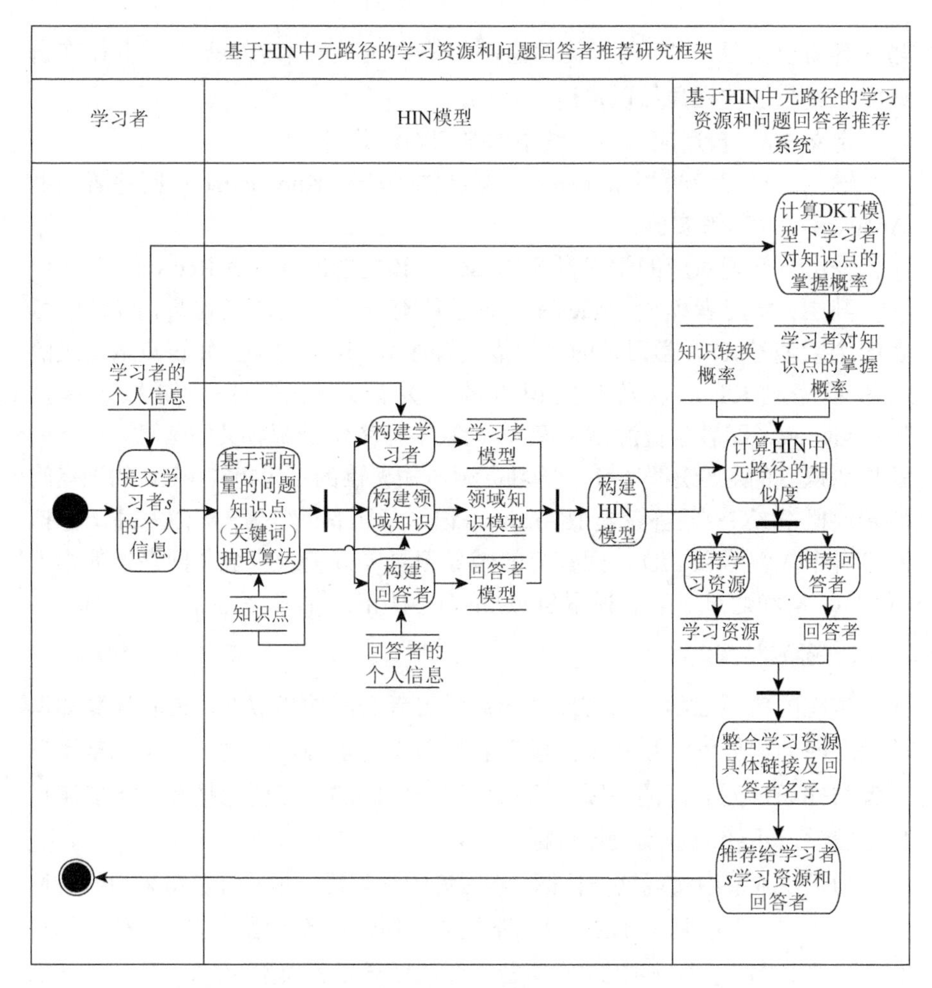

图 5.6　学习者推荐学习资源的研究框架

表 5.4　图 5.6 中的活动定义

活动编号	活动功能描述	输入	输出
1	提交学习者 s 的个人信息	R_info	ID；q；LR；KT；KACT
2	提取学习者 s 的问题关键词	ID；QS；LR；KT；KACT	KQ
3	匹配关键词与知识点	KQ；QK	id_KQ
4	构建学习者模型	ID；id_KQ；LR；KT；KACT	Students
5	构建领域知识模型	ID；id_KQ；LR	Knowledge
6	构建回答者模型	ID；id_KQ；KT；A_ID；A_K	Answers
7	构建 HIN 模型	Students；Knowledge；Answers	Hin
8	计算 DKT 模型下的学习者 s 对知识点的掌握情况	ID；id_KQ；KT	DKTP_s

续表

活动编号	活动功能描述	输入	输出
9	计算 HIN 中元路径的相似性	Hin；KG；$DKTP_s$；KACT	simals_kk；simals_ks
10	推荐学习资源	simals_kk	RecRe_id
11	推荐回答者	simals_ks	RecAns_id
12	整合学习资源具体链接及回答者名字	RecRe_id；RecAns_id；RK	RecRe；RecAns
13	推送给学习者 *s* 学习资源和回答者	ID；RecRe；RecAns	ID；RecRe；RecAns

表 5.5　活动图中的输入输出变量说明

变量符号	变量名称
*R*_info	学习者的个人信息：ID；QS；LR；KCAT
s	学习者实例
q	学习者存在疑惑的问题
ID	学习者的个人编号
QS	教师提问学习者的问题
LR	学习者学习过的知识点资源序列
KT	学习者对某一知识点请教过的回答者序列
KACT	学习者对知识点的行为记录
KQ	问题 *q* 的关键词序列
QK	问题与知识点的对应情况矩阵
KG	知识点间的转换概率图
id_KQ	关键词序列 KQ 对应的知识点编号序列
A_ID	回答者个人编号
A_K	回答者回答过的知识点
Students	学习者实例 *s* 的学习者模型
Knowledge	学习者实例 *s* 的领域知识模型
Answers	学习者实例 *s* 的回答者模型
Hin	HIN 模型
$DKTP_s$	DKT 模型下学习者 *s* 对知识点的掌握情况
simals_kk	学习者 *s* 在 HIN 中 KK 元路径的相似性序列矩阵
simals_ks	学习者 *s* 在 HIN 中 KS 元路径的相似性序列矩阵
RecRe_id	相似性较高的学习资源编号集合
RecAns_id	相似性较高的回答者编号集合
RecRe	相似性较高的学习资源链接集合
RecAns	相似性较高的回答者姓名集合

一种典型的学习者模型应该包括：学习者的基本信息（个人信息；学业信息；师生及生生关系等）；学习者的过去与学习相关的核心要素（学习行为信息，如点赞/收藏/标记/转发等）；学习者的绩效信息（如某课程的期末考试成绩等）；学习类型信息（也称为学习者的偏好信息，所反映出的是学习者的学习风格或学习方式或学习兴趣等）。该模型存储了学习者的相关知识，是基于 HIN 的学习者学习资源推荐的基础。

在研究中，我们选取了对学习资源推荐算法较为关键的信息，构建本文的学习者模型，其描述如图 5.7 所示。对该模型的解释如下所示。

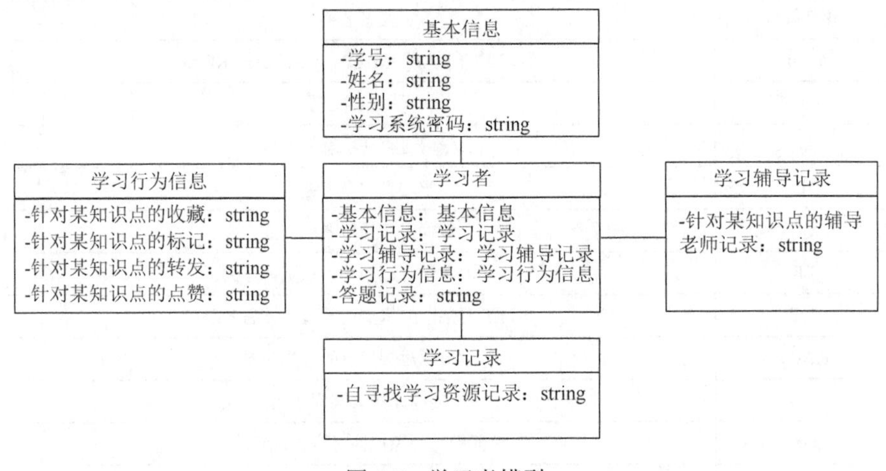

图 5.7　学习者模型

（1）学习者的学习记录、学习辅导记录和学习行为信息可以用于构建学习者模型，该模型作为第五章第二节之“一”中基于 HIN 元路径的相似性度量中的部分输入。

（2）学习者的学习记录，记录了包括学习者在自主学习过程中寻找的学习资源记录，以分析学习者偏好的知识点，进而可以帮助分析有相同学习偏好的学习者，用于构建 SKS 元路径。

（3）学习者的学习辅导记录，记录了学习者学习相关知识点时曾寻求帮助的回答者记录，以分析学习者寻求回答者的偏好，用来建立 STS 元路径及 SKT 元路径。

（4）学习行为信息，记录了学习者在自主学习过程中对寻找出的学习资源所做的点赞/收藏/标记/转发等动作的反馈，以进一步分析学习者对知识点的偏好信息，用来计算基于 SK 关系改进的 SimALS 相似性度量方法（见第五章第二节之“一”）中学习者对知识点的反馈信息量 λ。

（5）学习者的答题记录，记录了针对该答题内容的 One-Hot 编码序列，该序列作为推荐模型中 DKT 模型的输入，以获得学习者对当前知识点的掌握情况。

2）构建回答者模型

回答者模型描述了回答者内外部的特征，该模型描述和记录了出现在自适应学习分析系统中的回答者状况，是系统中回答者的抽象表示，其描述如图 5.8 所示。

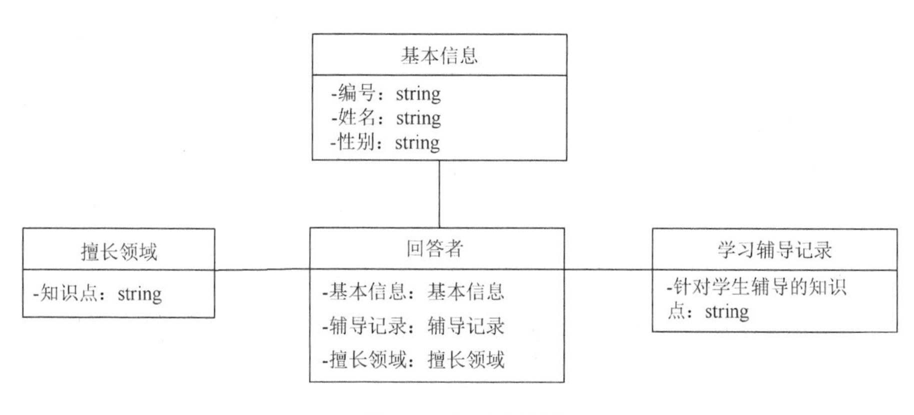

图 5.8　回答者模型

对该模型的解释如下：

（1）回答者的辅导记录，记录了回答者在平时针对某知识点辅导过的学习者编号。

（2）回答者擅长领域记录，记录了每位回答者所擅长的领域，在进行推荐时，根据回答者是否擅长该领域的内容实现回答者推荐。

3）构建领域知识模型

领域知识模型的构建的具体做法是[15]：第一步，梳理知识点所构造的知识层次结构，包含针对学习目标、知识概念、知识关系、学习任务和知识实体等内容的定义；第二步，设计知识表示方法，可以采用 n 元组形式表示知识，记作 $K=\langle T，C，P，S，N，R，Y\rangle$。其中，$T$ 是学习目标范围中的知识点、C 是知识点编号、P 是前驱知识点、S 是直接后继知识点、N 是知识点难度（该维度对应系数是向学习者实施推荐的基础）、R 是知识点下学习资源、Y 是知识点对应的问题集；第三步，研究知识转换关系，即针对第二步中的知识点关系描述，既可以直接进行知识点推理，也可以在将知识点之间进行有效转换之后再进行推理。后者的一种典型做法是采用深度知识跟踪模型（DKT）[40, 41]。

4. 基于词向量的问题知识点抽取算法

为了针对学习者的问题实现学习资源和问题回答者推荐，需要抽取学习者存在疑问的问题所对应的知识点，这就是基于词向量的问题知识点抽取问题。

解决该问题的基本思路是，针对与学习者相关的问题文本进行分词，结果记为分词集合，同时针对课程所涉及的每个知识点进行分词，结果记为分词集合列表；进一步，计算分词集合中的词向量与分词集合列表中的每个分词集合的所有词向量之间的最短距离的平均值；将分词集合列表中最短距离平均值最小的分词集合所代表的知识点作为与该问题最相关的知识点，由此实现对问题知识点的抽取。

求解该问题的对应算法的输入是知识点库 K 和问题描述 QS；输出是问题描述中的相关知识点 KQ。基于词向量的问题知识点抽取算法中的变量说明如表 5.6 所示。

表 5.6 基于词向量的问题知识点抽取算法中的变量说明

变量符号	变量说明
KS	知识点库中作为知识点的句子
KW	使用分词算法后组成知识点句子的词
QW	使用分词算法后组成问题句子的词
$K(i)$	第 i 个知识点的词库
$Q[j]$	词库 Q 的第 j 个词
words(S)	句子 S 分词后的词库
vec(word)	词 word 的词向量

针对表 5.6 的进一步说明如下所示。

第一，KS 是知识点库中作为知识点的某一句子的实例；KW 是使用分词算法后组成某一知识点句子的某个词的实例；QW 是使用分词算法后组成问题句子的某个词的实例。

第二，采用句子或短语描述知识点，这种描述在进行分词后形成词库。词库是一种数据结构，这是一种〈词，向量〉的二元组集合。

第三，$K(i)$ 代表的是第 i 个知识点分词后的词库；words(S) 代表广义的句子 S 分词后所形成的词库。$Q[j]$ 适用于所有的词库 Q；$K(i)$ 适用于所有知识点 i；words(S) 适用于所有句子 S。

据此，求解该问题的处理流程如下。

```
Begin
01  for KS in K do
02  for KW in KS do
03  将 KW 放入 K(i);
04  endfor
05  endfor
06  for QW in QS do
07  将 QW 放入 Q;
08  对于知识点 1 到知识点 i,计算每个问题句子的相关性指标
WordDis 为
```

$$\mathrm{WordDis}=\frac{1}{\mathrm{size(words}(Q))}\sum_{j=1}^{j=\mathrm{size(words}(Q))}\mathrm{MAX}_{k=1}^{k=\mathrm{size}(k(i))}\cos(\mathrm{vec}(k(i)[k]),\mathrm{vec}(Q[j]));$$

```
09  endfor
10  选取相关性指标 WordDis 最大值所对应的知识点作为 KQ;
11  返回 KQ;
End
```

基于词向量的问题知识点抽取算法将知识点和问题描述都看作句子，使用分词算法将知识点和句子分词后再借助现有中文词向量库将词映射到高维空间，在高维空间中词与词的相似性使用余弦值表示，分词算法的复杂度为 $O(\mathrm{len(KS)}*\log(\mathrm{len(KS)}))$，映射为词向量的复杂度为 $O(\mathrm{len}(\mathrm{size}(K)*\mathrm{KS}+\mathrm{QS})*\log(\mathrm{size(library)}))$，相关性指标公式的计算复杂度 $O(\mathrm{size}(K)*\mathrm{size(words(KS))}*\mathrm{size(words(QS))})$，其中 KS 为知识点库中作为知识点的句子，$K$ 为知识点库，QS 为问题描述句子，library 为词向量库。

5. 基于 HIN 中的元路径学习资源推荐算法

基于 HIN 中的元路径学习资源推荐算法的输入为学习者模型 Student；领域知识模型 Knowledge；学习者实例 s；推荐资源个数 R；元路径长度阈值 len；输出为与学习者所需相似度最高的 R 个学习资源。

该算法的原理描述如下：①对学习者与领域知识进行建模后可得到学习者模型和领域知识模型；②计算学习者的知识转换概率；③选择对应推荐资源的类型，针对学习者模型和领域知识模型，选择基于元路径的相似性算法，计算学习者与所有该类型学习资源之间的匹配度（即相似性）；④针对已计算出的该类型学习资源集合中的相似性进行排名，将排名 Top-K 的学习资源推荐给学习者。

据此，求解该问题的处理流程如下所示。

Begin

01　构建学习者模型 Student;

02　构建领域知识模型 Knowledge;

03　for i=1 to Knowledge do 遍历领域知识模型 Knowledge;

04　获取领域知识实例 $Knowledge_i \in Knowledge$ 存入领域知识集合 Q 中;

05　endfor

06　利用基于词向量的问题知识点抽取算法提取学习者 s 的问题的最相关知识点 KQ;

07　for i=1 to size(Q) do 遍历领域知识集合 Q

08　由学习者 s 到某领域知识 Q_i,结合 KQ 遍历并找到长度不大于 len 的所有元路径;

09　将搜索得到的元路径 $P(Q_i, \text{len})=P_k$ 存入集合 P_i;

10　endfor

11　使用 DKT 模型计算学习者对知识点的掌握概率 DKTP;

12　for i=1 to size(P_i) do 遍历元路径集合 P_i

13　if 选择使用 SimALS1 算法

14　then

15　使用式(5.1)计算 s 与 O_i 的相似度 W_i,把 W_i 加入集合 W 中;break;

16　else if

17　选择使用基于 KK(知识点到知识点)关系改进算法 SimALS2

18　then

19　使用式(5.2)计算 s 与 O_i 的相似度 W_i,把 W_i 加入集合 W 中;break;

20　else if

21　选择使用基于 SK(学习者到知识点)关系改进的算法 SimAL S3

22　then

23　使用式(5.3)计算 s 与 O_i 的相似度 W_i,把 W_i 加入集合 W 中;break;

24　else if

25　选择使用基于融合 KK(知识点到知识点)和 SK(学习者到知识点)关系改进的算法 SimALS4

26　then

27　使用式(5.4)和式(5.5)，计算 s 与 O_i 的相似度 W_i，把 W_i 加入集合 W 中；

28　endfor

29　对集合 W 进行排序；

30　推荐相似度排名前 K 的学习资源编号 $W_i \in W$ Return Top(W,R)；

31　将相似度排名前 K 的学习资源编号 $W_i \in W$ 与学习资源链接进行匹配，输出相似度排名前 R 的学习资源 $W_i \in W$，Knowledge$_i \in Q$；

End

在上述算法描述中，13～15 行的相似度计算方式是利用基于杰卡德相似性算法的 SimALS1 算法，该算法将作为相关实验环节的基准算法；16～19 行所用的是 KK 元路径（在表 5.1 中，其所描述的是知识点到知识点的关系，代表了学习者从某课程中的一个知识点转向到另一个知识点）的相似性计算公式 SimALS2；20～23 行所用的是 SK 元路径的相似性计算公式 SimALS3；24～27 行所用的是融合 SK 和 KK 元路径的相似性计算公式 SimALS4。

6. 基于 HIN 中元路径的回答者推荐算法

基于 HIN 中元路径的回答者推荐算法，是以学习者为推荐对象，所产生的推荐资源主要为回答者。该算法中所使用的计算相似性模型为第五章第二节之“一”中的 SimALS1、SimALS2、SimALS3 和 SimALS4 等算法。

该算法的输入为学习者模型 Student；回答者模型 Answer；学习者实例 s；推荐回答者个数 M。输出为与学习者所需相似性最高的前 M 个问题回答者。基于 HIN 中的元路径回答者推荐算法的原理如下：①对学习者与回答者进行建模得到学习者模型和回答者模型；②计算学习者的知识转换概率；③针对学习者模型和回答者模型，选择基于元路径的相似性算法，计算学习者与回答者之间的匹配度（即相似性）；④针对已计算出的回答者集合中的匹配度（即相似性）进行排名，将排名 Top-K 的回答者推荐给学习者。

据此，求解该问题的处理流程如下所示。

Begin

01　构建学习者模型 student；

02　构建回答者模型 Answer；

03　for i=1 to Answer do 遍历回答者模型 Answer；

04　从回答者模型 Answer 中获取可回答学习者 s 的问题 q 的回答者实例 Answer$_i$ 并存入问题回答者集合 Y 中；

05　endfor

06　利用基于词向量的问题知识点抽取算法提取学习者 s 的问题的最相关知识点 KQ；

07　for i=1 to size(Y) do 遍历问题回答者集合 Y

08　由学习者 s 到某问题回答者 Y_i，结合 KQ 遍历并找到所有元路径；

09　将搜索得到的元路径 $T(Y_i) = T_k$ 存入集合 Y_i；

10　endfor

11　使用 DKT 模型计算学习者对知识点的掌握概率 DKTP；

12　for i = 1 to size(T_i) do 遍历元路径集合 T_i

13　if 选择使用 SimALS1 算法

14　then

15　使用式(5.1)计算 s 与 O_i 的相似度 Ans_i；把 Ans_i 加入集合 Ans 中；break；

16　else if

17　选择使用基于 KK(知识点到知识点)关系改进算法 SimATS2

18　then

19　使用式(5.2)计算 s 与 O_i 的相似度 Ans_i，把 Ans_i 加入集合 Ans 中；break；

20　else if

21　选择使用基于 SK(学习者到知识点)关系改进的算法 SimALS3

22　then

23　使用式(5.3)计算 s 与 O_i 的相似度 Ans_i，把 Ans_i 加入集合 Ans 中；break；

24　else if

25　选择使用基于融合 KK(知识点到知识点)和 SK(学习者到知识点)关系改进的算法 SimALS4

26　then

27　使用式(5.4)和式(5.5)计算 s 与 O_i 的相似度 W_i，把 Ans_i 加入集合 Ans 中；

28　endfor

29　对集合 Ans 进行排序；

30　推荐相似度排名前 M 的回答者编号，$Ans_i \in Ans$ Return Top(ANS, M)；

31　匹配相似度排名前 M 的回答者编号与回答者名称，给出相似度排名前 M 的回答者，$Ans_i \in Ans$，$Answer_i \in Y$，Return RecRe(Ans, Y, M)；

End

7. 实验分析

为了验证本节所设计的基于 HIN 的自适应学习资源推荐算法的有效性，采用了文献[15]中的做法，即从算法的准确率和平均排序分两个角度进行实验论证。

本节所采用的实验数据和评价指标与第五章第二节之“一”中相同，可将同时融合了基于KK关系和SK关系的相似性度量的推荐算法SimALS4与基于用户的协同过滤算法UserCF[43]和基于物品的协同过滤算法ItemCF[43]进行比较。

1）实验数据

同第五章第二节之“一”中的实验数据描述。

2）评价指标

根据所设计的资源推荐算法的特点，本节选择了第五章第二节之“一”中针对算法模型的分类准确率（简称准确率）和平均排序分这两个评价维度。

3）对比实验

本节将学习资源推荐算法的有效性验证细化为以下研究问题，并据此问题开展实验和分析。

问题 RQ5.4 对比 UserCF 和 ItemCF，SimALS4 是否具有更好的分类准确率和排序准确率？

4）实验结果

针对问题 RQ5.4 的实验结果如图 5.9 和图 5.10 所示。图 5.9 展示了基于 UserCF 与 SimALS4 算法的准确率对比结果。UserCF 根据学习者各知识点的测试成绩计算相似的学习者，并按相似学习者的偏好进行推荐[15]。实验发现，随着推荐资源个数 R 的逐渐增大，UserCF 推荐算法的准确率也会逐渐降低，而在这样的趋势下，本节的学习资源推荐算法 SimALS4 的准确率高于 UserCF 的准确率。

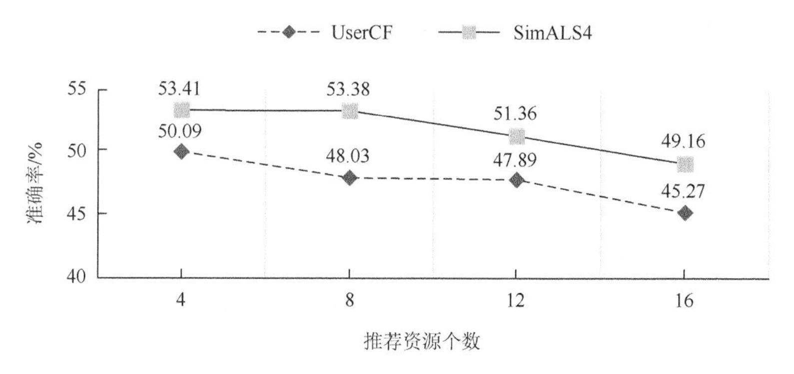

图 5.9　准确率对比（问题 RQ5.4）

图 5.10 展示了基于物品的协同过滤算法 ItemCF 与 SimALS4 算法的平均排序分对比结果。ItemCF 算法的原理是将相似的知识点进行排名，并推荐给感兴趣的学习者[15]。随着推荐资源个数 R 的逐渐增大，该推荐算法的平均排序分也会逐渐升高，而在这样的趋势下，本节所提出的学习资源推荐算法 SimALS4 的平均排序分低于 ItemCF 的平均排序分。

通过实验，针对问题 RQ5.4 所得出的结论是 SimALS4 比一般协同过滤推荐算法的准确率更优，即 SimALS4 具有较高的分类准确率和更好的平均排序分。

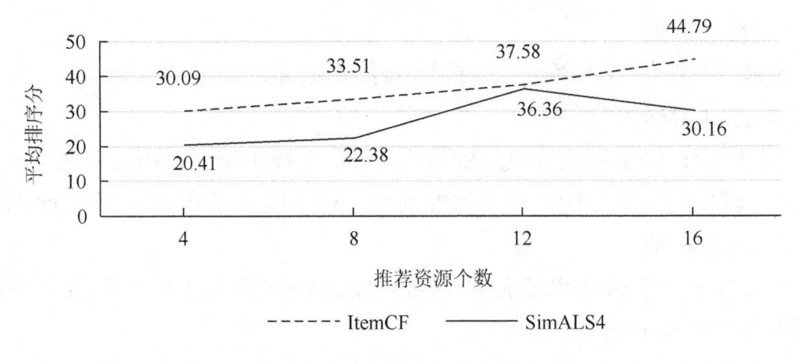

图 5.10　平均排序分对比（问题 RQ5.4）

8. 小结

本节以自适应学习的学习资源推荐为研究方向，在实现自适应学习核心服务构建的过程中，结合 HIN 的语义相似性来设计推荐算法，以达到提高自适应学习推荐准确率的目的。自适应学习系统中的特征信息复杂，本节通过结合学习者与回答者的交互信息、学习者自身的学习偏好和行为信息、学习资源的类别等不同维度的特征信息构建 HIN，囊括了推荐的主体（学习者）、内容（学习资源和问题回答者）及主体和内容间的关联关系（元路径）。同时，根据不同的元路径选择方案，本节提出了四种相似性算法。通过相似性算法计算出学习者与学习资源和问题回答者之间的相似度并进行排序，选取排名靠前的学习资源和问题回答者推荐给学习者，完成推荐过程。进一步的研究内容是，本节虽引入了学习反馈信息，但对各种反馈因素的比重和量化尚缺少更深入的研究。

第三节　基于学习者求助行为的问题回答者推荐研究

学习者在学习过程中最典型的求助行为即提问，这些提问（问题）既可以是学习者在学习活动或过程中的质疑（如如何明确需求？），也可以是学习者对所学内容的思考（如 IEEE 对软件工程的定义是什么？），甚至可以是深度反思（如以现有的发展水平而言，学习分析这项技术想要完全达到目标恐怕有些许困难），这些用短文本形式表达的提问，其提问时机可以出现在混合课程中的线上场景或线下场景中。据此，进一步探索学习者在诸如论坛中的提问行为（该行为属于求助行为）下的问题回答者推荐，这是一个有价值的研究问题。

该问题的研究意义如下所示。第一，从心理学研究视角[44]，好的求助体验将给学习者带来信心和鼓舞，而不良的求助体验可能最终使得学习者放弃在线学习，同时快速并恰当地为学习者推荐合适的在线学习求助行为的回答者，帮助其解答所提问题，可以提高这些学习者的在线学习或求助体验；第二，从认知研究视角，通过对学习者混合学习行为的认知研究，可以更好地设计出满足学习者需求的各种个性化服务；第三，从工具设计视角，有助于改进混合学习环境设计。

相关的国内外研究工作关注了如下研究内容。第一，针对应用需求，相关的研究涉及了学习社区中的学习者问题平均解决的时长[45]；典型问答社区中成功回答者所具有的特征[46-48]；使用主题模型方法来预测最合适的问题回答者[49]；基于开发者和主题之间关联为特定主题用户推荐开发者[50-52]或推荐问题回答者[53]；基于开发者的历史数据和 LDA 主题模型分析方法发现开发者潜在兴趣，并以此来推荐问题回答专家[49]；基于个性化标签预测（推荐）高质量的问题解决者[54]；使用问题的内容和内容特征训练机器学习模型直接得到推荐的问题答案[55]；为特定协作社区的求助者推荐问答专家[53]；向项目管理者推荐最佳的缺陷修复者[50]；基于不同领域的主题之间的相似性分析实现跨领域协作推荐[51]；依据历史上问题求解方面的数据（如历史上问题回答中的获胜者、参与者、任务特征信息等）和关联关系分析，为特定任务推荐合适的开发者[52]；结合开发者的历史数据，并采用主题模型分析方法，就求解环节的问题推荐专家[49]；结合开发者历史上完成的任务情况和开发者声誉信息实现定向问题回答者推荐[50]；利用隐性行为增强评价矩阵的方法来解决软件工程任务的开发者推荐问题[56]。第二，针对开源协作社区，为开发者推荐问题的答案，这个领域的主要研究工作有基于所提出的问题和各个候选答案之间的候选关联关系得分，从答案库中选择最佳得分的答案[57]；对开放领域中的问题，基于图优化框架寻找并推荐问题的答案[58]。

针对实际的提问环节，并不是有了好的推荐模型就能够提升学习者的学习过程体验。因为，实际情况中并不是所有的助教均愿意积极回答学习者提出的各种各样的问题。如果将学习者的问题推送给这些不积极的助教，学习者很有可能会因为得不到及时的问题回答而变得沮丧。因此，在进行推荐模型的设计与应用之前，有必要根据助教的相关行为数据对这些助教进行分类（如将这些助教划分为主动回答者和被动回答者），以最终达成提升学习者体验的目标。

在 Corrin 等[59]的基础之上，一种可行的解决途径是[60]：第一，对混合学习环境中作为问题回答者的助教行为特征数据进行采集，据此抽取出这些数据中的回复问题方面的行为特征向量，用于表达助教作为问题回答者时的回复行为；第二，采用朴素贝叶斯模型自动识别出新的问题回答者的类别；第三，针对学习者开展推荐方面的应用，如针对学习者提问的短文本信息特征，可以基于 CNN 模型训练得到用于推荐模型的专家库（即由主讲教师或助教等构成的问题回答者集合），并在学习者求助（如提问）时，推荐专家库中的回答者回答学习者提出的问题。

一、问题定义

定义 5.5 基于学习者求助行为的回答者推荐。

输入：学习者 s 提出的问题 q；回答者回复行为数据 data。

输出：求助行为下的回答者 answer 。

该问题可分解为如下两个子问题。

定义 5.6 问题回复行为下的回答者类别识别。

输入：问题回答者的回复行为数据 data 。

输出：该问题回答者的回复行为所属的类别 c 。

其中的回复行为数据，在应用中的具体形式为发帖数量、回帖数量、发帖被浏览次数、发帖被回复次数、作业提交次数、作业分数、线上平台的学习时长及线下课堂的发言次数。

定义 5.7 求助行为下的回答者推荐。

输入：学习者 s 提出的问题 q 。

输出：该问题的回答者 answer 。

二、研究框架

针对本节提出的研究问题，在文献[16]和[59]基础上，构造基于卷积神经网络的回答者推荐模型，将具有满足学习者 s 求助行为（如能够恰当回答该问题）且将与回答该问题匹配度高的回答者推荐给需要帮助的学习者 s 。同时，为了进一步改善提问者的学习体验，在该推荐模型中，考虑将回答者划分为主动回答者和被动回答者两类（如将主讲教师设定为被动回答者而将助教设定为主动回答者），以缓解推荐环节的冷启动问题。即当推荐模型所给出的问题回答者为被动回答者时，为了确保学习者 s 至少可获得一位回答者的答疑解惑，我们的策略是让该推荐模型同时推荐一位主动回答者。

据此，将采用两阶段策略实现基于学习者 s 求助行为（如学习者提问）的回答者推荐算法，这两个阶段包含自动识别问题回答者类别（定义 5.6）和推荐问题回答者（定义 5.7）。相关的研究框架如图 5.11 所示。

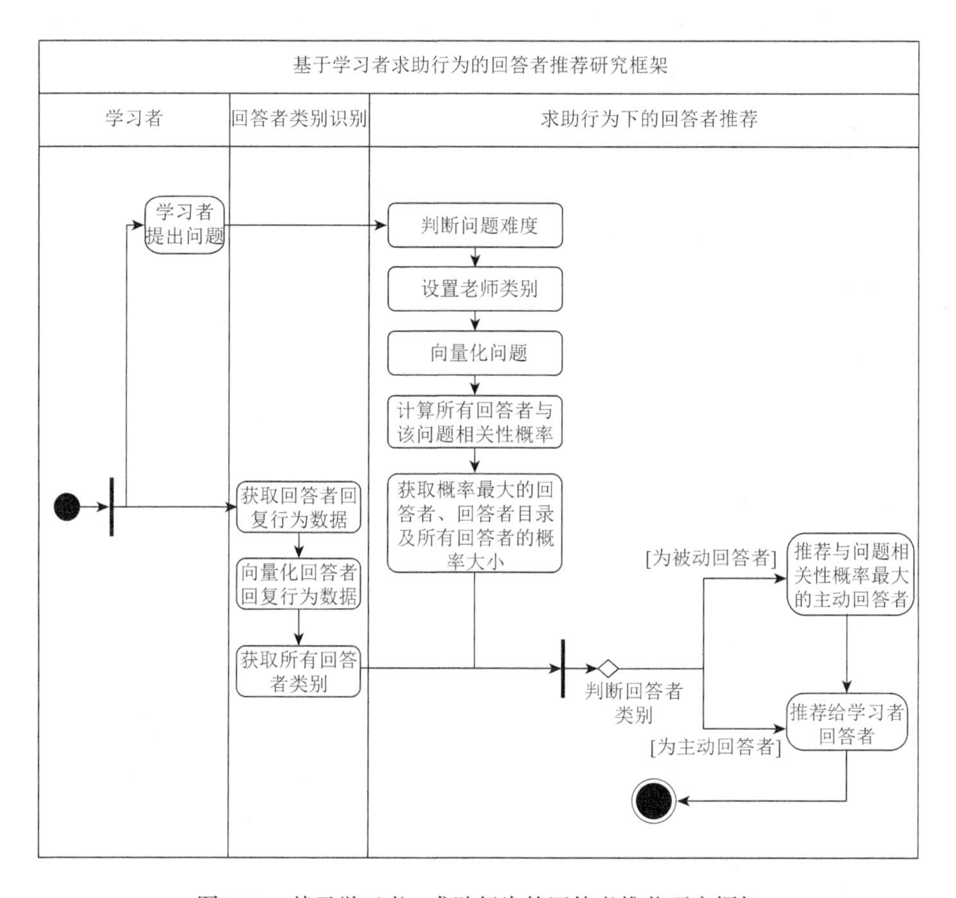

图 5.11　基于学习者 s 求助行为的回答者推荐研究框架

基于文献[16]和[59]，在第一阶段，将所有回答者回复行为数据集 data 向量化，得到所有回答者回复行为向量集 $\boldsymbol{D}$。通过基于定义 5.6 的问题回答者类别识别算法识别出所有回答者类别，得到这些回答者类别集 $\boldsymbol{C}$。在第二阶段，一般情况下假设将主讲教师设为被动回答者，这样可以尽量地安排助教回答学习者 s 的提问；当学习者 s 提出问题 q 后，还需要进一步判断问题 q 是否适合该助教来回答，如果发现问题 q 的回答难度较大，那么考虑将主讲教师设为主动回答者并一同进行推荐，以确保该问题能够被回答。

问题 q 向量化后得到了问题向量 **Question**，将该问题向量 **Question** 输入回答者推荐模型（如基于 CNN 的推荐模型），计算所有回答者与该问题相关性，并得到概率最大的回答者 answer、所有回答者目录 **Catalog**（其中包含了主讲教师和全体助教）和所有回答者与问题 q 相关性概率集合 **Pred**。通过所有回答者类别集 $\boldsymbol{C}$ 判断回答者 answer 类别，若回答者 answer 属于主动回答者，则直接将其推荐给提出问题的学习者 s，若回答者 answer 属于被动回答者，则依据所有回答者类别集 $\boldsymbol{C}$、所有回答者目录 **Catalog** 和所有回答者与问题 q 相关性概率集合 **Pred**，获取主动回答者中与该问题匹配度最高的回答者 answer1，最后将被动回答者 answer 和主动回答者 answer1 均推荐给学习者 s。

图 5.11 可为进一步的研究提供研究目标和具体任务，即该图中的相关活动在进一步研究中可用函数形式实现，具体活动定义如表 5.7 所示，其中的变量定义如表 5.8 所示。

表 5.7　活动图输入输出一览表

活动编号	活动功能描述	输入	输出
1	学习者 s 提出问题	无	q
2	获取回答者回复行为数据	无	data
3	向量化回答者回复行为数据	data	$\boldsymbol{D}$
4	获取所有回答者类别	$\boldsymbol{D}$	$\boldsymbol{C}$
5	判断问题难度	q	问题 q 回答难度大（或者问题 q 回答难度不大）
6	设置主讲教师类别	问题 q 回答难度大（或者问题 q 回答难度不大）	将主讲教师设为主动回答者（或者被动回答者）
7	向量化问题	q	**Question**
8	获取概率最大的回答者、回答者的概率大小	Pred	Pred；answer
9	判断该回答者类别	answer；$\boldsymbol{C}$	该回答者是主动回答者（或被动回答者）
10	推荐与问题相关性概率最大的主动回答者	**Catalog**；Pred；$\boldsymbol{C}$	answer1
11	推荐学习者 s 回答者	answer 和 answer1	answer 和 answer1

表 5.8　活动图输入输出变量表

变量符号	变量说明
s	学习者实例
q	待解决问题

续表

变量符号	变量说明
data	回答者回复行为数据集
D	回答者回复行为向量集
C	回答者类别集
Pred	回答者与该问题相关性概率集
Catalog	回答者目录
Question	待解决问题向量
answer	概率最大的回答者
answer1	与问题相关性概率最大的主动回答者

三、回答者类别识别算法

1. 问题回复行为下的回答者类别识别算法

设 TrainBayesModel($\boldsymbol{C},\boldsymbol{D}$) 是一种识别问题回答者的回复行为类别的多项式朴素贝叶斯分类器，其功能是实现多项式朴素贝叶斯模型的训练，并使用该模型实现分类处理。该算法的输入为类别集合 $\boldsymbol{C}=\{c_1,c_2,\cdots,c_m\}$；数据集 $\boldsymbol{D}=\{d_1,d_2,\cdots,d_i,\cdots,d_p\}$，其中 $d_i=\{a_1,a_2,\cdots,a_n\}$；待分类项 d；输出为 d 所属类别 $c\in\boldsymbol{C}$。

据此，求解该问题的处理流程如下所示。

```
Begin
01  V←ExtractData(D);                /*提取数据集 D 中的所有特征属性信息*/
02  N←CountNum(D);                   /*计算数据集 D 中的数据条数*/
03  for each  c∈C
04  do Nc← CountDataInClass(D,C);    /*计算 D 中的数据是 c 类别的数目*/
05  prior[c]←Nc/N;                   /*计算 c 类别的出现概率*/
06  for each a∈V
07  do Tca←CountAInC(c,a);           /*计算 c 类别中满足特征属性 a 的数目*/
08  for each a∈V
09  do conprob[a][c]←Tca + 1/Nc + 1;
```

/*计算当类别是 c 时满足属性 a 的概率，此处采用了拉普拉斯平滑，以防止概率为 0 的情况出现*/

/*上述步骤完成了朴素贝叶斯分类模型的训练，接下来将使用该分类模型识别待分类项的类别，其中 V 代表训练集中的所有属性信息，prior 代表每个类别出现的概率，conprob 代表每个特征属性的条件概率*/

```
10  V←ExtractData(d);          /*提取数据 d 中的特征属性信息*/
11  for each c∈C
12  do for each a∈V
13  dopro_c←log(prior_c) + log(conprob_ac);/*计算数据 d 属于各个类别的概率*/
14  returntpye = MAX(pro)          /*返回使得概率最大的类别*/
End
```

该算法的时间复杂度为$O(NK+NV+KV)$，其中 N 是问题回答者的回复行为数据集的规模，K 是问题回答者的回复行为类别数，V 是问题回答者回复的行为数据的特征属性数。

2. 讨论

（1）关于 OOSE 混合课程的教学设计与组织情况。在 2022 年春季对大三学习者开设的 OOSE 混合课程中，设置了由 1 位主讲教师和 7 位助教构成的辅导团队，这些助教分别扮演着不同的角色，如用户领域专家、技术专家和编程技术支持专家等。该团队负责回答学习者的相关问题。

（2）针对 OOSE 混合课程的数据应用，本节将类别集合实例化为$\boldsymbol{C}=\{r_1,r_2\}$，其中 r_1 为主动回答者，r_2 为被动回答者。此外，数据集 $\boldsymbol{D}$ 表示回答者（如助教）的行为数据集合，其中 $d_i\in\boldsymbol{D}$ 表示第 i 个回答者的行为向量；而算法输入时的待分类项 d 表示尚未确定类别的回答者，算法输出时的 c 代表 d 所属的类别。

（3）为了体现推荐和反馈在教学干预中的作用，针对学习者所提问题的答疑策略描述如下所示。一是优先安排助教回答学习者的提问，并回收学习者对相关助教回答问题质量的反馈（如学习者按照李克特 5 级量表法对助教回答质量进行打分）。二是依据反馈信息，当该反馈信息之值低于事先设定的阈值（如 3 分）时，可以考虑安排主讲教师重新回答这个提问。

（4）关于推荐助教的策略。除了依据相关助教所扮演的角色安排对应的问题回答者推荐，针对同一批相似的问题回答者，推荐策略是优先推荐可作为问题回答者中的能主动回答该问题的助教，即优先推荐主动回答者。

如果推荐模型所推荐的助教属于被动回答者，那么该推荐模型还会进一步推荐一位主动回答者，即在这种情况下，该推荐模型会针对问题推荐出两位问题回答者，以确保学习者所提出的问题一定会有助教来回答，这可以缓解推荐中的冷启动现象，提升了学习者的学习体验。

（5）如何获得助教是否愿意回答学习者提问的相关行为数据，相关的做法是通过事先的测试环节（如可以通过模拟提问与回答过程测试，也可以通过访谈活动或调查表等手段）收集到相关数据，据此数据和本节算法可以实现针对助教类别的划分。

（6）本节的问题回答者可以推广到线上（如 MOOC 环境）应用场景。这时的问题回答者将不限于助教，还可以是学习者本人，即在这样的环境下学习者之间可以互为教师和学生，这种学习方式更具一般性且更有意义。

四、求助行为下的回答者推荐算法

1. 基于学习者求助行为的回答者推荐算法

在自动识别问题回答者类别的基础上，本节选择使用卷积神经网络构建一种问题回答者推荐模型，针对学习者所提出的问题 q，实现为学习者推荐问题回答者 answer 的目的。

1）算法的输入与输出

输入：学习者求助行为（如提出待解决问题 q）；回答者所属类别数据集合 $\boldsymbol{C}$ 。

输出：回答该问题的回答者 answer。

2）算法流程

（1）将待解决问题 q 转换为向量表示 **Question** = word_to_id(q) 。

（2）依据模型存储路径读取 CNN 模型：

saver.restore(sess = self.session, save_path = save_path)

（3）将学习者求助行为（如待解决问题 q ）的向量表示 **Question** 输入预测函数 cnn_model.prediet(**Question**) 中，得到问题回答者目录 **Catalog** 及其概率 **Pred** ，以及匹配程度最高（最大概率）的回答者 answer 。

（4）通过问题回答者类别数据集合 $\boldsymbol{C}$ 来判断该问题回答者 answer 是否为主动回答者，如果是，那么将其作为问题回答者 u 推荐出来，跳转到步骤 8；如果不是，那么执行步骤 5；

（5）将回答者目录 **Catalog** 及其概率 **Pred** 组成字典 dict _ c ，并根据其概率大小进行排序得到回答者及其概率列表集合 sort_dict 。

（6）遍历回答者及其概率列表集合 sort_dict，将其中的主动回答者选取出来得到主动回答者列表 answers。

（7）从主动回答者列表 answers 中选取概率最大的回答者 answer1 作为问题回答者进行推荐；

（8）推荐的最终回答者 answer1（如果 answer1 存在）和 answer（其中 answer1 优先级高于 answer）。

2. 实验分析

实验分为识别回答者行为类别（如主动回答者或被动回答者）和回答者推荐两个方面。

1）实验数据

选择了 OOSE 混合课程中的部分学习者的在线小组讨论的数据（短文本）作为实验对象。

2）评价指标

第一阶段实验采用了表示验证集的 ACC（平均准确率）指标。第二阶段实验通过检验测试集的精确率、召回率、F1 值及混淆矩阵来验证该推荐模型的有效性。其中，精确率 P、召回率 R 和 F1 值三个指标[16]相关的计算公式是

$$P=\frac{\text{回答者被模型正确推荐的次数}}{\text{模型推荐回答者总次数}} \tag{5.9}$$

$$R=\frac{\text{回答者被模型正确推荐的次数}}{\text{测试集中回答者数据条数}} \tag{5.10}$$

$$\text{F1值}=\frac{2\times P\times R}{P+R} \tag{5.11}$$

3）实验设置

本部分实验主要基于 Tensorflow 库，该库中包含了基本的深度学习算法，包括 CNN 等。此外，还需要用到 Numpy 库、机器学习算法库 Sklearn 及用于绘制图像的 Matplotlib 库等。

先将文本数据分为训练集、验证集和测试集，利用训练集得到回答者推荐模型时的参数设置如下[16]：词向量维度为 64，最大序列长度为 600，调用 Tensorflow 库中的 CNN 算法，设置 CNN 模型中的 dropout 参数为 0.5，学习率为 0.001。

4）实验结果

（1）训练并验证回答者推荐模型。表 5.9 给出了回答者推荐模型的训练及验证的情况。在训练回答者推荐模型之后，采用了 saver 函数保存最

优损失参数，这样在测试回答者推荐模型时，可不必再次训练回答者推荐模型。

表 5.9　训练并验证回答者推荐模型准确率情况

迭代次数	训练集误差	训练集准确率/%	验证集误差	验证集准确率/%
0	1.6	25.00	1.6	20.00
100	0.34	93.75	0.67	81.00
200	0.07	100.00	0.36	89.00
300	0.044	100.00	0.32	90.00

（2）测试回答者推荐模型。具体情况是，在做此项测试时，针对某个提问问题，该推荐模型所推荐出的合适问题回答者共有 8 人。测试回答者推荐模型的有效性情况如表 5.10 所示。同时，结合了对图 5.12 所示的混淆矩阵 CM 的分析，验证了回答者的推荐准确性较高这一结论。因此，这也意味着该模型用于问题回答者推荐是有效的。

表 5.10　回答者推荐模型准确率

推荐者姓名	精确率	召回率	F1 分数
A	1.00	0.97	0.98
B	0.91	0.92	0.92
C	0.94	0.96	0.95
D	0.95	1.00	0.98
E	0.96	0.88	0.92
F	0.93	1.00	0.97
G	0.97	0.90	0.93
H	0.94	0.97	0.96

$$
\begin{bmatrix}
97 & 0 & 0 & 1 & 0 & 1 & 1 & 0 \\
0 & 92 & 0 & 0 & 1 & 0 & 1 & 6 \\
0 & 0 & 96 & 1 & 3 & 0 & 0 & 0 \\
0 & 0 & 0 & 100 & 0 & 0 & 0 & 0 \\
0 & 0 & 6 & 0 & 88 & 5 & 1 & 0 \\
0 & 0 & 0 & 0 & 0 & 100 & 0 & 0 \\
0 & 6 & 0 & 3 & 0 & 1 & 90 & 0 \\
0 & 3 & 0 & 0 & 0 & 0 & 0 & 97
\end{bmatrix}
$$

图 5.12　混淆矩阵

3. 讨论

（1）与文献[59]相比，本书与该工作相同之处是当研究推荐问题时均采用了 CNN 算法构建推荐模型。本节工作与文献[59]工作不同之处是：①增加了识别回答者行为类别的研究；②采用了不同的优化算法，如文献[59]中采用的是 SGD 算法来加速神经网络，本节工作采用了 Adam Optimizer 优化器。

（2）对问题回答者推荐结果的可解释性分析。在实证中的一个应用场景是一个学习者新发布了某一个问题，假设推荐模型推荐了 E 和 C 两位回答者。这时应该把谁推荐给提问者更加合适呢？假设通过进一步分析，发现 E 属于被动回答者类别而 C 除了相关的推荐指标值较高同时该回答者属于主动回答者类别，这表明回答者 C 与提问者之间更匹配且更加容易沟通。综合分析后，将 C 排在 E 的前面推荐给提问者。这样做的依据是，识别出回答者类别将有助于完善推荐的有效性，同时这也意味着本节模型的结果在具体推荐问题中的可解释性较好。

（3）文献[16]在利用学习者提问文本构建词向量和词汇表时，没有丢弃空格和标点符号，仅按照词频的高低构建出相应的词汇表。这种处理方式并没有按照中文特有的模式去进行分词处理。文献[16]在构建词向量时，所采用的是 One-Hot 模式构建词向量，这种构建方式会使模型的计算量增加。为了更好地满足中文文本的处理要求并减少模型的计算复杂度，采用了 Jieba 分词和 Word2Vec 来构建词向量，并在词向量构建过程中采用了 distributed 模式。此外，为了使得模型收敛更快且防止过拟合现象的发生，本节在文献[16]的基础上，设置了梯度下降参数和正则化参数，这使得训练模型的过程更加平稳。在使用相同数据集的前提下，通过对比文献[16]中的推荐模型与本节模型，结果发现文献[16]中模型的总体准确率为 0.89，而本节模型的总体准确率达到了 0.95。由此可以推断在进行了分词处理和参数优化的情况下，可以使得推荐模型的性能得到提升。

（4）在本节中所涉及的推荐模型有多种形态，其中一种最常见的形态是将主讲教师设计为被动回答者，而将助教设计为主动回答者，这时主讲教师是不会参与学习者的问答环节。这种推荐模型的形态在 OOSE 混合课程的实际应用场景下会遇到一些问题，如学习者所提出的问题类型多种多样，其中的一些常识性问题，只需要为其推荐助教身份的主动回答者，或者为其推荐相关网页链接的学习资源即可。但对于学习者提出的一些需要深度思考后再回答的问题，则推荐主讲教师为其解答会效果更好。为了解决此问题，需要构造基于本节推荐模型的不同形态的推荐算法，当学习者遇到了需要深度思考后才能回答上来的问题时，则可以将主讲教师的类别从原被动回答者自动设置为主动回答者，以实现将主讲教师推荐为问题回答者的设计目标。至于何时操作将主讲教师定义为主动回答者，则可以在获得学习者的反馈评价之后进行，也可以针对问题进行识别与分类之后。其中的细节问题还值得进一步研究。

五、小结

在回答者类别识别算法基础上，本节构建求助行为下的回答者推荐算法，通过分析 OOSE 混合课程中的问题回答者的回复行为数据，将作为助教的问题回答者分成主动回答者和被动回答者，并据此制定了更加合理的推荐策略，使得学习者在学习过程中遇到问题并提出该问题时可以得到助教或主讲教师的及时回复，提升了学习者的学习体验。

第四节　基于候选回答者隐性行为的问题回答者推荐算法研究

基于候选回答者隐性行为的问题回答者推荐算法可从泛在推荐领域和学习分析领域两个视角开展相关研究。

基于泛在推荐方法视角下的具体工作描述如下。①基于传统协同过滤、基于内容过滤和混合推荐等策略下的推荐方法[61-63]，这些方法可以形成针对指定用户的喜好度预测，从而实现个性化推荐。②使用深度学习模型或结合相关的神经网络算法（如 CNN 等）构建应用中的推荐模型，以实现基于数据驱动的推荐[64]。

基于泛在推荐应用视角下的具体应用案例描述如下。①个性化图书推荐方面，基于图书馆集成管理系统的日志数据（如针对读者的借阅、查询浏览、预约日志数据等）进行挖掘，提取出读者的隐性信息行为记录或发现同趣用户，并据此推荐个性化书目[61]。②在电子商务推荐方面，文献[62]提出并构建用户模型，以用户隐性行为分析的视角实现针对用户兴趣度的分析，进而实现智能推荐。文献[63]针对电商购物系统中所收集到的用户隐性反馈行为（如点击、收藏、加入购物车等）和用户行为偏好的时间敏感性，基于 CNN 模型设计了一种购物篮推荐模型，以提高用户的满意度。文献[65]提出了个性化马尔可夫链模型，该模型既考虑了用户的时序行为建模，也考虑了用户的总体偏好，相比单独时序模型，该模型有更好的推荐效果。文献[64]提出了一种基于 Spark 框架的实时电商推荐系统的设计与实现方案。③在学习分析领域，文献[66]提出了一种基于隐性行为的问题解决者推荐算法。

在学习分析领域中，一种典型的应用任务场景举例描述如下。在线学习社区或学习者社区（如程序员编程的开源社区 Stackoverflow 或混合课程中的线上讨论平台）中的学习者依据其在交互活动中所处地位可以分为两类，其中一类是在本次交互过程中问题的提出者（即提问者），另一类是在本次交互过程中解决提问者所提出问题的问题回答者。

进一步地，针对提问者在社区中所提出的一个问题，回答者通常会需要依据自身的专业素养、兴趣、经验和能力等因素决定是否回答该问题。因此，如何刻画社区中回答者解决此问题时所具备的专业素养、感兴趣程度和能力等因素，这是研究推荐模型前要首先解决的问题。针对这个问题，文献[66]基于回答者的显性行为（如对问题的回复），对问题回答者推荐展开了研究，但该研究忽略了回答者的隐性行为（如提问、浏览、收藏和评论）方面因素对推荐模型的影响和作用，而这些隐性行为更能够反映出回答者的专业度、关注度、兴趣度和能力等方面的素养。因此，研究此类隐性行为的计算方法，有助于发现潜在的问题回答者，这对推荐模型的研究至关重要。为此，有必要进一步深入研究基于回答者隐性行为的问题回答者推荐算法。

一、问题定义

定义 5.8 隐性行为[66]。隐性行为即学习者社区中的候选回答者针对问题的提问、浏览、收藏和评论的行为。

针对隐性行为，本节中要讨论的问题回答者推荐问题描述如下。

定义 5.9 基于候选回答者隐性行为的问题回答者推荐。

输入：提问者提出的问题 Q。

输出：根据得分由高到低排列的 K 个待推荐的问题回答者序列。

针对提问者提出的问题 Q，通过计算候选回答者的隐性行为变量，求出待推荐的候选回答者集合 $D_s = \{d_i\}$，$i \in [1, n]$（其中，n 是候选回答者总数），并将该集合中 Top-K 回答者推荐给提问者。

需要说明的是，本节中的候选回答者一般指助教，但也可以包括主讲老师。该问题的研究目标是对这些候选回答者中的相关推荐变量（如倾向性等）进行计算，以从多位候选（或潜在）的问题回答者中，选择出部分合适的回答者。

二、研究框架

基于候选回答者隐性行为的回答者推荐框架[66]包含模型训练和实施推荐两个阶段（图 5.13）。

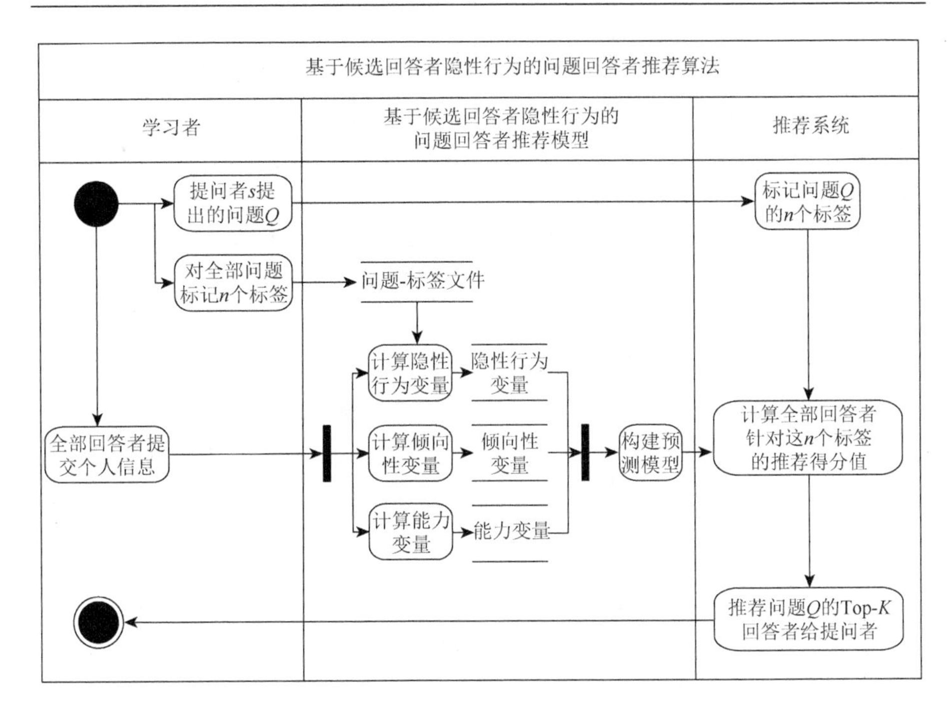

图 5.13　基于候选回答者隐性行为的回答者推荐框架

第一阶段为训练阶段，相关的工作描述如下。①收集候选回答者的隐性行为数据及能力特征数据，对数据进行预处理并生成训练数据，这些数据包含候选回答者-能力特征文件、问题-标签文件和问题-隐性行为文件。②基于训练数据进行模型的训练，计算出全部候选回答者的基于每一个标签的隐性行为变量、倾向性变量和能力变量三个特征值。③选择线性回归或贝叶斯多变量回归或 CNN 等模型构建预测模型，对所计算得到的特征变量，用奇异值分解的方法进行预处理后作为输入变量送入预测模型，再采用梯度下降算法更新优化该模型中的相关变量（如隐性行为变量、倾向性变量和能力变量等）的权重。

第二阶段为推荐阶段，相关步骤描述如下所示。

（1）针对新提出的问题 Q，得到问题的 n 个标签。

（2）根据（1）中得到的问题标签，分别计算全部候选回答者基于（1）中得到的标签的隐性行为变量值、倾向性变量值和能力变量值。

（3）将从（2）中得到标签的隐性行为变量值、倾向性变量值及能力变量值输入训练好的预测模型中，得到候选回答者的推荐得分值，将 Top-K 回答者推荐给提问者。

需要说明是，隐性行为数据主要包括评论次数、浏览次数、收藏次数、回复次数和回复得分等；能力特征数据主要考虑了学习者的项目经验、编程能力、社区活跃度、社区贡献度和社区影响力。隐性行为数据主要来源于学习者在在线学习平台上的学习行为，能力特征数据来源于学习者平时的表现，这些数据均可通过调查问卷的方式采集，也可从学习者对自己的评价中获取。

图 5.13 可为进一步的研究提供了研究目标和具体任务，即该图中的相关活动可用函数具体实现，这些活动定义如表 5.11 所示，其中的变量定义如表 5.12 所示。

表 5.11　活动图输入输出一览表

活动编号	活动功能描述	输入	输出
1	提交个人信息	S_info	S_A.csv；Q_A.csv；
2	标记已知问题的标签	q_i	Q_L.csv
3	计算隐性行为变量	Q_A.csv；Q_L.csv	LBIBV
4	计算倾向性变量	Q_A.csv；Q_L.csv	Tendency
5	计算能力变量	S_A.csv	Ability
6	构建预测模型	LBIBV；Tendency；Ability	LR/BYSR/RAC-RM
7	提问者 s 提出问题 Q	Q.txt	Q
8	标记新提出问题 Q 的标签	Q	$t_1, t_2, \cdots, t_n$
9	计算候选回答者针对问题 Q 的推荐得分值	$t_1, t_2, \cdots, t_n$	S
10	将问题 Q 的回答者推荐给提问者	S	Answers.csv

表 5.12　活动图输入输出变量表

变量符号	变量含义
S_info	全部候选回答者的数据源
S_A.csv	候选回答者-能力特征文件（记录全部候选回答者的个人信息，包括姓名、活跃度特征值、影响力特征值、贡献度特征值、编程能力特征值和项目经验特征值）
Q_A.csv	问题-隐性行为文件（记录全部候选回答者对平台内的问题的评论次数、浏览次数、回复次数、收藏次数和时间及回复得分）
q_i	所提出的某一个问题（$i = 1, 2, \cdots, p$; p 为全部问题数）
Q_L.csv	问题-标签文件（记录 q_i 及其所对应的 n 个标签 $t_{i1}, t_{i2}, \cdots, t_{in}$）
IBVT	全部候选回答者在问题 q 上所对应的前 n 个标签的隐性行为变量
Tendency	全部候选回答者在问题 q 上所对应的前 n 个标签的倾向性变量
Ability	全部候选回答者的能力变量
LR/BYSR/RAC-RM	基于线性回归方法的线性预测模型或贝叶斯多变量回归预测模型或基于注意力机制和卷积神经网络结合的候选回答者推荐模型
Q.txt	提问者对问题 Q 的问题描述

续表

变量符号	变量含义
$t_1, t_2, \cdots, t_n$	问题 Q 所对应的 n 个标签
S	全部候选回答者针对问题 Q 的推荐得分值集合（根据得分值由大到小排列）
Answers.csv	集合 S 中前 K 个推荐回答者
K	可推荐的回答者人数

三、计算隐性行为变量

在某类学习环境（如学习者社区或混合课程）中，学习者的行为分为显性行为和隐性行为两种，其中显性行为是指能够直接地反映出学习者的专业能力、关注程度或感兴趣程度的行为，如对某问题的回复行为，这反映出该回答者对这一问题的关注度、兴趣度高；而隐性行为是指学习者不明确地表达出该学习者的专业能力、关注程度或感兴趣程度的行为，如浏览、收藏、提问和评论行为。

在关注显性行为因素的基础上，为了利用候选回答者的隐性行为变量来设计问题回答者的推荐算法，需要先定义针对这些隐性行为变量的计算方法。由于隐性行为所关注的是学习者中的候选回答者的深层次因素，涉及候选回答者的专业度、关注度和兴趣度等方面。一方面，隐性行为变量的计算结果是判断一个候选回答者是否合格，以及判断其是否值得作为推荐者的重要决策依据；另一方面，对候选回答者的隐性行为的研究也有助于发现潜在的回答者。因此，关注候选回答者隐性行为的刻画与计算是一个有价值的问题，以下内容将基于文献[66]展开研究。

1. 概念定义[66]

除了前面已经给出的定义 5.8 所描述的隐性行为，还有如下术语定义。

定义 5.10　标签。标签是一种描述问题所属领域的主题词。

换言之，标签是一种描述提问者所提出的问题题干的核心语义的标注词汇，可以通过人工标注或编码给一个问题 Q 打上 n 个标签，可以分别计算在每个标签下的隐性行为变量、倾向性变量值。

定义 5.11　隐性行为变量。基于标签的隐性行为变量即基于隐性行为所计算的候选回答者针对标签的特征值。

定义 5.12　倾向性变量。倾向性变量即候选回答者对待解决问题的主观倾向性的特征值。

定义 5.13 能力变量。能力变量也称为候选回答者能力变量，即从全局角度刻画候选回答者的整体能力的特征值。

针对定义 5.9～定义 5.13，下面将进一步讨论基于标签的隐性行为变量、倾向性变量和能力变量的计算方法。

2. 基于标签的隐性行为变量计算方法[66]

通常对于提问者提出的每个问题可以标识出多个标签，这些标签描述了提问者所提问题的所属领域，这些领域可以用该问题题干的核心语义描述。这些标签有助于找出擅长回答该领域问题的候选回答者并加以推荐。由此，可以将提问者提出（或浏览、收藏和评论）问题的行为特征计算问题归结为候选回答者对于标签的行为特征计算问题（即计算候选回答者基于标签的隐性行为变量、倾向性变量和能力变量），将候选回答者在同一标签下其他问题上的交互行为用于计算该候选回答者基于标签的隐性行为变量，该变量记为 LBIBV，计算 $\mathrm{LBIBV}(d,t)$ 的方法是

$$\mathrm{LBIBV}(d,t)=\frac{\sum_{q\in Q_t}\sum_{\alpha\in A}\mathrm{Score}(d,q,a)}{\sum_{d^{\sim}\in U}\sum_{q\in Q_t}\sum_{\alpha\in A}\mathrm{Score}(d^{\sim},q,a)} \tag{5.12}$$

式中，计算了候选回答者 d 基于标签 t 的隐性行为变量 $\mathrm{LBIBV}(d,t)\in[0,1]$，该值表示候选回答者 d 对具有标签 t 的问题产生隐性行为的概率；U 是所有的候选回答者集合；Q_t 是标签 t 所属问题集合；A 是候选回答者 d 的交互行为的集合，针对 A 中的交互行为，主要包括了回复（记为 H ）、浏览（记为 L ）、评论（记为 P ）和收藏（记为 S ）行为，这些行为分为显性行为（即回复行为 H ）和隐性行为（如浏览 L 、评论 P 和收藏 S 等行为）类型，这样分类的目的是提高推荐模型的推荐效果，同时这也能反映出候选回答者的专业程度；$\mathrm{Score}(d,q,a)$ 表示候选回答者 d 在问题提出者所提问题 q 上的某一交互行为 a 的得分，这些交互行为的得分可以分别采用不同的函数计算。

式（5.12）的分子表示候选回答者 d 在标签 t 所属的问题集合中的四种交互行为得分之和，分母表示除候选回答者 d 外，候选回答者集合 U 中的其他所有候选回答者在标签 t 所属的问题集合中的四种交互行为得分之和。

现着重考虑候选回答者 d 在交互过程中的上述四种行为类型的描述与计算，具体算法可以参见后续相关小节中的式（5.13）～式（5.17）的描述。

1）候选回答者 d 的回复行为 H 的计算

为了提高所设计的推荐模型的推荐效果，在关注候选回答者 d 的隐性行为计算过程的同时，也应该考虑到该候选回答者 d 的显性行为（即回复行为 H ），因为 H 也反映出了该候选回答者 d 的专业程度，该显性行为 $\mathrm{Score}(d,q,H)$ 为

$$\text{Score}(d,q,H)=\begin{cases}0, & \text{time}_h=0\\ \text{sim}(q,Q), & \text{time}_h>0\end{cases} \tag{5.13}$$

式中，time_h 为候选回答者 d 针对一个已提出问题 q 上的回复次数；sim 函数用于计算两个不同问题的描述句子之间的相似度。式（5.13）计算了候选回答者 d 在已提出问题 q 上的回复行为的得分值，当候选回答者 d 在已提出问题 q 上的回复次数为 0 时，其得分值为 0，否则可以采用 CBOW 词嵌入模型计算当前已提出问题 q 和候选回答者需要进行推荐的新问题 Q 的相似度，将此值作为回复次数大于 0 时的回复行为的得分值。

在此基础上，可定义任意两个问题所描述句子之间相似度的值为

$$\text{sim}(q,Q)=\frac{\sum_{i=1}^{n}\text{MAX}(\text{WEM.sim}(\boldsymbol{w}_q,\boldsymbol{w}_Q))}{n} \tag{5.14}$$

式中，n 是问题 q 中词的个数；MAX 是最大值函数；WEM 是训练好的 CBOW 模型；$\text{WEM.sim}(\boldsymbol{w}_q,\boldsymbol{w}_Q)$ 表示了计算两个词向量 $\boldsymbol{w}_q$ 与 $\boldsymbol{w}_Q$ 之间的相似度函数，其中 $\boldsymbol{w}_q$ 是问题 q 中的词，$\boldsymbol{w}_Q$ 是问题集 Q 中的词。式（5.14）的计算复杂度是 $O(N\times M\times(O\ (\text{WEM.Sim})))$，其中，$N$ 是问题 q 分词后的词个数，M 是问题 Q 分词后的词个数，词向量相似度计算函数 $\text{WEM.sim}(\boldsymbol{w}_q,\boldsymbol{w}_Q)$ 的复杂度是 $O(\text{WEM.Sim})$。

2）候选回答者 d 的浏览行为 L 的计算

计算问题候选回答者的浏览行为 L 的得分值 $\text{Score}(d,q,L)$：

$$\text{Score}(d,q,L)=\begin{cases}0, & \text{time}_l=0\\ 1, & \text{time}_l\in\left[1,t_{l_1}\right)\\ 2, & \text{time}_l\in\left[t_{l_1},t_{l_2}\right)\\ 3, & \text{time}_l\geqslant t_{l_2}\end{cases} \tag{5.15}$$

式中，time_l 表示候选回答者 d 在问题 q 上的浏览次数；$\left[t_{l_1},t_{l_2}\right)$ 是划分范围的区间值。候选回答者 d 对于问题 q 的浏览行为 L 反映出了该候选回答者 d 对于问题 q 的短期关注度，将 L 分为 4 类（其中，$L=0$ 为无浏览，即当 $\text{time}_l=0$ 时；$L=1$ 为浏览次数较少，即当 $\text{time}_l\in\left[1,t_{l_1}\right)$ 时；$L=2$ 为浏览次数一般，即当 $\text{time}_l\in\left[t_{l_1},t_{l_2}\right)$ 时；$L=3$ 为浏览次数较多，即当 $\text{time}_l\geqslant t_{l_2}$ 时），具体参见式（5.15）。

3）候选回答者 d 的评论行为 P 的计算

候选回答者的评论行为 P 的得分值 $\text{Score}(d,q,P)$：

$$\mathrm{Score}(d,q,P)=\begin{cases}0, & \mathrm{time}_p=0\\ 1, & \mathrm{time}_p\in\left[1,t_{p_1}\right)\\ 2, & \mathrm{time}_p\geqslant t_{p_1}\end{cases} \tag{5.16}$$

式中，time_p 表示候选回答者 d 在问题 q 上的评论次数；t_{p_1} 是划分范围的区间值。候选回答者对于问题 q 的评论行为 P，反映了候选回答者 d 对于回答问题 q 的兴趣度，将候选回答者 d 的评论行为分成 3 类（其中，当 $\mathrm{time}_p=0$ 时，P 取值为 0，此值表示“无兴趣”；当 $\mathrm{time}_p\in\left[1,t_{p_1}\right)$ 时，P 取值为 1，此值表示“低兴趣”；当 $\mathrm{time}_p\geqslant t_{p_1}$ 时，P 取值为 2，此值表示“高兴趣”）。

4）候选回答者 d 的收藏行为 S 的计算

候选回答者 d 的收藏行为 S 的得分值为

$$\mathrm{Score}(d,q,S)=\begin{cases}0, & \mathrm{time}_s=0\\ 1, & \mathrm{time}_s>0\end{cases} \tag{5.17}$$

式中，time_s 为候选回答者 d 对于问题 q 上的收藏次数。候选回答者 d 对于问题 q 的收藏行为反映了候选回答者 d 对于问题 q 的长期关注度，将候选回答者 d 的收藏行为分成两类（其中，0 为无收藏，1 为有收藏）。

3. 倾向性变量计算模型[66]

利用隐性行为变量构建倾向性模型，可以得到候选回答者 d 关于问题 q 的关注度、专业度和兴趣度等方面的倾向性变量因素特征（简称为倾向性变量，记为 Tendency），可更加细致地刻画出候选回答者 d 的行为。

如果候选回答者 d 在某时期内对特定领域的问题 q 进行过研究，这意味着候选回答者 d 对此领域的问题 q 更有回复倾向性，这时候选回答者 d 的倾向性变量能够更有效地捕捉其短期兴趣，这种短期兴趣对于推荐模型设计而言有重要参考价值。但在经典推荐方法中通常并没有考虑到这种倾向性变量。

为了更好地与经典推荐算法相结合，本节考虑采用 LSTM[66, 67]模型对候选回答者 d 的倾向性变量 Tendency 进行建模。

1）结合时间因素的 Tendency 计算

定义 5.14 结合时间因素的基于标签的隐性行为变量 Tendency，Tendency（d，t，s，e）表示在时间区间[s，e]内，候选回答者 d 对具有标签 t 的问题产生隐性行为的概率；Tendency 表示在时间区间 $[s,e]$ 内，候选回答者 d 在标识标签 t 的过程中的隐性行为变量。计算候选回答者 d 在时间区间 $[s,e]$ 内基于标签 t 的隐性行为变量 $\mathrm{Tendency}(d,t,s,e)$：

$$\text{Tendency}(d,t,s,e)=\frac{\sum_{q\in Q_t}\sum_{a\in A}\text{Score}(d,q,a),\ \text{time}(d,q,a)\in[s,e]}{\sum_{q\in Q_u}\sum_{a\in A}\text{Score}(d,q,a),\ \text{time}(d,q,a)\in[s,e]}$$

（5.18）

式中，Q_t 表示了标签 t 所属问题集合；A 表示了交互行为的集合，该集合与第五章第四节之“三”中的交互行为集合一致，也包括了回复 H、浏览 L、评论 P 和收藏 S 四种行为；$\text{Score}(d,q,a)$ 表示候选回答者 d 在问题 q 上的交互行为 $a\in A$ 的得分，除回复行为 H 外，其他行为的得分计算方法均与第五章第四节之“三”中一致，本节中的回复行为 H 的计算如式（5.19）所示；Q_u 表示候选回答者 d 所产生过的交互行为的问题集合，$\text{time}(d,q,a)$ 表示候选回答者 d 对问题 q 出现行为 a 时的时间戳。式（5.18）的分子表示候选回答者 d 在标签 t 所属的问题集合中，在时间区间 $[s,e]$ 内的四种交互行为的得分之和，分母部分表示候选回答者 d 在所有其产生过交互行为的问题集合中，在时间区间 $[s,e]$ 内的四种交互行为的得分之和，比值体现在时间区间 $[s,e]$ 内候选回答者 d 对标签 t 的倾向性。

在本节中，计算回复行为 $\text{Score}(d,q,H)$：

$$\text{Score}(d,q,H)=\begin{cases}0, & \text{mark}_h=0\\ 4, & \text{mark}_h\in\left[1,t_{h_1}\right)\\ 5, & \text{mark}_h\geqslant t_{h_1}\end{cases} \tag{5.19}$$

式中，mark_h 表示候选回答者 d 在问题 q 上回复后所得到的评分；t_{h_1} 表示区间划分的范围值。将回复行为按照评分值分类为 3 类（其中，当 $\text{mark}_h=0$ 时，H 取值为 0，此值表示“无评分”；当 $\text{mark}_h\in\left[1,t_{h_1}\right)$ 时，H 取值为 4，此值表示“低评分”；当 $\text{mark}_h\geqslant t_{h_1}$ 时，H 取值为 5，此值表示“高评分”）。

2）倾向性计算模型的工作原理

为了讨论方便，相关术语定义如下所示[66]。

定义 5.15　倾向性向量 **TV**。倾向性向量 **TV** 存储了问题的候选回答者 d 在针对问题 q 所属的前 M 个标签的 Tendency 值，$\mathbf{TV}\in\mathbf{R}^M$。

定义 5.16　倾向性矩阵 **TM**。倾向性矩阵 $\mathbf{TM}\in\mathbf{R}^{N\times M}$ 存储了候选回答者 d 在若干个连续的时间区间 $[s_i,e_i]$（$i\in[1,N]$）内针对问题 q 的倾向性向量 **TV**。

定义 5.17　倾向性等级。问题的候选回答者 d 对于解决问题 q 的倾向性级别。本节将倾向性级别设置为 4 类，即无回答倾向(NT, 0)、低等级回答倾向(LT, 1)、中等回答倾向(MT, 2)和高级回答倾向(HT, 3)，其中括号内的数值代表类别对应的特征值。

定义 5.18　倾向性等级向量 **TL**。问题的候选回答者 d 对解决问题 q 的倾向性等级向量表示记为 **TL**，用于作为倾向性模型的输入与输出。

假设 $\mathbf{TL}=[\mathrm{TL}_0,\mathrm{TL}_1,\mathrm{TL}_2,\mathrm{TL}_3]$，其中 TL_0 对应无回答倾向，TL_1 对应低等级回答倾向，TL_2 对应中等回答倾向，TL_3 对应高级回答倾向。当计算候选回答者 d 对待解决问题 q 的回答倾向性所属等级时，将计算所得倾向性等级对应的下标位置值设置为 1，其余均为 0。

进一步，本节设计了一种基于 LSTM 的倾向性计算模型，其输入为候选回答者 d 针对问题 q 的倾向性矩阵 **TM**，使用 N 表示连续的时间区间数目，M 用于表示问题的标签数；将 LSTM 的隐藏节点和隐藏层 H 的节点个数均设计为 M，以记录 M 个标签所代表的倾向性信息；模型的 Softmax 层输出回答者 d 针对问题 q 属于不同等级倾向性的概率。

最后，在使用倾向性计算模型时，输入候选回答者 d 针对问题 q 的倾向性矩阵 **TM**，将 Softmax 层所属的倾向性等级中概率最大值的特征值作为倾向性变量的值输出。

4. 能力变量计算模型

通过对能力变量 Ability 的计算可以得到候选回答者 d 的项目经验、教育背景、社区活跃度、贡献度和影响力等多个维度的特征值，这有效地反映出候选回答者 d 的个体能力。但现有研究中，通常仅对候选回答者 d 某个维度的特征进行建模和分析，忽略了对多个维度因素的综合考虑[68]，这会导致候选回答者 d 的个体能力评价因受到单一因素影响而产生较大的偏差。

文献[68]基于模糊评价理论研究了能力变量 Ability 的计算问题，即将模糊综合评价的基本思想引入候选回答者能力变量的计算中，通过分析候选回答者的综合因素（如项目经验、编程能力、社区活跃度、社区贡献度和社区影响力），设计出能力变量 Ability 计算模型为

$$\mathrm{Ability}(d)=\frac{\sum_{i=1}^{n}w_i\cdot C_i\cdot x_i}{\sum_{i=1}^{n}C_i\cdot x_i} \tag{5.20}$$

$$x_i=\max_{j=1}^{m}\{r_{ji}\cdot v_j\} \tag{5.21}$$

式中，$\mathrm{Ability}(d)\in[0,1]$ 表示对候选回答者 d 的能力通过多个特征维度模糊加权综合计算后的结果；$C=\{C_1,\cdots,C_n\}$ 表示候选回答者 d 能力特征集合；$W=\{w_1,\cdots,w_n\}$ 表示候选回答者 d 能力特征所对应的权重集合，其中，$w_i\in[0,1]$，$\sum_{i=1}^{n}w_i=1$；$V=\{v_1,\cdots,v_m\}$ 表示候选回答者 d 能力特征所对应的评价等级集合，其中，$v_j\in[0,1]$；r_{ji} 表示能力特征 C_i 在评价等级 v_j 上的隶属度。

例如，在 OOSE 应用背景下，考虑某类学习环境（如混合课程或在线学习社区）中候选回答者 d 的活跃度、影响力、贡献度、编程能力和项目经验这五个方面的特征，相应特征值从候选回答者 d 的短文本对话流数据

及行为数据中提取得到，候选回答者 d 能力特征所对应的权重集合设置为 $W=\{w_1:0.2, w_2:0.2, w_3:0.3,\ w_4:0.2, w_5:0.1\}$，候选回答者 d 能力特征所对应的评价等级集合设置为 $V=\{v_1:0.3, v_2:0.6, v_3:0.9\}$，能力特征 C_i 在评价等级 v_j 上的隶属程度 r_{ji} 由经验给出，一种可用的描述表示如表 5.13 所示。

表 5.13　候选回答者能力特征描述表示

能力特征等级	能力特征				
	C_1	C_2	C_3	C_4	C_5
v_1	0.4	0.5	0.1	0.2	0.3
v_2	0.3	0.4	0.4	0.2	0.3
v_3	0.3	0.1	0.5	0.6	0.4

为了计算能力变量 Ability 的值，采用了候选回答者 d 的短文本对话流及行为数据。首先对候选回答者 d 的短文本对话流及行为数据进行预处理，可以得到候选回答者-能力特征文件并将之作为上述能力变量计算模型的输入文件；再根据上述能力变量 Ability 的计算模型，计算候选回答者 d 的能力变量 Ability 的值，得到候选回答者-能力变量值文件，其中包含了候选回答者 d 集合中的全部候选回答者及其对应的能力变量值。

四、基于候选回答者隐性行为的问题回答者推荐算法——基于线性回归模型视角

本节选择线性回归模型作为基于候选回答者隐性行为的回答者 d 的推荐算法。为了构建基于线性回归方法的线性预测模型，在训练阶段，针对社区中已存在的每条问答记录，计算了本记录候选回答者 d 的基于标签的隐性行为变量、倾向性变量和能力变量，将这些变量采用奇异值分解的方法进行预处理，并作为回归变量输入线性预测模型；在建立模型的过程中，采用梯度下降算法更新优化各个变量的权重，实现针对候选回答者 d 推荐得分值的预测，进而可以实现候选回答者 d 的推荐。

根据模型中基于标签的隐性行为变量个数，将本算法定制成不同版本的模型（如在实验中分别考虑 3 个或 5 个标签的模型，这些模型记为 Top3-ARIB 和 Top5-ARIB），以方便进行对比实验。由于在实际中回答评分的范围没有限制（不同评价者的评价标准可能不同，如有的采用百分制，有的则采用 5 分制），所以本模型要根据回答评分的分布，将该回答评分的范围映射到一个连续区间（如[0，5]的区间）中。

在测试中，针对提问者新提出的问题 Q 得到各个候选回答者 d 的基于标

签的隐性行为、倾向性和能力等变量的特征值，通过训练好的线性回归预测模型可以得到各个候选回答者的推荐得分值，对该得分值排序后，将其中得分值排名靠前的 Top-*K* 候选回答者 *d* 作为问题 *Q* 的回答者推荐给提问者，其描述如算法 5.1 所示。

算法 5.1　基于候选回答者隐性行为的回答者推荐算法——基于线性回归模型视角

输入：①线性回归模型 LR（*L*，*T*，*A*），其中 *L* 为隐性行为变量，*T* 为倾向性变量，*A* 为能力变量；②新问题 *Q*；③推荐的候选回答者个数 *N*。

输出：推荐的候选回答者 Answerers；

流程如下所示。

1：Developers = 得到社区中的候选回答者；

2：$t_1, t_2, \cdots, t_M$ = 问题 *Q* 所对应的 *M* 个标签；

3：*S* = 声明存储候选回答者及其评分的集合；

4：For each $d \in$ Developers do：

5：LBIBV = 基于式（5.12），计算 $d \in$ Developers 针对问题 *Q* 的前 *M* 个标签的隐性行为变量；

6：Tendency = 基于式（5.18），计算 $d \in$ Developers 针对问题 *Q* 的倾向性变量的值；

7：Ability = 基于式（5.20），计算 $d \in$ Developer 的能力变量；

8：Score = 使用LR(LBIBVs, Tendency, Ability)计算 $d \in$ Developer针对*Q*的评分；

9：Endfor

10：形成（*d*，Score）的元组加入 *S*;

11：依据Score从大到小排序 *S*；

12：Answerers = 获取*S*中排名前*K*的候选回答者；

现在对算法 5.1 的执行情况进行说明。首先，获得社区中的候选回答者集合 Developers 和问题 *Q* 的前 *M* 个标签 $t_1, t_2, \cdots, t_M$，并声明一个存储候选回答者及其评分的集合 *S*（行 1～3）；接着，对候选回答者集合 Developers 中的每一个候选回答者 *d* 进行迭代（行 4），可依次得到候选回答者 *d* 针对问题 *Q* 的前 *M* 个标签的隐性行为变量 LBIBV（行 5）、倾向性变量 Tendency（行 6）

和能力变量 Ability（行 7），利用 LBIBV、Tendency 和 Ability 的值，使用 LR 计算出 $d \in$ Developers 针对 Q 的评分 Score（行 8）；将形成的 (d, Score) 元组加入集合 S（行 10）；然后依据 Score 从大到小排序 S（行 11）；最后获取 S 中排名前 K 的候选回答者，作为问题 Q 的回答者推荐出来（行 12）。

五、基于候选回答者隐性行为的问题回答者推荐算法——贝叶斯多元回归模型视角[66]

基于交流社区中候选回答者 d 的隐性行为，通过计算候选回答者 d 的基于标签的隐性行为变量、解决问题的倾向性变量，并结合能力变量使用贝叶斯多变量回归方法得到候选回答者 d 的得分，排序后推荐候选回答者 d。具体而言，算法的输入是计算候选回答者集合 $D_s = \{d_i\}$，$i \in [1, N]$（其中，N 是候选回答者总数量）；候选回答者的隐性行为；社区中的问答记录和需要解决的问题 q；与该问题前 n 个 tags 标签；倾向性矩阵计算需要的连续时间区间数 Num；倾向性向量的维度 DIM；需要推荐的候选回答者个数 K；算法的输出是集合 $D_s = \{d_i\}$ 中排名靠前的 K 个候选回答者。据此，求解该问题的处理流程如算法 5.2 所示。

算法 5.2　基于候选回答者隐性行为的回答者推荐算法——基于贝叶斯多元回归模型视角

输入：①贝叶斯多元回归模型 BYSR(L, T, A)，其中 L 为隐性行为变量，T 为倾向性变量，A 为能力变量；②新问题 Q；③推荐的问题回答者个数 N。

输出：推荐的问题回答者 Answerers；

流程如下所示。

1：Teachers = 得到全部的老师和助教；

2：M = BYSR 中设置的基于标签的隐性行为变量个数；

3：S = 声明存储回答者及其评分的集合；

4：For each Teacher $\in$ Teachers do；

5：LBIBVs = 基于式（5.12），计算 Teacher 针对问题 Q 的前 M 个标签的基于标签的隐性行为变量值；

6：Tendency = 基于式（5.18），计算 Teacher 针对问题 Q 的倾向性变量值；

7：Ability = 基于式（5.20），计算Teacher 的能力变量；

8：Score = 使用BYSR(LBIBVs, Tendency, Ability)计算Teacher 针对Q 的评分；

9：Endfor

10：形成（Teacher, Score）的元组加入S；

11：依据Score从大到小排序 S；

12：Answerers = 获取S中排名前N的回答者；

六、基于候选回答者隐性行为的问题回答者推荐算法——基于卷积神经网络模型视角

1. 模型概述

基于文献[69]，本节选择构建卷积神经网络模型实现基于候选回答者隐性行为的回答者推荐。针对提问者提出的问题，在卷积神经网络模型的基础上，提出基于卷积神经网络的候选回答者推荐模型（RAC-RM），该模型包括词嵌入层、特征提取层和输出层，具体如图 5.14 所示。其中，

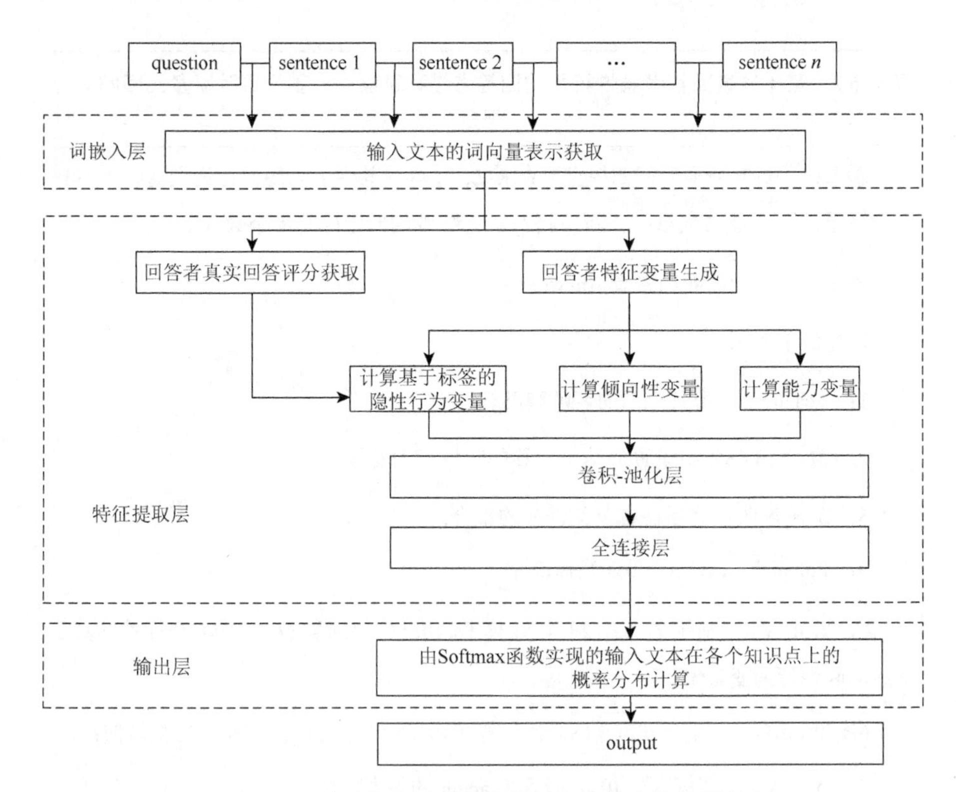

图 5.14　基于卷积神经网络的候选回答者推荐模型

词嵌入层针对提问者提出的问题描述文本和与候选回答者相关的对话流文本，并获得输入文本的词向量表示；特征提取层接受词嵌入层的输出，进行卷积操作以计算候选回答者针对问题标签的隐性行为、倾向性和能力等特征，得到输入文本的特征表示向量，为了使模型在训练过程中关注到重要信息，在特征提取层利用池化操作，以进一步处理输入文本的特征表示向量，得到特征提取层的输出；输出层使用Softmax分类器，以得到输入文本在各个标签上的概率分布，并经过进一步的计算最终得到推荐结果。

2. 词嵌入层

本层的输入为提问者所提出的新问题Q的问题描述文本，以及在线上学习和教学过程中所产生的含有候选回答者的隐性行为特征、倾向性特征和能力特征的对话流文本，通过使用Word2Vec的CBOW训练模型获取输入文本的词向量表示，作为下一层的输入。

3. 特征提取层

词嵌入层的输出作为本层的输入，即输入本层模型的信息是文本的词向量表示。本层又包括了行为变量计算层、卷积-池化层和全连接层，下面对各层功能进行描述。

（1）行为变量计算层对输入的每个词的词向量进行计算，计算候选回答者对于问题标签的隐性行为、倾向性和能力等特征。

（2）卷积-池化层首先将各项特征进行融合，再利用卷积操作对各项特征的特征值进行特征提取，最后利用最大池化的操作提取卷积后矩阵的最优特征。

（3）全连接层将相邻两个句子的特征信息进行整合，得到相邻两个句子的特征表示向量，作为输出层的输入。

4. 输出层

本层的输入为基于注意力机制的卷积神经网络的相邻两个句子的信息特征，对于一个待推荐的问题文本，将该问题文本和与候选回答者之间的对话流文本共同作为模型的输入，共输入$n+1$个句子，每两个相邻的句子组成一个句子对，共n个句子对，经过特征提取层处理后得到的输出为$\boldsymbol{S}$，共有n个特征向量$\boldsymbol{S}$；在输出层，将从这些特征提取层得到的特征向量进行拼接操作，并通过Softmax函数进行分类，可以得到输入文本在各个标签上的概率分布。在本节应用中，将标签设置为OOSE课程所涉及的主要知识点及候选回答者各自擅长的不同知识点，根据输入文本在各个标签上的概率分布和候选回答者对知识点的擅长情况进行计算，得到最终推荐结果，再将推荐得分值最高的候选回答者推荐给提出该问题的提问者，具体参见算法5.3。

算法 5.3　基于候选回答者隐性行为的问题回答者推荐算法——基于卷积神经网络模型视角

输入：①卷积神经网络模型 RAC(L, T, A)，其中 L 为隐性行为变量，T 为倾向性变量，A 为能力变量；②提问者 i 提出的新问题 Q；③候选回答者对话流文本数据 D。

输出：推荐的候选问题回答者 Answerer；

流程如下所示。

1：Teachers = 得到全部的候选回答者；

2：M = RAC 中设置的基于标签的隐性行为变量个数；

3：Answerers = 声明存储候选回答者及其评分的集合；

4：For each Teacher $\in$ Teachers do：

5：LBIBVs = 基于输入数据 D，利用式（5.11），计算 Teacher 针对问题 Q 的前 M 个知识点的隐性行为变量值；

6：Tendency = 基于输入数据 D，利用式（5.17），计算 Teacher 针对问题 Q 的倾向性变量值；

7：Ability = 基于输入数据 D，利用式（5.19），计算 Teacher 的能力变量值；

8：Score = 使用 RAC（LBIBVs，Tendency，Ability）计算 Tendency 针对 Q 评分；

9：Endfor

10：形成（Teacher，Score）的元组加入Answerers；

11：Answerer = Answerers 中得分值最高的候选回答者；

现在对算法 5.3 进行说明。首先，获得待推荐的全部候选回答者（老师和助教）集合 Teachers，以及要考虑问题 Q 的标签个数 M，并声明一个存储候选回答者及其评分的集合 Answerers（行 1～3）；对候选回答者集合 Teachers 中的每一个候选回答者 Teacher 进行迭代（行 4），可依次得到该候选回答者 Teacher 针对问题 Q 前 M 个标签的隐性行为变量 LBIBVs（行 5）、倾向性变量 Tendency（行 6）和能力变量 Ability（行 7），利用 LBIBVs、Tendency 和 Ability 之值，使用 RAC 计算出 Teacher $\in$ Teachers 针对 Q 的评分 Score（行 8）；将形成的 (Teacher, Score) 元组加入集合 Answerers（行 10）；最后获取 Answerers 中得分值最高的候选回答者，作为问题 Q 的回答者推荐出来（行 11）。

七、实验分析

1. 基于线性回归模型的实验分析

1）实验数据

从 OOSE 混合课程所使用的在线学习平台上，获取到了相关的问答数据，从中选择 2021 年第二学期的老师、学习者和助教的行为数据作为训练数据，同时选择了 2022 年第二学期的老师、学习者和助教的行为数据作为测试数据。实验过程中过滤掉了不常出现的标签（如出现次数少于等于 3 次的标签）。

2）算法参数设置

对算法参数的设置说明如下。

（1）针对隐性行为变量的计算方法，相关参数设置如下所示。t_{l_1} 设置为 3，t_{l_2} 设置为 5，t_{p_1} 设置为 5，其中 t_{l_1}、t_{l_2} 是划分浏览次数范围的区间值，t_{p_1} 是划分评论次数范围的区间值。

（2）针对倾向性变量的计算方法，相关参数设置如下。将倾向性模型需要计算的连续区间数 N 设置为 3，将倾向性向量的维度设置为 5；将划分回复得分范围的区间值 t_{h_1} 设置为社区评分的均值。

3）评测指标

为了评测本节提出的问题候选回答者推荐算法的有效性，所使用的评测指标公式是

$$\text{Recall\_rate@}N = \frac{\text{Recommend\_}U \cap \text{Reality\_}U}{\text{Reality\_}U} \tag{5.22}$$

$$\text{Precision\_rate@}N = \frac{|\text{Recommend\_}U \cap \text{Reality\_}U|}{\text{Recommend\_}U} \tag{5.23}$$

$$\text{Recall@}N = \frac{\sum_{q=1}^{Q} \text{Recall\_rate@}N}{Q} \tag{5.24}$$

$$\text{Precision@}N = \frac{\sum_{q=1}^{Q} \text{Precision\_rate@}N}{Q} \tag{5.25}$$

$$\text{MAP\_rate@}N = \frac{\sum_i \frac{j}{U\_R\text{Rank}_i}}{\|\text{Reality\_}U\|}$$

$$(i \in (\text{Recommend\_}U \cap \text{Reality\_}U),\quad j \in 1..\|\text{Recommend\_}U \cap \text{Reality\_}U\|) \tag{5.26}$$

$$\text{MAP}@N = \frac{\sum_{q=1}^{Q} \text{MAP\_rate}@N}{Q} \tag{5.27}$$

针对式（5.22）～式（5.27），相关变量的定义如下：推荐的候选回答者集合记为 $\text{Recommend\_}U$；实际的候选回答者集合记为 $\text{Reality\_}U$；实际候选回答者的排序位置记为 $U\_R\text{Rank}_i$。$\text{Recall\_rate}@N$ 为查全率，$\text{Precision\_rate}@N$ 为查准率，$\text{Recall\_rate}@N$ 为所有问题集合 Q 的平均查全率，$\text{Precision}@N$ 为所有问题集合 Q 的平均查准率，排序质量为 $\text{MAP\_rate}@N$，所有问题集合 Q 的平均排序分记为 $\text{MAP}@N$。

4）实验设计与结果分析

（1）实验设计。为了验证在线性回归模型基础上的基于候选回答者隐性行为的回答者推荐算法的有效性，需要考虑候选回答者的隐性行为变量、倾向性变量和能力变量，以及综合考虑多变量因素的有效性，为此本节设计了 4 个消融实验。其中，消融实验 1 的设置目的是分析本节算法考虑隐性行为变量时的有效性；消融实验 2 的设置目的是分析本节算法考虑倾向性变量时的有效性；消融实验 3 的设置目的是分析本节算法考虑能力变量时的有效性；设置消融实验 4 的目的是分析本节算法综合考虑多变量相较于仅考虑单一变量时的有效性，下面对这四个消融实验进行详细说明和分析。

（2）实验分析。第一，针对消融实验 1，所设计两个模型分别为仅使用能力变量的算法（记为模型 1），以及同时使用能力变量和隐性行为变量的算法（记为模型 2）。在所定义的平均查准率、平均查全率和平均排序分这三个评价指标下，对候选回答者推荐问题进行实验，相关结果对比如表 5.14 所示。

表 5.14　消融实验 1 结果对比

对比模型	Precision@N	Recall@N	MAP@N
模型 1（能力变量）	0.149	0.191	0.101
模型 2（能力变量＋隐性行为变量）	0.416	0.591	0.386

由表 5.14 可知，模型 2 在三个评价指标方面，相较于模型 1 有更好的效果，因此模型 2 在推荐候选回答者这一问题应用中的有效性优于模型 1，这也验证了构建在线性回归模型基础上的基于候选回答者隐性行为的回答者推荐算法，因其考虑到了隐性行为变量这一因素，故在候选回答者推荐中变得更加有效。

第二，针对消融实验 2，所设计四个模型分别为模型 1、模型 2、同时使用能力变量和倾向性变量的算法（记为模型 3）及同时使用这三种变量的算法（记为模型 4）。在所定义的三个评价指标下，对候选回答者推荐问题进行实验，相关结果对比如表 5.15 所示。

表 5.15　消融实验 2 结果对比

对比模型	Precision@N	Recall@N	MAP@N
模型 1（能力变量）	0.149	0.191	0.101
模型 2（能力变量 + 隐性行为变量）	0.416	0.591	0.386
模型 3（能力变量 + 倾向性变量）	0.433	0.633	0.337
模型 4（能力变量 + 隐性行为变量 + 倾向性变量）	0.6	0.866	0.418

由表 5.15 可知，模型 3 在所定义的三个评价指标方面，相较于模型 1 有更好的效果；模型 4 在上述三种评价指标方面，相较于模型 2 有更好的效果。因此模型 3 在推荐候选回答者这一问题应用中的有效性优于模型 1，模型 4 在推荐候选回答者这一问题应用中的有效性优于模型 2，这也验证了本节在线性回归模型基础上的基于候选回答者隐性行为的回答者推荐算法，因考虑到倾向性变量这一因素之后，在候选回答者推荐之中更加有效。

第三，针对消融实验 3，本节所设计六个模型分别为仅使用隐性行为变量的算法（记为模型 5）、模型 2、仅使用倾向性变量的算法（记为模型 6）、模型 3、同时使用隐性行为变量和倾向性变量的算法（记为模型 7）和模型 4，在所定义的三个评价指标下，对候选回答者推荐问题进行实验，相关结果对比如表 5.16 所示。

表 5.16　消融实验 3 结果对比

对比模型	Precision@N	Recall@N	MAP@N
模型 2（能力变量 + 隐性行为变量）	0.416	0.591	0.386
模型 3（能力变量 + 倾向性变量）	0.433	0.633	0.337
模型 4（能力变量 + 隐性行为变量 + 倾向性变量）	0.6	0.866	0.418
模型 5（隐性行为变量）	0.383	0.55	0.391
模型 6（倾向性变量）	0.366	0.574	0.301
模型 7（隐性行为变量 + 倾向性变量）	0.516	0.758	0.377

由表 5.16 可知，在考虑能力变量的前提下，模型 4 相较于模型 7 在所定义的三个指标方面均明显取得了更好分数，这说明模型 4 在有效性方面的表现最好；模型 3 在上述三种评价指标上的表现优于模型 6；模型 2 的

平均查全率和平均排序分指标均高于模型 5，只有平均查准率略低于模型 5，也可以认为模型 2 相较于模型 5 取得了更佳的实验效果。因此在推荐候选回答者这一问题应用中，模型 2 的效果优于模型 5，模型 3 的效果优于模型 6，模型 4 的效果优于模型 7，本节从三个种评价指标上验证了本节算法考虑能力变量的有效性。

第四，针对消融实验 4，本节所设计七个模型分别为模型 1、模型 5、模型 6、模型 2、模型 3、模型 7 和模型 4。在所定义的三个评价指标下，对候选回答者推荐问题进行实验，相关结果对比如表 5.17 所示。

表 5.17　消融实验 4 结果对比

对比模型	Precision@N	Recall@N	MAP@N
模型 1（能力变量）	0.149	0.191	0.101
模型 2（能力变量＋隐性行为变量）	0.416	0.591	0.386
模型 3（能力变量＋倾向性变量）	0.433	0.633	0.337
模型 4（能力变量＋隐性行为变量＋倾向性变量）	0.6	0.866	0.418
模型 5（隐性行为变量）	0.383	0.55	0.391
模型 6（倾向性变量）	0.466	0.674	0.401
模型 7（隐性行为变量＋倾向性变量）	0.516	0.758	0.377

由表 5.17 可知，模型 1、模型 5、模型 6 使用仅考虑单一变量的算法，它们在所定义的三个评价指标方面的表现均相对较差；模型 2、模型 3、模型 7 分别使用结合两个变量的算法，它们在各项指标上的表现均优于使用单变量的模型，但仍未取得最佳的实验效果；模型 4 综合考虑 3 个变量，即由于基于候选回答者隐性行为的回答者推荐算法使用了线性回归模型，在上述三种评价指标上均取得了较好的实验结果。因此本节消融实验综合考虑多变量相较于仅考虑单一变量更加有效。

（3）实验结论。本节针对线性回归模型基础上的基于候选回答者隐性行为的回答者推荐算法，通过 4 个消融实验，可以得出以下结论：①考虑了能力变量的回答者推荐算法有效；②考虑了隐性行为变量的回答者推荐算法有效；③考虑了倾向性变量的回答者推荐算法有效；④综合考虑多变量因素的回答者推荐算法有效；⑤回答者推荐算法在实际候选回答者推荐问题中取得了较好的推荐效果。

2. 基于贝叶斯多元回归模型的实验分析

（1）实验数据和评测指标。基于贝叶斯多元回归模型所使用的实验数据和评测指标与前文相同。

（2）算法参数设置。对算法参数的设置说明如下：①针对隐性行为变量和倾向性变量的计算方法，相关参数设置与前文相同；②将算法的回归值映射到[0, 10]区间。

（3）实验设计。相较于使用线性回归模型（记为 LR-RM），进行此实验的目的是验证贝叶斯多元回归视角下的基于候选回答者隐性行为的回答者推荐模型（记为 BYSR-RM）的有效性。所用的评价指标为平均查准率 Precision@*N*、平均查全率 Recall@*N* 和平均排序质量 MAP@*N*，相关结果对比如表 5.18 所示。

表 5.18 两个模型的实验结果对比

对比模型	Precision@*N*	Recall@*N*	MAP@*N*
线性回归模型	0.6	0.866	0.418
贝叶斯多元回归模型	0.797	0.753	0.75

（4）实验结果。本实验验证了 BYSR-RM 的有效性，说明本节算法在实际候选回答者推荐问题中取得了较好的推荐效果。

3. 基于卷积神经网络的候选回答者模型（算法）的实验分析

1）实验数据与评测指标

基于卷积神经网络的候选回答者模型所使用的实验数据和评测指标与前文相同。

2）算法参数设置

本实验基于 TensorFlow 框架，TensorFlow 库包含了基本的深度学学习算法，此外还需要用到数组处理库 Numpy、机器学习算法库 Sklearn 等，采用 Adam 优化算法更新权重，采用 ReLU 作为卷积层的激活函数，其他主要参数设置如表 5.19 所示。

表 5.19 参数设置

参数	值
n（卷积核个数）	128
m（卷积核大小）	3，4，5
dropout（丢弃率）	0.5
batch size（批大小）	64

3）实验设计与结果

为了验证卷积神经网络视角下的基于候选回答者隐性行为的回答者推荐模型 RAC-RM 的有效性，对 LR-RM、BYSR-RM 和 RAC-RM 这 3 种模型进行了对比实验。所用的评价指标为平均查准率 Precision@*N*、平均查全率 Recall@*N* 和平均排序质量 MAP@*N*，相关结果对比如表 5.20 所示。

表 5.20　三个模型的实验结果对比

模型	指标		
	Precision@*N*	Recall@*N*	MAP@*N*
线性回归推荐模型（LR-RM）	0.6	**0.866**	0.418
贝叶斯多元回归推荐模型（BYSR-RM）	0.797	0.753	0.75
基于卷积神经网络推荐模型（RAC-RM）	**0.855**	0.814	**0.83**

注：黑体表示最大值。

4）实验分析

由表 5.20 可知，三组模型整体上在测试集上均取得了不错的推荐效果，其中线性回归模型（LR-RM）在平均查全率上取得了最好的效果，这体现了在数据量较小的情况下，简单的模型更具优势；卷积神经网络模型（RAC-RM）在测试集上的综合表现最优，在平均查准率、平均排序质量这 2 个衡量指标上达到了最高，在本次实验中获得了最优的效果，验证了该模型可以更加精确地提取特征，更适合本节的候选回答者推荐工作。

八、小结

本节提出了基于候选回答者隐性行为的问题回答者推荐算法，主要包括基于标签的隐性行为变量能够充分地获取候选回答者的整体行为特征，从而找到潜在回答者；所设计的倾向性模型利用循环神经网络对开发的短期兴趣进行预测，可以很好地预测候选回答者的主观倾向性；所设计的能力模型可对候选回答者的能力进行度量。在这些变量计算的基础上，分别使用线性回归模型、贝叶斯多元回归模型和卷积神经网络等模型，实现了一种基于候选回答者隐性行为的问题回答者推荐算法，并在相同实验场景下进行实验，验证了本节模型的有效性。

参考文献

[1] Siemens G. Learning and knowledge analytics-knewton the future of education?. [2017-01-17]. https://www.learning- analytics.net/? p = 126.

[2] 魏雪峰，宋灵青. 学习分析：更好地理解学生个性化学习过程——访谈学习分析

研究专家 George Siemens 教授. 中国电化教育，2013（9）：1-4.
[3] 武法提，牟智佳. 电子书包中基于大数据的学生个性化分析模型构建与实现路径. 中国电化教育，2014（3）：63-69.
[4] 白雪，赵蔚，姜强，等. 基于标签的教育资源管理与推荐模型构建——来自社会化标注网站的启示. 现代教育技术，2014，24（5）：96-102.
[5] 赵佳男，王楠. 数字学习资源推荐技术研究现状及趋势分析. 北京邮电大学学报（社会科学版），2014，16（6）：90-96.
[6] 姜强，赵蔚，王朋娇，等. 基于大数据的个性化自适应在线学习分析模型及实现. 中国电化教育，2015（1）：85-92.
[7] 杨进中，张剑平. 基于社交网络的个性化学习环境构建研究. 开放教育研究，2015，21（2）：89-97.
[8] Li X，Li X，Tang J，et al. Improving deep item-based collaborative filtering with bayesian personalized ranking for MOOC course recommendation. International Conference on Knowledge Science，Engineering and Management，Cham，2020：247-258.
[9] Chatti M A，Dakova S，Thüs H，et al. Tag-based collaborative filtering recommendation in personal learning environments. IEEE Transactions on Learning Technologies，2013，6（4）：337-349.
[10] Pazzani M J，Billsus D. Content-based Recommendation Systems. Berlin：Springer，2007.
[11] Chang P C，Lin C H，Chen M H. A hybrid course recommendation system by integrating collaborative filtering and artificial immune systems. Algorithms，2016，9（3）：47.
[12] Tarus J K，Niu Z，Mustafa G. Knowledge-based recommendation：A review of ontology-based recommender systems for e-learning. Artificial Intelligence Review，2018，50（1）：21-48.
[13] 刘方爱，王倩倩，郝建华. 基于深度神经网络的推荐系统研究综述. 山东师范大学学报（自然科学版），2021，36（4）：325-336.
[14] 岳俊芳，陈逸. 基于大数据分析的远程学习者建模与个性化学习应用. 中国远程教育，2017（7）：34-39.
[15] 叶俊民，黄朋威，罗达雄，等. 一种基于 HIN 的学习资源推荐算法研究. 小型微型计算机系统，2019，40（4）：726-732.
[16] 叶俊民，赵丽娴，罗达雄，等. 基于学习者求助行为的论坛回答者推荐研究. 小型微型计算机系统，2019，40（3）：493-498.
[17] 赵呈领，陈智慧，黄志芳. 适应性学习路径推荐算法及应用研究. 中国电化教育，2015（8）：85-91.
[18] 赵铮，李振，周东岱，等. 智慧学习空间中学习行为分析及推荐系统研究. 现代教育技术，2016，26（1）：100-106.
[19] 李海峰，王炜. 人工智能支持下的智适应学习模式. 中国电化教育，2018（12）：88-95，112.
[20] 钟卓，钟绍春，唐烨伟. 人工智能支持下的智慧学习模型构建研究. 电化教育研究，2021，42（12）：71-78，85.
[21] 刘敏，郑明月. 智慧教育视野中的学习分析与个性化资源推荐. 中国电化教育，

2019（9）：38-47.

[22] 尹婷婷，曾宪玉. 深度学习视角下图书馆馆藏资源推荐模型设计与分析. 现代情报，2019，39（4）：103-107，124.

[23] 郝祥军，顾小清. 基于协商的学伴推荐：自适应学习的社会性发展路向. 中国远程教育，2021（8）：51-59，75，77.

[24] 黄昌勤，俞建慧，王希哲. 学习云空间中基于情感分析的学习推荐研究. 中国电化教育，2018（10）：7-14，39.

[25] Fazeli S，Drachsler H，Sloep P. Applying Recommender Systems for Learning Analytics：A Tutorial. New York：Solar，2017.

[26] Manouselis N，Drachsler H，Vuorikari R，et al. Recommender Systems in Technology Enhanced Learning. New York：Springer，2010：387-415.

[27] Tang S，Peterson J，Pardos Z. Predictive Modelling of Student Behaviour Using Granular Large-Scale Action Data. Berlin：Springer，2017：223-233.

[28] Huayue C. The study on interesting mining based on topic model for web educational resource recommendation. Advances in Information Sciences and Service Sciences，2012，4（2）：275-281.

[29] Salehi M. Application of implicit and explicit attribute based collaborative filtering and BIDE for learning resource recommendation. Data and Knowledge Engineering，2013，87（5）：130-145.

[30] Liang T，Li C，Li H. Top-*k* learning resource matching recommendation based on content filtering PageRank. Computer Engineering，2017，43（2）：220-226.

[31] Sun G，Cui T，Beydoun G，et al. Towards massive data and sparse data in adaptive micro open educational resource recommendation：A study on semantic knowledge base construction and cold start problem. Sustainability，2017，9（6）：898.

[32] 程岩. 在线学习中基于群体智能的学习路径推荐方法. 系统管理学报，2011，20（2）：232-237.

[33] 付芬，豆育升，韩鹏，等. 基于隐式评分和相似度传递的学习资源推荐. 计算机应用研究，2017，34（12）：3725-3729.

[34] 李浩君，张广，王万良，等. 基于多维特征差异的个性化学习资源推荐方法. 系统工程理论与实践，2017，37（11）：2995-3005.

[35] 丁继红，刘华中. 大数据环境下基于多维关联分析的学习资源精准推荐. 电化教育研究，2018，39（2）：53-59.

[36] 姜宇，张大方，刁祖龙. 基于点击流的用户矩阵模型相似度个性化推荐. 计算机工程，2018，44（1）：219-225.

[37] 黄朋威. 基于 HIN 的自适应学习推荐方法研究. 武汉：华中师范大学，2018.

[38] 孙艺洲，韩家炜. 异构信息网络挖掘：原理和方法. 段磊，朱敏，译. 北京：机械工业出版社，2017.

[39] Farzan R，Brusilovsky P. AnnotatEd：A social navigation and annotation service for web-based educational resources. New Review of Hypermedia and Multimedia，2008，14（1）：3-32.

[40] 刘坤佳，李欣奕，唐九阳，等. 可解释深度知识追踪模型. 计算机研究与发展，2021，58（12）：2618-2629.

[41] Piech C，Bassen J，Huang J，et al. Deep knowledge tracing. Advances in Neural Information Processing Systems，2015：505-513.

[42] 赵建华，李克东. Web 环境下协作学习系统开发的现状及趋势（上）. 电化教育研究，2004，25（1）：31-34.

[43] 郑捷. 机器学习算法原理与编程实践. 北京：电子工业出版社，2015.

[44] 林家兴，王丽文. 心理咨询与治疗实务. 北京：化学工业出版社，2009.

[45] Bhat V，Gokhale A，Jadhav R，et al. Min(e)d your tags：Analysis of question response time in stackoverflow. 2014 IEEE/ACM International Conference on Advances in Social Networks Analysis and Mining，Beijing，2014：328-335.

[46] Greer J E，Mccalla G，Collins J A，et al. Supporting peer help and collaboration in distributed workplace environments. International Journal of Artificial Intelligence in Education，1998，9：159-177.

[47] Greer J，McCalla G，Cooke J，et al. The intelligent helpdesk：Supporting peer-help in a university course. International Conference on Intelligent Tutoring Systems，Berlin，1998：494-503.

[48] Vassileva J，Greer J，McCalla G，et al. A multi-agent approach to the design of peer-help environments. Proceedings of AIED，Le Mans，1999：38-45.

[49] Tian Y，Kochhar P S，Lim E P，et al. Predicting best answerers for new questions：An approach leveraging topic modeling and collaborative voting. International Conference on Social Informatics，Berlin，2013：55-68.

[50] Robillard M P，Walker R J. An introduction to recommendation systems in software engineering. Recommendation Systems in Software Engineering，Berlin，2014.

[51] Xia X，Lo D，Wang X，et al. Accurate developer recommendation for bug resolution. 2013 20th Working Conference on Reverse Engineering，Koblenz，2013：72-81.

[52] Tang J，Wu S，Sun J，et al. Cross-domain collaboration recommendation. Proceedings of the 18th ACM SIGKDD International Conference on Knowledge Discovery and Data Mining，Beijing，2012：1285-1293.

[53] Mao K，Yang Y，Wang Q，et al. Developer recommendation for crowdsourced software development tasks. 2015 IEEE Symposium on Service-Oriented System Engineering，San Francisco，2015：347-356.

[54] Ishola O M，McCalla G. Personalized tag-based knowledge diagnosis to predict the quality of answers in a community of learners. International Conference on Artificial Intelligence in Education，Cham，2017：113-124.

[55] Elalfy D，Gad W，Ismail R. A hybrid model to predict best answers in question answering communities. Egyptian Informatics Journal，2018，19（1）：21-31.

[56] Li F，Villani M. Efficient Bayesian multivariate surface regression. Scandinavian Journal of Statistics，2013，40（4）：706-723.

[57] Xie X Q，Yang X C，Wang B，et al. Multi-feature fused software developer recommendation. Journal of Software，2018，29（8）：2306-2321.

[58] Niu W，Zhang H. A preference-based recommendation method with fuzzy comprehensive evaluation. Intelligent Decision Technologies，2014，8（3）：179-187.

[59] Corrin L，de Barba P G，Bakharia A. Using learning analytics to explore help-seeking

learner profiles in MOOCs. Proceedings of the 7th International Learning Analytics and Knowledge Conference，Vancouver，2017：424-428.
[60] Bottou L. Large-scale machine learning with stochastic gradient descent. Proceedings of COMPSTAT'2010，Paris，2010：177-186.
[61] 欧阳剑，曹红兵. 基于联机公共检索目录的读者隐性信息行为个性化书目推荐引擎构建. 情报理论与实践，2012，35（11）：117-120.
[62] 赵虎，余小鹏. 电子商务推荐系统中用户建模研究——基于用户隐性行为分析的视角. 商业经济，2013（16）：67-69.
[63] 李裕礞，练绪宝，徐博，等. 基于用户隐性反馈行为的下一个购物篮推荐. 中文信息学报，2017，31（5）：215-222.
[64] 张岩. 基于 Spark 框架的电商实时推荐系统的设计与实现. 信息记录材料，2022，23（3）：87-89.
[65] Rendle S，Freudenthaler C，Schmidt-Thieme L. Factorizing personalized Markov chains for next-basket recommendation. Proceedings of the 19th International Conference on World Wide Web，Raleigh，2010：811-820.
[66] 罗达雄，叶俊民，廖志鑫，等. 基于隐性行为的问题解决者推荐算法研究. 小型微型计算机系统，2019（3）：6.
[67] Greff K，Srivastava R K，Koutník J，et al. LSTM：A search space odyssey. IEEE Transactions on Neural Networks and Learning Systems，2016，28（10）：2222-2232.
[68] 谢新强，杨晓春，王斌，等. 一种多特征融合的软件开发者推荐. 软件学报，2018，29（8）：2306-2321.
[69] 徐逸舟，林晓，陆黎明. 基于分层式 CNN 的长文本情感分类模型. 计算机工程与设计，2022，43（4）：1121-1126.

第六章　基于短文本学习分析的评测研究与应用

第一节　引　　言

评测（或评价）是主体以事实为依据，在先验价值信念和价值目标驱动之下，推断客体的地位与作用的活动，该活动是一种建立在实践活动基础之上的认识活动，可以用于实际教学活动中，是教育工作者深层次的教学思想实例化的一种体现[1]。

在进一步研究基于短文本学习分析之评测的相关问题之前，先从教学与学习两个视角考察评测研究方面的情况。

一、教学评测

在理论研究方面，相关工作包括：文献[1]建议引入多元智力、构建主义和后现代主义等理论，从不同视角判断每一位学习者，帮助学习者将其优势智力领域品质向其他智力领域迁移，从而既能做到因材施教和个性化教学，也能做到在自我学习动机驱动下的主动知识构建，同时在课堂教学中建立以学习者为中心、教师自评为引领者的环境与氛围，采用注重过程而非简单注重最终结果的策略，以支持学习者所进行的各种有益学习探索，最终形成新的课堂教学评测观。

教学评测的发展可分为起步、正规化和深入研究三个阶段[2]。文献[3]提出教学评测应该从投入导向的评测转向产出导向评测，即形成促进学习者发展的教学评测，其所关注的是学习者高阶思维能力的发展、重视学习过程的评测、关注主体评测多元化和评测方式多样性。文献[4]针对传统教学评测标准存在的局限性，以构建主义理论为依据，提出了课堂教学评测指标。在评测方法方面，文献[5]提出了一种基于皮亚杰发展阶段学说的可观测学习结果的结构 SOLO 分类法的评测理论。在实践环节上，评测涉及了课堂中的教学过程评测、获得性成绩评测等方面。

二、学习评测

1. 理论研究环节

在理论研究方面，相关研究工作如下：文献[6]基于自我调控理论研究了新型冠状病毒（Corona Virus Disease 2019，COVID-19）疫情期间的自我效能感、资源管理和学习投入之间的结构关系，通过一个非抑郁组和一个中高等级抑郁组之间的对比，考察了抑郁水平是否会影响调节因素间的结构关系，根据对学习者抑郁情况的定期监控，帮助疫情期间的学习者改善学习投入。文献[7]发现在混合学习模式下自我调节、教学存在和社会存在对学习者的学习投入和持久性预测有显著的作用。进一步的研究表明，教学互动和物理环境对促进学习者学习投入最为关键[8]，如数字化学习环境可进一步提升学习者在上课时的参与度与投入度[9]，而在评测这一环节中，学习分析技术将起到重大作用[10]。

国内研究的主要关注点如下：文献[11]从自主学习视角研究了学习结果的评测（测量）问题，通过自主学习的测量结果验证了部分理论分析结论，并分析和解释了教育干预的效果。文献[12]针对网上学习环境，构建了评测模型和指标体系，开发了一种标准化的网上学习环境测评量表。文献[13]从教学法视角针对慕课（MOOC）同伴互评模型的设计进行了研究。文献[14]认为学习投入、学习力、学习效率等因素和学习品质会对学习者的学习成绩获得与坚持度等方面产生重要影响。此外，不同的研究者还在学习行为投入评测框架[15]、学习投入评测模型[16]、学习力评测[17]和学习效率评测[18]等方面展开了广泛的研究。最新工作还包括了在高等教育背景下，了解以学习目标的感知价值为中介的相关预测研究，以期预测学习者的在线自主学习投入[19]、教学存在对网络课程学习投入的影响[9]等。

2. 评测方法方面

在评测方法方面，文献[11]从两个视角针对自主学习评测开展了研究。首先，将自主学习视为一种能力，评测该能力所采用的主要方法有问卷调查法、访谈法和教师评定法；其次，可将自主学习视为一种学习活动，其评测方法主要有出声思维评测法、错误检测法、轨迹分析法和行为观察法。文献[11]进一步认为，在这两种视角下所枚举出的方法可互为补充。文献[13]提出一种网上学习环境下的评测模型和指标体系开发步骤，除了前期收集资料和进行调研等环节，该开发步骤的核心环节还包括设计网上学习环境的维度和指标体系，以及进行效度论证和信度测量，构建评测模型及指标。该成果可为网上评学工作提供基于量表的评测方法。

近年来，由于在线学习的不断发展，研究者特别关注了线上学习者学习投入评测方面的研究，这些研究涉及基于模型集成的在线学习投入评测方法[20]、多模态数据[21]和采用学习管理系统（learning management system，LMS）数据视角下的学习投入测评[16]等方面。其中，文献[20]依据学习过程中产生的视频图片和鼠标点击流数据，基于卷积神经网络和 BP（back propagation）神经网络等构建自动评测模型，对学习者的在线学习投入水平进行了评测。文献[21]借助脑科学、教育神经科学等方面的技术手段，对来自交互情景中的行为分析、单模态传感器与多模态传感器三个维度的数据进行了采集与处理，从学习者外部行为表现、认知过程与内部生理视角等方面说明了学习投入的机理，为相关现象的解释和进一步的干预提供了支持。文献[16]在研究 LMS 中记录的行为变量对远程学习投入预测的基础上，以课程为控制变量，基于多层回归分析法构建了远程学习者的总体学习投入模型和针对认知、情感和行为投入的评测模型。进一步的研究工作除了继续探讨学习者的学习投入评测，还应关注到学习者能力评测及其对学习投入的影响。

随着人工智能模型在评测方法研究方面的不断渗透，除了已知的神经网络模型方法，动态知识图谱等技术也开始与学习评测进行广泛和深入的融合[22]。在相关的研究中，结构方程模型[7]和数字白板技术[23]也被广泛地应用，同时，近年来出现的学习分析技术在此研究领域也发挥着关键性作用[24-29]。

3. 实践与应用环节

国外学习评测的应用情况包括：一方面，该领域应用经历了标准化应用，一个代表性实例是文献[29]提到了在中小学阶段的学习者学习质量评测应用中，广泛地采用了诸多评测标准，不仅有全球性测评体系 PISA 和 TIMSS，还有美国的 NAEP 测验、英国的 Kassel 测验、日本的学力测验和法国的诊断性测验等区域性测评体系；另一方面，该领域的应用呈现出多样化特点，相关实例如针对特定领域中的学习投入实证，具体应用包括护士专业学习者在网上学习投入情况评测[25]、采用开放情境化的混合式学习框架以增强医学物理专业学习者的学习投入情况的评测[26]，以及对比混合式与非混合式学习情境下的学习者投入水平[27]等。此外，相关研究还表明，改善教学环境可以提升学习者的学习投入，如通过数字化学习环境的设计可以提升学习者的课堂参与度[10]；开发新的工具（如基于脑电的学习者学习投入监测与测量系统）以更好地度量学习者的学习投入状态[28]等。

国内学习评测的应用情况可概述如下：一方面，将该领域的国外标准本地化并应用到我国的教育质量监控体系建设中[29]；另一方面，该领域在国内的应用也呈现出多样化趋势并取得了一定的成效[16, 20, 21]。

随着学习分析技术的不断发展与进步，研究与应用工作在纵深方向不断取得进步。文献[30]针对自适应学习系统中的个性化学习路径生成评测展开了研究，其目的是对不同特征的学习者所推荐的学习路径的适配性效果进行评测等，其他应用领域还涉及针对学习者学习能力的评测[12-17]、针对学习者学习效率的评测[18]和学习者满意度评测[31]等方面。为了消除现有同伴互评中所存在的缺陷，文献[19]从教育技术应用视角定义了同伴评分、专家扮演同伴互评、社交网络同伴互评、跨文化同伴互评和批判性同伴互评五种模型，并在信度、专业水平和时间视角下，对MOOC环境下的学习者学习测评实践进行了有益实验尝试。文献[32]考察了在线专业学习社区中教师的动机信念、动机调控与学习投入之间的关系。

总之，上述研究为本节的基于短文本学习分析的评测研究奠定了基础。

三、学习效果评测中的基本方法

目前的学习效果评测方法并不完善，已有的评测方法都有各自优势，使用一种方法对学习效果进行评测只能在某些方面获得较好的评测结果。因此，如何构建一种基于多种评测方法的综合评测系统，以发挥各种评测方法的优势，实现对学习效果的全面评测，这是一个非常值得进一步研究的问题。

下面简述本章将使用的部分学习效果评测的基本方法。

1. 网络分析法

本节所采用的网络分析方法主要包括社会网络分析（SNA）和认知网络分析（ENA）。其他方法还有关联关系分析方法（该方法考虑了从属关系、交互行为和信息共享等内容）、过程导向的互动分析方法（其包括日志分析、行为模式分析和序列分析等内容）和内容导向分析方法等。其中，内容导向分析方法涉及传统的人工编码方法、自动文本分类（如词袋模型和主题模型等）和网络文本分析等[33-43]。

SNA针对所构建的学习者之间关系，使用特定的特征值（如点度中心度、接近中心度、中间中心度、特征向量中心度等）来量化表征并分析个体学习者和学习者团队的社交特征，以解释学习者及其所在团队之间相互作用时的相关现象。文献[33]和[34]的研究表明，SNA的部分特征值与学习者的成绩、创新能力和团队意识等结果正相关。

基于认知框架理论和分析话语技术的ENA可以用于预测应用，其中认知框架理论[35-39]模拟了部分应用场景下学习者的思维方式、行为方式和存在方式[40, 41]。

基于社会认知网络特征（SENS）的学习者能力评测模型[42, 43]融合了SNA 和 ENA 两种分析方法，可从认知领域、人际领域和自我领域三大维度实施分析，其中主要的数据采集手段是基于问卷、测试题和访谈等静态数据采集方式，并根据这些数据进行学习效果分析。近年来该领域逐步开始关注对教育深度学习中的动态过程和综合分析方面的研究。

2. *层次分析法*（AHP）

层次分析法是一种采用了定性和定量相结合的分析方法，该方法具有系统性和层次化的特点[44]。该分析法可以应用在缺少样本数据的情况下，即研究者凭主观经验对被测对象的相关指标权重进行赋值，以解决该被测对象中部分定性的模糊指标需做判断的问题。据此，根据层次分析法可以确定被测对象中的综合指标权重，以解决复杂多目标的决策问题。

该方法的主要步骤如下[44]：①建立判断矩阵 $\boldsymbol{A}$，依次判断每两个指标的相对重要程度，按照相对重要性给出 1～9 的评分等级；②将判断矩阵 $\boldsymbol{A}$ 做标准化处理；③按行加总再次标准化后可以得到权重矩阵 $\boldsymbol{W}_i$；④对赋权指标结果能否通过一致性检验进行判断，即当需要赋值指标过多时，基于主观判断的两两比较方法可能会存在矛盾或不一致的情况，这时需要对权重进行一致性检验，其中所构建的一致性比率指标 CR 的计算公式是

$$\mathrm{CR}=\frac{\mathrm{CI}}{\mathrm{RI}}=\frac{(\lambda_{\max}-n)\big/(n-1)}{\mathrm{RI}} \tag{6.1}$$

式中，$\lambda_{\max}$ 为带有偏差的最大特征值；n 为指标数量；RI 为标准值。若一致性指标满足 CR ＜ 0.1，则表明主观判断的不一致程度较小，即可认为该赋权结果通过了一致性检验[44]。

四、小结

在评测内容方面，已有研究表明学习者的知识和能力同样重要。因此，本书充分考虑了学习者的知识和能力两个方面的评测内容，具体地，在本节的后续小节中，提出了 OOSE 的知识体系框架与能力框架、基于 ICAP 和 CP 框架融合框架下的认知投入分析模型、学习者团队的学习投入度评测模型，以及 OOSE 学习者的深度学习能力框架，既探究了学习者知识掌握情况，又分析了学习者的能力提升情况，旨在全面刻画学习者特征。

此外，国内外在学习效果评测等领域应用经历了相似的标准化过程，相关应用研究具有多样性特点。同时，国内在标准化历程中除了借鉴国外相关成功做法和经验，还进行了本地化处理[29]。然而，虽然在教与学评测的研究

与应用方面取得了丰富成果，但该领域依然存在评测主客体单一、方式传统、内容浅显、作用甚微等方面的问题[1]，这种将评测本身作为目标的做法，很难促进教学过程的改革、难以真正提高教育质量和改善学习者的学习效果，更难对个体与团队下的学习者认知投入和深度学习能力加以评测。为此，本章将针对短文本学习分析的评测和应用等多个视角，将分别研究融合 ENA 预测方法和机器学习预测方法的学习者成绩预测、基于 ICAP 和 CP 融合框架的学习者认知投入评测、学习者团队学习投入及其成绩之间关系的评测，以及学习者深度学习能力的评测等方面的问题，这些问题在认知理论研究领域具有价值，且对现实中的教学改革有指导意义。

第二节 基于 ENA 预测方法和机器学习方法预测学习者成绩的研究

对学习者的学业成绩进行预测有很多应用场景，如指导教师改进其教学过程及相关环节，依据预测的结果进行学习资源、学习路径和问题回答者等方面的推荐，甚至可以认为预测是进行评测研究与应用的基础之一，故该问题的研究具有显著的应用价值。

近年来，学习者成绩预测问题的研究与应用在不断深入[45]，具体描述如下。在理论研究方面，既有预测框架设计研究[46]，也有对学习结果预测的内容解析与设计取向方面的研究[47]。在应用方面，既有通过对课程或学习者学业成绩的预测实现教学反思[48]、校正课程教学[49]方面的应用，也有通过针对学习者的成绩预测实施教学干预[50, 51]等方面的应用。在学业成绩预测方法方面，既有传统统计方法，也有教育数据挖掘[52]、机器学习[53, 54]或神经网络[55]等方法。在研究中所采用的数据方面，既有传统课堂或混合课堂中的数据，也有 MOOC 背景中的数据[56, 57]和云空间数据[58]。这些研究与应用表明，学习分析视域下的学习预测研究与应用有着广阔的前景[49-59]。

ENA 是民族志方法中的一种定量方法[60]，主要应用在衡量和可视化复杂的协作性思维和问题求解方面。同时，ENA 也是一种心理测量工具，它提出所给定窗口内的对话在主题上关联紧密，而不在同一窗口内的对话在主题上关联不大[61]，据此可以根据学习者的对话流或动作中所建立的联系实现对学习者进行建模，通过量化随时间变化的已定义对话窗口内的共现元素，识别和评估编码对话元素之间的关联。

基于短文本对话流，ENA 提供了关于学习者及其学习过程的丰富信息，但很少有研究将 ENA 运用到解决学习者成绩预测这一问题中，本节之所以考虑这个研究问题，主要是因为这种方法与人工预测过程比较接近，这样可以将人工预测方法与机器学习方法进行对比，以发现这两种方法各自的优缺点，并在一定程度上据此考虑将这两种方法进行融合，使融合后的方法能够兼顾这两种方法的优点。

正因为基于ENA的学习者成绩预测方法研究有限，这意味着针对该方法如何进行学习者成绩预测的研究与应用还存在着许多挑战，比如，如何基于ENA预测学习者成绩，该方法与基于机器学习预测学习者成绩的方法相比效果如何，以及如何进一步融合这两种方法以更好地支持预测应用等，这些问题还需要进一步研究。

接下来，基于ENA框架和机器学习模型，针对OOSE混合课程下的团队协作学习中的对话流文本（短文本），探讨与学习者成绩预测相关的问题。

一、问题定义

本节将研究基于ENA预测学习者成绩的方法（称为ENA预测方法）、基于机器学习预测学习者成绩的方法（称为机器学习预测方法）及将ENA预测方法与机器学习预测方法相融合的学习者成绩预测方法（称为基于融合策略的预测方法），下面先给出这三个问题的定义描述。

定义6.1　ENA预测方法。

输入：知识体系框架与能力框架下的编码数据集D。

输出：学习者预测成绩y。

在此问题求解过程中，预测人员通过分析学习者的认知网络图，以评定学习者所在团队的成绩。

定义6.2　机器学习预测方法。

输入：所有学习者团队的特征表征X。

输出：学习者预测成绩y。

其中，输入X包含学习者i的对话流信息$\mathrm{ST}^t(i)$、人口统计信息$g^t(i)$和学习行为信息$b^t(i)$。

定义6.3　基于融合策略的预测方法。

输入：知识体系框架与能力框架下的编码数据集D；所有学习者团队的特征表征X。

输出：学习者预测成绩y。

基于上述定义，一种可行的研究思路是分别探索ENA预测方法和机器学习预测方法，并通过对这两种方法的优缺点进行分析，进一步提出融合这两种方法的学习者成绩预测方法；在此基础上，再分别将ENA预测方法和基于机器学习的预测方法作为对比实验中的基线方法，与融合后的学习者成绩预测方法进行对比，据此思路的 3 个具体研究问题描述如下。

问题 RQ6.1：认知网络分析法（即 ENA）是否能用于预测学习者成绩？如何预测？预测效果如何？

问题 RQ6.2：通过对比与验证，确定 ENA 预测方法和机器学习预测方法各自的优缺点是什么？

问题 RQ6.3：采用 ENA 与机器学习融合方法，是否可以达到更好的预测效果？

二、研究基础

1. 认知框架理论

认知框架理论（EFT）认为每个专业领域的实践共同体都包含各自的思维方式、认知方式和问题解决方式，这是一种专业认知框架，该框架由知识、技能、身份、价值观和决策方式五个部分相互连接而成[61]，即具有相同知识、技能、价值观和决策方式的一类人属于同一个实践共同体，这类人具有他们独立观察世界的方式，如做 Web 应用的后端系统开发的程序员，他们都掌握了相似的知识与技能，在后端系统实现层面上，他们看待和处理相关问题时具有相似的态度、方法、思维习惯，甚至是说话方式，这意味着能够通过他们之间的对话流文本（短文本）来了解和判断这些人员的知识与技能等方面的结构和水平。

学习者在某一领域内具有特定的认知框架，这为在相应领域评价学习者的认知结构和水平提供了基础，而学习者在思考和解决问题的过程中，认知框架理论会将其内在的、隐含的知识与技能等潜在信息，以话语（短文本）形式呈现出来，这为进一步研究提供了线索和帮助。

2. ENA 的原理与建模步骤

一方面，ENA 在教育实践（如针对学习者短文本的学习分析）方面的应用建立在 EFT 的建模和分析的基础上，这包括了教育实践领域中与认知活动相关的认知参与者信息，即 EFT 是认知度量与评估活动中的理论基础；另一方面，ENA 是 EFT 指导之下的一项具体技术或方法，即 ENA 提供了一种度量或评估复杂思维和解决问题能力的方法[60-63]。

对于一个待使用 EFT 评估的项目、活动、某种技能或能力等，EFT 建议使用 ENA 来表征和评估认知参与者的高级思维和解决问题能力的演化过程，如使用 ENA 建模社区或领域中的各个元素及其关联，以评估学习者参与对话过程中的对话流文本（短文本），因为这些文本表征了学习者在解决复杂设计问题时的想法[60-63]。

1）ENA 模型原理

基于文献[60-63]，描述 ENA 模型的工作原理如下所示。首先，确定编码数据中出现的邻接矩阵；其次，将每个邻接矩阵转换为邻接向量；然后，将所有邻接向量相加得到累积邻接向量；在此基础上做归一化处理，将归一化的累积邻接向量投影到一个高维认知网络空间中，从而可以将认知框架元素编码之间的相似共现模式定位在最接近的位置上；再执行奇异值分解（SVD），以实现对高维认知空间的降维处理，这可最大限度体现出数据之间的差异，SVD 分析将这个高维认知网络空间中的数据结构分解为一组不相关的成分，并从中选出主要维度（如从 SVD 生成的 289 个维度中，根据需要选择出两个最主要维度），以捕获数据中的最大差异并提供有用的解释。

2）基于 ENA 应用的建模过程

基于 ENA 应用的建模过程如下[60-63]：①将数据集划分成节；②创建邻接矩阵；③将邻接矩阵转换为邻接向量；④将邻接向量相加得到累积邻接向量，并把后者做归一化；⑤通过降维处理，将结果以可视化方式呈现。

三、实验方法

针对问题 RQ6.1 中的 ENA 预测实验，首先，制定 OOSE 认知框架与编码原则，其次，对编码的信度进行分析，在此基础上使用 ENA 进行成绩预测；针对问题 RQ6.2 中的机器学习预测实验，先说明相关的实验原理、实验环境和输入数据，然后，使用测评指标分析实验结果，再对比 ENA 预测方法和机器学习预测方法的优缺点；进一步，采用 ENA 与机器学习融合方法，即将 ENA 分析的结果作为机器学习模型的输入数据，以预测学习者团队的成绩；在此基础上，对比了这三个方法在学习者成绩预测研究方面的效果（问题 RQ6.3）。

1. 针对问题 RQ6.1 的实验设计

问题 RQ6.1 实验设计主要包括制定编码原则、针对编码框架的信度分析、从编码数据生成认知网络，以及从认知网络中导出 ENA 预测结果四步，具体描述如下所示。

1）制定编码原则

基于认知框架理论制定 OOSE 认知框架，该框架由知识体系框架和能力框架组成。其中，知识体系框架以 OOSE 为标准，涵盖了 OOSE 的核心知识点；能力框架以面向对象软件开发过程中的能力要求为基础，涵盖了学习者执行软件开发过程中所必需的实践能力。

在知识体系、能力两个一级指标下，对 OOSE 认知框架进一步细分。其中，针对知识体系，为了讨论方便，仅细分出需求分析、系统设计 2 个二级指标；针对能力部分，重点考虑需求分析能力、系统设计能力、系统实现能力和文档撰写能力 4 个二级指标。针对每一个二级指标，再进行细分，可得出三级指标，该指标即是认知网络分析建模所需的编码元素。知识体系框架与能力框架如表 6.1 所示。

表 6.1　知识体系框架与能力框架

一级指标	二级指标	三级指标	编码
K 知识体系	需求分析	参与者	K.P
		场景	K.SC
		用例	K.U
		功能性需求	K.F
		非功能性需求	K.N
	系统设计	实体、边界、控制对象	K.E
		子系统与类	K.SU
		服务与子系统接口	K.SE
		边界条件	K.B
A 能力	需求分析能力	标识参与者	A.P
		获取场景	A.SC
		获取用例	A.U
		获取功能性需求	A.F
		获取非功能性需求	A.N
	系统设计能力	标识系统目标、设计目标	A.T
		子系统分析与软件体系结构设计	A.SU
		标识并存储持久性数据	A.D
		设计访问控制	A.A
		设计全局控制流	A.CO
		标识服务	A.SER
		标识边界条件	A.B
		设计接口	A.I

续表

一级指标	二级指标	三级指标	编码
A 能力	系统实现能力	系统开发基础	A.SD
		业务逻辑理解能力	A.L
		选择开发框架	A.DF
		构件/类（对象）/模块设计与实现能力	A.C
		数据库或文件设计与实现能力	A.DFD
		算法设计与实现能力	A.AD
		程序编码能力	A.PC
	文档撰写能力	应用 UML 编档能力	A.UM

知识体系框架下的三级指标对应了 OOSE 混合课程中的知识点，学习者在理解和掌握这些知识点的前提下才能正确编写出标准的需求文档和系统设计文档，这些知识点和所撰写的文档是实现 OOSE 课程所要求的原型系统基础之一。其中的部分核心知识点可举例说明如下[64]：参与者是与系统产生互动的外部实体；场景是来自单一参与者的、具体的、关注点集中的系统单一特征的非形式化描述；用例是所有可能场景的抽象，说明了给定功能，场景是用例的一个实例；功能性需求描述了系统与其独立于系统实现环境之间的互动；非功能性需求描述了不直接关联到系统功能行为的系统的方方面面；边界对象表示了系统与参与者之间的接口；控制对象负责协调边界对象和实体对象。

系统实现能力是指学习者完成项目要求的原型系统（如学习分析系统）所需要具备的技术能力，如系统开发基础是衡量学习者是否掌握必要的编程语言、具备一定的编程经验的指标，业务逻辑理解能力是指处理逻辑性数据的生成和转换的能力，选择开发框架是基于项目需求选择合适的开发框架的能力，构件/类（对象）/模块设计与实现能力是指能够设计出程序模块复杂度低、易于调试和维护的模块并能将这些设计转换成代码实现的能力；数据库或文件设计与实现能力是选择合适的数据库管理软件、构造最优的数据库模式、建立数据库并使之能够有效地存储与检索数据的能力；算法设计与实现能力是选择算法或通过改造算法来实现项目所要求的原型系统功能的能力；程序编码能力是编写与调试代码的能力。这些能力是学习者实现 OOSE 混合课程所需的原型系统的基础。文档撰写能力下的应用 UML 编档能力是指绘制 UML 图，基于所构建系统的用例模型、对象模型和动态模型，撰写包括需求分析文档、系统设计文档和对象设计文档在内的相关文档写作能力。

ENA 分析时所采用的是由 0 或 1 组成的编码数据，需要将对话流文本通过人工方式转换成这类编码数据。在做编码工作时，需遵循以下原则。

原则 6.1 当框架有多级指标时，依据框架中最小指标进行编码。

原则 6.2 在针对知识体系框架编码的过程中，当对话流文本（短文本）中包含了对应的编码指标时，可在对应的编码指标下标记 1，其他情况标记 0。

例如，针对“我发现引出一个用例前一般需考虑多个场景，所以我们需要先讨论出有哪些场景，再说用例的事”这一短文本，可以在学习者知识体系指标对应的场景编码指标下标记 1。

原则 6.3 基于能力框架进行编码，当对话流文本包含了学习者具有某种编码指标中的能力时，即在对应的编码指标下标记 1，其他情况标记 0。

例如，针对“我认为论坛应该要分成两种，第一种是教师答疑区，由教师发布讨论主题，学习者围绕主题回答；第二种是自由评论区，学习者可以自由讨论，提出疑惑或学习总结”这一对话流短文本，由于涉及论坛应该做什么，故可在相关学习者能力指标对应的获取功能性需求编码指标下标记 1。

原则 6.4 对话流中的一段短文本可对应到多个指标的编码上。

例如，针对“每个用例搭配至少两个场景，……？”这一对话流短文本，由于学习者分别提到了场景和用例，故在对应的场景和用例两个编码指标下分别标记 1。

原则 6.5 编码人员需进行培训与测试。

在进行编码工作之前，需对编码人员进行多轮次培训与测试，即所有编码人员均依据编码策略对同一段数据进行编码，并对所有编码人员的编码结果进行以风险分析为目标的一致性检测（其结果用 Kappa 值表示），当 Kappa 值大于 0.7 时，表明不同编码人员的编码结果具有较高的一致性，据此可以进行正式的编码工作。

2）针对编码框架的信度分析

对该编码框架进行信度分析，所得到相关分析的结果描述如下。知识体系框架的半分信度系数为 0.893，其克隆巴赫（Cronbach）α 系数值为 0.824；能力框架下的分半信度系数为 0.746，其克隆巴赫 α 系数值为 0.768。由于这些指标值均大于 0.7，表明该框架的信度较好，这意味着表 6.1 所示的知识体系框架和能力框架的设计质量较好，可以满足后续进一步进行实验和计算的要求。

同时，可以依据原则 6.5 对编码人员进行培训和测试，完成这一活动后的相关检测情况描述如下。前期编码人员对对话流文本中约 15%的数据进行独立编码，测试结果显示，编码的信度得分为 0.795（Kappa 值大于 0.7），这说明了其编码结果具有良好的可靠性。对于其中存在的编码分歧，编码人员则通过协商讨论方式去解决这些分歧，从而达到了对编码框架的共同理解。在磨合期之后，学习者的对话流文本中所有的剩余数据的编码工作由编码人员共同完成。以认知网络分析格式编码的对话数据的部分示例摘录如表 6.2 所示。

将表6.2所示的文件导入ENA的在线分析工具(https://app. epistemicnetwork. org）中，并设一级分析单元为组号；二级分析单元为学习者；会话单元为日期；移动窗口大小为 5，这是获取对话流中认知元素连接的最大范围。进一步地，选择知识体系框架和能力框架下的编码指标进行 ENA 建模，以生成各个团队基于知识体系框架和能力框架的认知网络。

表 6.2　以认知网络分析格式编码的对话数据的部分示例摘录

组号	日期	时间	姓名	对话内容	K.P	K.SC	K.U
1	2021-04-05	22:27:16	HS	针对第 5 组，描述用例时只有参与者和事件流，没有入口条件……	1	0	1
1	2021-04-05	22:29:10	HS	针对第 7 组，十分详尽，用例图、顺序图、状态图都有，且场景和用例描述精细……	0	1	1
1	2021-04-05	23:23:06	HS	怎么又有一组定了两组一起搞呢，笑哭	0	0	0
1	2021-04-05	23:35:47	WYD	害，没关系	0	0	0
1	2021-04-06	10:08:19	WYD	针对第 5 组，我觉得他们文档写得很清楚，用例图和用例说明搭配得也很好……	0	0	1
1	2021-04-06	11:22:02	FZY	针对第 8 组：第 8 组的场景和用例总体来说比较全面细致……	1	1	1
1	2021-04-06	11:42:08	WYD	针对第 10 组：他们的场景和用例写得十分丰富……	0	1	1

3）从编码数据生成认知网络

现以 OOSE 课程中编码数据的部分摘录（表 6.2）为例，说明认知网络分析的建模过程。第一，认知网络分析建模时所需要数据文件结构中的特征，这涉及团队、日期、时间、姓名、对话内容，以及相应的编码指标K.P、K.SC和K.U。示例中的数据是某组学习者所在团队在QQ群中围绕OOSE课程要求，对原型系统实现中的需求获取环节的讨论内容的摘录。其中，表6.2中的团队、日期和时间三项可以表达出该小组成员在连续两个时间段（即2021-04-05与2021-04-06）进行了相关讨论，从中看到该组讨论中所用时长情况；对话内容表示了学习者团队中的成员发言的具体内容。最右边的3列是编码指标，其中的K.P代表参与者，K.SC代表场景，K.U代表用例，这里只展示了部分编码指标，这些指标是未来进行认知网络分析时所选择的编码；第二，按照基于ENA应用的建模过程实现该认知网络建模。据此所构建的ENA模型是后继研究与实证的基础。

4）从认知网络中导出ENA预测结果

（1）工作原理。从认知网络中导出ENA预测结果的途径描述如下。第一步，将对话流文本的编码数据作为ENA的输入，通过ENA得到认知网络中的网络连接权重向量$\boldsymbol{L}_{ij}$；第二步，通过层次分析法得到认知网络连接的贡献权重向量$\boldsymbol{W}_j$；第三步，利用$\boldsymbol{L}_{ij}$与$\boldsymbol{W}_j$，依据式（6.2）和式（6.3）可分别计算（或预测）得到学习者团队考试成绩$\mathrm{Score}A_i$和项目的原型系统验收成绩$\mathrm{Score}B_i$，并依据式（6.4）计算（或预测）得出学习者的学业成绩Score：

$$\mathrm{Score}A_i = a * \sum_{j=1}^{M} \boldsymbol{L}_{ij} * \boldsymbol{W}_j + b \tag{6.2}$$

$$\mathrm{Score}B_i = a * \sum_{j=1}^{N} \boldsymbol{L}_{ij} * \boldsymbol{W}_j + b \tag{6.3}$$

$$\mathrm{Score} = \mathrm{Score}A_i \times 40\% + \mathrm{Score}B_i \times 60\% \tag{6.4}$$

式中，求和公式（6.2）中的上限M（如在本节实证中$M=14$）代表知识体系网络中用来预测考试成绩的网络连接数目，求和公式（6.3）中的上限N（如在本节实证中$N=14$）代表能力网络中用来预测项目的原型系统验收成绩的网络连接数目；公式中的a和b是超参数，需根据专家的经验进行设定或根据实际应用进行调整，如在本节实证中可将这两个值设定为$a=10$，$b=70$。

（2）学习者团队学业（预测）成绩的计算方法。基于层次分析法，学习者团队学业（预测）成绩的计算方法如算法6.1所示[65]。

算法6.1　学习者团队学业（预测）成绩的计算方法

输入：认知网络连接向量$\boldsymbol{L}_{ij}$；

输出：学习者团队的 OOSE 课程学业成绩 Score；

Begin

步骤 1　统计认知网络中的网络连接权重向量 $\boldsymbol{L}_{ij}$；

步骤 2　利用层次分析法计算认知网络连接的贡献权重向量 $\boldsymbol{W}_j$；

步骤 2.1　确定相关指标及判断矩阵；

步骤 2.2　计算判断矩阵的权向量；

步骤 2.3　判断矩阵一致性检验；

步骤 2.4　计算认知网络连接的贡献权重向量 $\boldsymbol{W}_j$；

步骤 2.5　归纳出学习者团队成绩 Score 的计算公式，并计算学习者团队的 OOSE 课程学业成绩 Score；

End

（3）针对 OOSE 混合课堂数据的学习者团队学业（预测）成绩的计算过程。针对 OOSE 数据，应用算法 6.1 进行具体计算的过程说明如下。

步骤 1　统计认知网络中的网络连接权重向量 $\boldsymbol{L}_{ij}$。从知识体系框架下和能力框架下的认知网络中分别获取到每个连接的权重并拼接成连接向量 $\boldsymbol{L}_{ij}=[l_{1,1},\cdots,l_{1,j},\cdots,l_{N,1},\cdots,l_{N,j}]$，其中 i 表示第 i 个学习者团队，j 表示认知网络中第 j 个连接，$\boldsymbol{L}_{ij}$ 表示第 i 个学习者团队的认知网络中第 j 个连接的权重，例如，$l_{1,1}$ 表示第 1 个学习者团队的认知网络中第 1 个连接的权重，也就是第 1 个学习者团队的认知网络中“K.P（参与者）-K.SC（场景）”连接的权重，如在实际场景下，知识体系编码框架下的认知网络有 14 条连接，能力编码框架下的认知网络有 38 条连接。

步骤 2　利用层次分析法计算认知网络连接的贡献权重向量 $\boldsymbol{W}_j$。依据 OOSE 这门学科的特点，相关专家将知识体系框架下和能力框架下的认知网络中的连接的重要性划分为 5 个等级，记为 A、B、C、D 和 E，并采用层次分析法可以计算出这 5 个等级的连接贡献权重 $\boldsymbol{W}_j=[w_1,\cdots,w_j]$，如 w_1 代表第 1 个连接贡献权重。

步骤 2.1　确定相关指标及判断矩阵。将 A、B、C、D 和 E 这 5 个等级作为待判断重要性对象的判断指标。根据 Saaty 所提出的各项指标相对重要程度的比较法则[46, 66]，使用数字 1～5 及其倒数作为判断的标准，可以得到 OOSE 数据下的判断矩阵 Scaling。

$$\text{Scaling} = \begin{bmatrix} 1 & 2 & 3 & 4 & 5 \\ 1/2 & 1 & 2 & 3 & 4 \\ 1/3 & 1/2 & 1 & 2 & 3 \\ 1/4 & 1/3 & 1/2 & 1 & 2 \\ 1/5 & 1/4 & 1/3 & 1/2 & 1 \end{bmatrix}$$

步骤 2.2 计算判断矩阵的权向量。将 Scaling 判断矩阵的最大特征值的特征向量称为权向量，可以计算得到该判断矩阵的最大特征值为 5.068，其对应的特征向量（即权向量）为$[0.79, 0.49, 0.3, 0.18, 0.12]^{\mathrm{T}}$。

步骤 2.3 判断矩阵一致性检验。使用 Python 编程实现的一致性检验算法，可以计算得出矩阵 Scaling 所对应的一致性 CR = 0.0152＜0.1，因此，该判断矩阵满足一致性要求。

步骤 2.4 计算认知网络连接的贡献权重向量$\boldsymbol{W}_j$。通过一致性检验后，将判断矩阵的权向量进行归一化处理，可得到各等级连接的权重为$[0.4185, 0.2625, 0.1599, 0.0973, 0.0618]^{\mathrm{T}}$，如$W_A = 0.4185$ 表示等级为 A 的网络连接的贡献权重为 0.4185。

步骤 2.5 归纳得出学习者团队成绩 Score 的计算(或预测)公式。OOSE 课程成绩由考试成绩和项目的原型系统成绩组成，所以，依据式（6.2）来计算（或预测）学习者团队的考试成绩$\text{Score}A_i$，依据式（6.3）来计算（或预测）学习者团队项目的原型系统成绩$\text{Score}B_i$，最终依据式（6.4）来计算（或预测）学习者团队的 OOSE 课程的学业成绩Score。

2. 针对问题 RQ6.2 的实验设计

1）实验环境与实验模型

实验在操作系统 Windows 10 上进行，使用 Python 3.6 和 Tensorflow 1.12 编码环境。实验中的模型来自文献[67]，其所采用的是基于短文本情感增强的在线学习者成绩预测方法，这是一种机器预测方法。

2）输入数据说明

输入数据为 12 个学习者团队的对话流文本和行为特征向量。学习者的行为特征向量有 5 个维度，具体定义如表 6.3 所示。

表 6.3 行为特征向量定义

维度	含义
第 1 维度	讨论发言次数
第 2 维度	课堂发言次数
第 3 维度	线下讨论次数
第 4 维度	需求文档份数
第 5 维度	系统文档份数

3）测评指标

采用准确率和 RMSE 作为测评指标，具体计算为

$$\text{Accuracy}_{\text{grade}} = \frac{T_{[-a,+b]}}{N} \tag{6.5}$$

式中，$T_{[-a,+b]}$ 表示预测分数和学习者真实成绩的差距在该区间范围之内的学习者个数；实验中 a 和 b 都选取为 0.05；N 为测试集中所有学习者的个数。

$$\text{RMSE}_{\text{grade}} = \sqrt{\frac{\sum_{o=1}^{N}\left(g_o - g_o^r\right)^2}{N}} \tag{6.6}$$

式中，g_o 表示学习者的预测成绩；g_o^r 表示学习者的真实成绩。

3. 基于融合策略预测问题 RQ6.3 的实验设计

一种具体的融合是将代表了学习者知识体系与能力水平的 ENA 分析结果作为机器预测方法的输入，以预测学习者的成绩。在这样的策略下，可以做到在确保预测性能的前提下，保证预测结果的可解释性。本节的实验环境、实验模型、测评指标和输入数据与问题 RQ6.2 的实验设计保持一致。

基于融合策略的预测步骤描述如下。

第一步，基于知识体系框架，通过 ENA 工具计算（或预测）出学习者团队的认知网络中的网络权重值，将所得到的认知网络中每个连接的权重拼接成认知网络中的网络连接权重向量 $\boldsymbol{L}_{ij} = \{l_{1,1}, \cdots, l_{1,j}, \cdots, l_{N,1}, \cdots, l_{N,j}\}$，进一步将该向量作为文献[67]中 LSTM 模型的输入，以预测出学习者团队的考试成绩。

第二步，基于能力框架，通过 ENA 工具计算（或预测）出学习者团队的认知网络中的网络权重值，将得到的认知网络中每个连接的权重拼接成网络连接权重向量 $\boldsymbol{L}'_{ij} = [l'_{1,1}, \cdots, l'_{1,j}, \cdots, l'_{N,1}, \cdots, l'_{N,j}]$，将该向量作为文献[67]中的 LSTM 模型的输入，以预测出学习者团队最终项目的原型系统验收的成绩。

第三步，在此基础（如期末考试成绩按约定占比 40%，原型系统验收成绩占比 60%）上计算（或预测）出学习者团队最终的学业成绩。

四、实验结果

1. 针对问题 RQ6.1 的实验结果

1）ENA 中认知网络的实例分析

图 6.1 描述了 OOSE 课程中的第 1 组学习者团队的认知网络图，这个网络图中的节点对应的是知识体系编码框架中的三级指标。认知网络图中

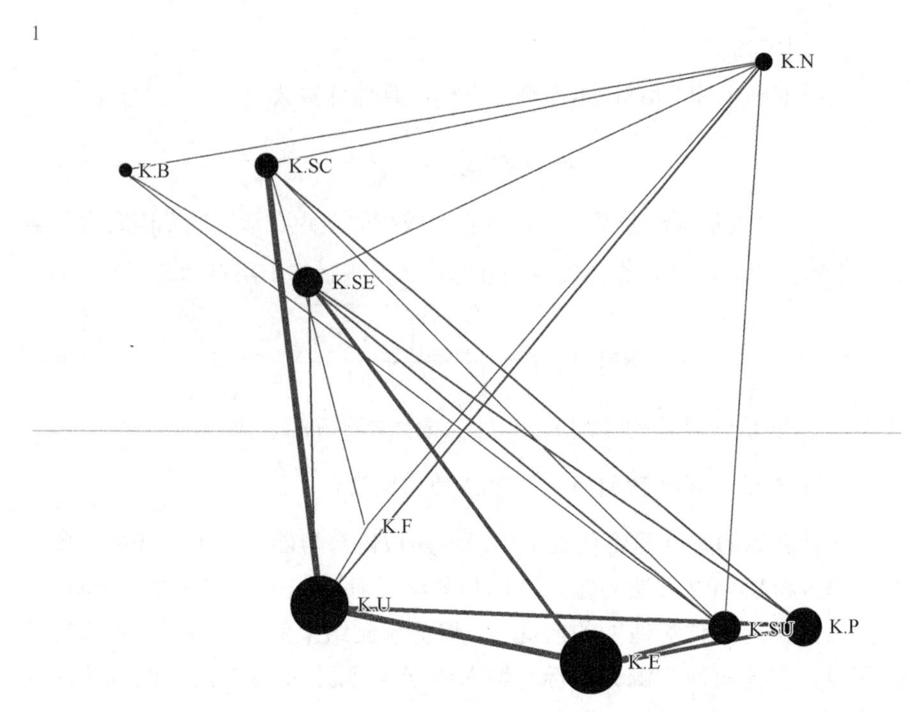

图 6.1　第 1 组的基于知识体系框架的认知网络图

每条线代表两个元素之间发生的共现，颜色越深、线段越粗，说明这两个元素之间发生共现就越频繁，节点间的联系越密切，对应的网络权重越大。

图 6.1 反映了该学习者团队的学习状况，展示出了前 5 个较高的网络权重共现连接，具体如表 6.4 所示。在表 6.4 中的网络权重值代表了连接强度，如 K.U-K.E 之间的网络权重值为 0.51，所表现的是该团队讨论内容“用例”和“实体、边界、控制对象”之间连接强度较强，这也意味着该团队在讨论过程中的这两个概念之间的关联性较高。

表 6.4　图 6.1 前 5 个频率较高的节点间共现

序号	节点-节点	节点 1 含义	节点 2 含义	网络权重
1	K.U-K.E	用例	实体、边界、控制对象	0.51
2	K.E-K.SU	实体、边界、控制对象	子系统与类	0.34
3	K.SC-K.U	场景	用例	0.31
4	K.P-K.E	参与者	实体、边界、控制对象	0.31
5	K.E-K.SE	实体、边界、控制对象	服务与子系统接口	0.25

2）ENA 中团队之间认知网络差异的实例分析

图 6.2 是 OOSE 课程中的第 1 组和第 11 组学习者团队之间的认知网络差异图（即指两个分析单元的认知网络图相减之后所得到的认知网络图）。首先描述该图中的各主要成分的语义，具体如下。

第一，在此图中，红色内容代表第 1 组，而蓝色内容代表第 11 组。

第二，该图中的认知网络空间由认知网络图中的第一主成分（*X* 轴）和第二主成分（*Y* 轴）两个维度来定义，这些维度是数据变化或差别（可区分度）最大的维度，轴标签旁括号中的数字表示这些维度所占数据差异的百分比，如在图 6.2 中，第一个主成分维度占数据差异或方差（变化或差别）的 50.1%，第二个主成分维度占数据差异或方差（变化或差别）的 19.0%。

第三，图中红色圆点代表第 1 组学习者的认知网络质心，蓝色圆点代表第 11 组学习者的认知网络质心。图中实心方块形状的节点代表了各组的认知网络质心。

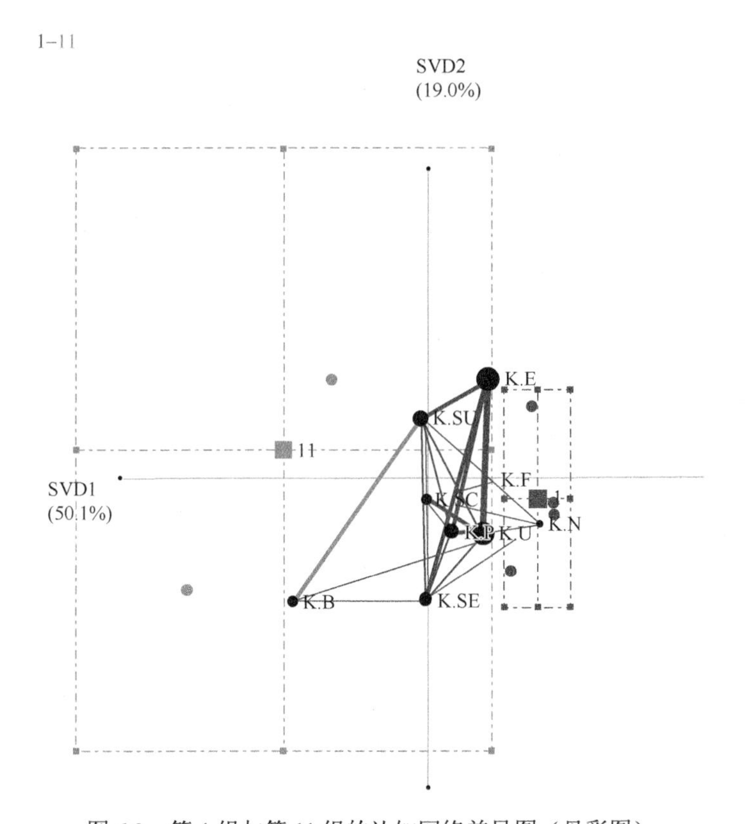

图 6.2　第 1 组与第 11 组的认知网络差异图（见彩图）

第四，图中的虚线方框表示学习者团队的质心分布的置信区间，其标识的范围表示置信水平为95%的置信区间，其中，框的宽度范围所代表的是第一维度（SVD1）的置信区间，框的高度范围代表的是第二维度（SVD2）的置信区间。

第五，该图中的红色连线代表第1组相比于第11组有更多共现的连接，而蓝色的连线代表第11组相比于第1组有更多共现的连接。

表6.5描述了图6.2中的5个差异较大的共现连接，即为第1组学习者团队的共现减去第11组学习者团队的共现之后的共现连接情况。

表6.5　第1组与第11组差异较大的共现

序号	节点-节点	节点1含义	节点2含义	网络权重
1	K.U-K.E	用例	实体、边界、控制对象	0.51
2	K.E-K.SU	实体、边界、控制对象	子系统与类	0.34
3	K.P-K.E	参与者	实体、边界、控制对象	0.31
4	K.SC-K.U	场景	用例	0.31
5	K.SU-K.B	子系统与类	边界条件	–0.29

下面从多个视角分析该图中的共现关系，以支持应用ENA做学习者团队的学业成绩预测。

（1）强联系。如图6.2所示，用例节点与实体、边界、控制对象节点之间表现出更强的共现关系（权重值为0.51），为了对该现象进行解释，对授课教师进行访谈。

教师解释认为："这个紧密联系与需求分析文档中顺序图的绘制有关，顺序图将用例与对象联系在一起，表达了用例交互在其参与对象之间是怎样分布的。第一组学习者在绘制顺序图时，先从用例中识别出实体对象、边界对象和控制对象，再建模了这些对象的互动顺序。这种绘制顺序图的思路是正确的"。

通过分析教师访谈的内容，发现第1组的需求分析文档中所绘制的顺序图能够准确地表达出对象之间的互动过程，也佐证了认知网络图的连接强度能够在一定程度上表现出该团队的学习效果。

（2）弱联系。如图6.2所示的非功能性需求节点和服务与子系统接口节点之间的联系只有0.02，这表现出弱联系。

对此，教师的解释如下："这两个节点联系弱很正常，因为非功能性需求描述了系统中的与系统功能无直接关系的方面，虽然在需求获取阶段需要思考非功能需求是什么及如何获取问题，但这个阶段并不会过多涉及非功能性需求如何设计与实现；而服务与子系统接口是系统设计时需要重点考虑的问题。这意味着这两个节点所代表的内容是分属 OOSE 中的两个不同阶段，所以这两者之间没有太多的联系”。

通过分析教师访谈的内容，研究者对该弱联系的解释是第 1 组在其需求分析文档中能够正确地区分非功能性需求和服务与子系统接口这两个知识点，这也反映了该团队在区分相关知识点方面的学习效果。

（3）缺失联系。另外，该图中有些节点之间没有关联，如功能性需求节点与实体、边界、控制对象节点之间没有关联（即存在连接缺失的情形）。

对此教师的解释是：“前者属于需求获取阶段的术语或知识点，后者属于需求分析和系统设计阶段的术语，它们之间没有产生关联是正常情况”，“但是随着课程内容讲解进度的推进和学习者应用 OOSE 的知识点或术语去解决原型系统构建中的问题，即当讲解完了 OOSE 的需求分析（注意其中的核心内容是针对开发者使用 UML 语言来形式化建模需求获取的需求规格说明书）之后，甚至是在讲完了系统设计的相关内容之后，如果学习者团队针对这两个知识点或术语之间依然没有建立起应有的连接，即存在连接缺失情况时，那么需要在授课时对教学环节进行反思并通过向学习者反馈来强调这两个知识点或术语在实际应用中的意义和关联，若这时依然出现连接缺失的情况，（教师）就不能视而不见，而要着手分析与解决其中的问题。从 ENA 的视角看，前面所述的这两个知识点或术语节点之间从出现连接缺失到建立起来连接（甚至这种连接会随着时间的流逝而不断得以强化，如这两个节点之间连线可出现从无到有、由细及粗的演化）过程，所反映出的正是学习者知识点或术语建立和应用的不断演化的过程”。

通过分析教师访谈的内容，研究者对出现该连接缺失的解释是：如果该连接缺失在授课过程中持续存在的话，那么教师需要进行教学反思并进行有效的干预。

（4）t 检验角度下的团队认知网络图的差异性分析。OOSE 混合课程中的第 1 组学习者团队与第 11 组学习者团队之间的差异网络如图 6.2 所示。具体情况是，沿着 X 轴，假设所用的是方差不相等的两样本 t 检验，在给定显著水平 $\alpha=0.05$ 下，其结果显示出第 1 组学习者团队（$M=-1.30$，$\mathrm{SD}=0.25$，$N=4$）与第 11 组学习者团队（$M=1.73$，$\mathrm{SD}=1.00$，$N=3$；$t(2.18)=-5.13$，$p=0.03$，科恩值 $d=4.58$）之间存在统计学意义上的显著性差异。沿着 Y 轴，假设所用的依然是方差不相等的两样本 t 检验，在给定显著水平 $\alpha=0.05$ 下，其结果显示出第 1 组学习者团队（$M=0.25$，$SD=0.81$，$N=4$）与第 11 组学习者团队（$M=0.33$，$SD=1.45$，$N=3$；$t(2.95)=0.63$，$p=0.57$，科恩值$d=0.53$）之间没有统计学意义上的显著性差异。

因此，该结果表明这两组学习者团队的认知网络的最大差异出现在 X 轴方向上，说明两个学习者团队的认知网络中网络权重值高的共现分别分布在 Y 轴两侧（即第 11 组学习者团队的认知网络中网络权重值高的共现主要分布在 X 轴负方向，第 1 组学习者团队的认知网络中网络权重值高的共现主要分布在 X 轴正方向）。

在研究者所做的焦点小组访谈中，第 1 组学习者团队表示："我们小组每次课后讨论都很细致，从需求获取到系统分析，对于每一项文档的撰写和 UML 建模，所有学习者均花费了大量时间进行讨论，针对未来要实现的原型系统力求达到需求合理、建模正确"。这表明该组队员针对需求和系统分析等相关阶段的知识体系理解透彻，并能够具体用于指导应用实践方面的活动。而第 11 组学习者团队表示"在合作过程中仅仅做到了人员之间的分工或分任务，然后让每个学习者按各自的理解去完成分工任务，并在这个过程中小组成员之间缺乏讨论与沟通"。这表明该组队员由于针对需求获取和系统分析等相关阶段的知识体系理解程度有限，据此所产生的行为仅仅停留在表面（如分工和各自为政等）。这可能导致该组所完成的文档质量不高。

在研究中还发现这两个团队均有需要进一步完善的方面，如第 1 组需对边界条件讨论较少进行改进，而第 11 组则需要加强建模细节的研究与讨论。

3）基于 ENA 的学习者团队的学业成绩预测

通过以上分析可知，利用 ENA 可以进行共现分析，分析结果可以支持学习者团队的学业成绩预测，接下来，依据式（6.2）和式（6.3）计算出 12 个学习者团队的各项成绩，具体如表 6.6 所示，其中定义学业成绩 = 考试成绩×40% + 项目的原型系统成绩×60%。

表 6.6　ENA 预测结果

小组	考试成绩	项目的原型系统成绩	学业成绩	学业真实成绩
1	74.61	79.66	77.64	80.4
2	72.84	77.31	75.52	77.44
3	71.51	71.26	71.36	78.59
4	70.06	72.54	71.55	67.44
5	76.52	73.86	74.93	79.03

续表

小组	考试成绩	项目的原型系统成绩	学业成绩	学业真实成绩
6	72.80	73.58	73.27	74.98
7	70.37	70.00	70.15	56.57
8	73.77	74.27	74.07	84.98
9	73.15	78.90	76.60	69.85
10	74.46	73.04	73.61	73.42
11	70.00	72.33	71.40	66.24
12	71.13	71.90	71.59	65.76

在此，将 12 个学习者团队的预测成绩数据与其实际成绩数据（参见表 6.6）做皮尔逊相关性分析，结果显示这两者的皮尔逊相关性值为 0.615，介于 0.6～0.8，说明预测成绩和实际成绩存在强相关，预测成绩和实际成绩两者之间的误差在可接受范围内。这表明 ENA 预测学习者团队的学业成绩是有效的。

2. 针对问题 RQ6.2 的实验结果

1）问题 RQ6.2 的实验结果分析

基于文献[67]中的深度学习模型，将 OOSE 课程中的 12 个学习者团队的对话流文本信息、人员统计和行为的特征向量输入模型中，得到如表 6.7 所示的预测结果。

表 6.7　问题 RQ6.2 的预测结果

小组	学业预测成绩	学业真实成绩
1	74.82616	80.40
2	77.96738	77.44
3	78.4837	78.59
4	74.82597	67.44
5	70.82301	79.03
6	74.82629	74.98
7	56.9693	56.57
8	74.82616	84.98
9	70.83397	69.85
10	74.82616	73.42
11	70.86408	66.24
12	74.8261	65.76

采用本实验测评指标中的式（6.5）和式（6.6）来计算预测结果，其中，准确率为 0.5，均方根误差为 0.055。对该预测结果进行分析，发现采用机器学习模型的预测结果中有一半以上的成绩预测不准确，有的预测成绩与真实成绩之间的偏差达到了 5 分。分析其中的原因，一方面，可能与所选择的模型有关（这意味着可以在模型选择方向做进一步的探索）；另一方面，可能是由于学习活动属于一类非常复杂的人类认知活动，其间具有较大的随意性和不确定性，且受到学习者本人的诸多因素（如学习者的情绪等）影响。综上所述，机器学习预测的效果不太理想，但该研究内容依然值得进一步探索。

2）ENA 预测与机器预测的优缺点分析

第一，从预测依据的数据维度视角。ENA 预测中所使用的学习者知识掌握情况与能力水平方面的数据，这是采用 ENA 预测评判学习者成绩的直接依据；而机器预测所使用的学习者情感、人员统计和学习行为等方面的数据，这仅是评判学习者成绩的间接依据。所以，采用 ENA 预测所得出的预测结果较机器预测的结果更具有可解释性。

第二，从预测方法学维度视角。ENA 预测方法可以视为一种基于 ENA 工具的赋能人工智慧的方法，即在整个预测过程中考虑了研究者的人工决策判别因素，这种 ENA 工具的赋能人工智慧的方法可将学习者某一时间段的知识与能力水平等方面的数据映射成对应时间段的预测成绩，因此针对所得出的预测结果方面更容易理解和解释。但该方法虽有 ENA 工具辅助，在实际应用时仍会消耗大量人工资源，所以当针对较大规模数据集时，采用该方法将面临计算工作量较大、分析时间较长的挑战。相比之下，机器预测方法有一个学习和适应训练数据的过程。在这个过程中，该模型可以学习或拟合到某一时间段内针对部分数据集的学习者学习状态方面的规律，据此学习到的规律，机器预测方法可以预测出学习者未来的成绩。机器预测方法在获得训练成功的模型后，针对需要进一步处理的测试集数据，特别是针对较大规模的数据集时，在算力资源充足的前提下，该方法的优点是处理速度快且效率高；该方法的缺点是一旦测试集中的数据出现某些不实情况时，该方法的预测效果会大打折扣，究其本质还是由于该方法所用模型仅能模拟人脑的部分能力但却无法真正地代替人脑。

所以，ENA 预测方法的结果更合理且更具有可解释性，但较耗时且效率较低；机器预测方法计算性能优异（特别是在面对大规模数据时），但其结果的合理性和可解释性较差。进一步分析发现，这两种方法的优缺点存在一定程度上的互补关系，若能有机结合这两种方法，则融合方法在性能和结果的可解释性等方面有可能做到某种程度上的取长补短。

第三，受到上述分析启发，为了更准确地且高效地对学习者成绩进行预测，可以考虑将 ENA 预测方法和机器预测方法采用某种方式相融合，使得新的融合模型在性能和结果的可解释性等方面达到更好的效果。这正是问题 RQ6.3 所研究的内容。

3. 针对问题 RQ6.3 的实验结果

基于文献[67]中的深度学习模型，将 12 个学习者团队的认知网络的连接权重输入模型中，所得到的预测结果如表 6.8 所示，其中定义学业预测成绩 = 考试成绩×40% + 项目的原型系统成绩×60%。

新的融合模型将 ENA 分析的结果(代表了学习者知识与能力水平的数据）作为机器预测方法的输入，以预测学习者的成绩，相关的预测结果如表 6.8 所示。

表 6.8 预测结果

小组	预测考试成绩	预测项目的原型系统成绩	预测学业成绩	实际学业成绩
1	76.73	93.83	86.99	80.4
2	74.29	87.00	81.92	77.44
3	77.71	86.59	83.04	78.59
4	71.89	71.61	71.72	67.44
5	71.60	79.34	76.24	79.03
6	73.94	79.74	77.42	74.98
7	55.34	57.29	56.51	56.57
8	73.33	91.25	84.08	84.98
9	77.52	90.63	85.38	69.85
10	72.16	88.14	81.75	73.42
11	55.34	57.29	56.51	66.24
12	69.66	67.96	68.64	65.76

在此，将学习者团队的预测成绩数据与实际成绩数据（参见表 6.8）做皮尔逊相关性分析，结果显示这两者的皮尔逊相关性值为 0.81，这说明预测成绩和实际成绩之间存在强相关，预测成绩和实际成绩两者之间的误差在可接受范围内。这表明 ENA 分析与机器学习相结合的方法在预测学习者团队的学业成绩方面是有效的。

五、讨论

对本节所提的研究问题总结如下：针对问题 RQ6.1，基于 ENA 的预测方法可以支持学习者的成绩预测，其针对预测结果的可解释性较好，故预测结果可用。针对问题 RQ6.2，基于机器学习预测的方法，其预测环节的计算性能较高且在本次实验数据集下的预测效果略优于基于 ENA 预测方法的预测结果，预测结果可用，但其预测结果在可解释性方面较弱。针对问题 RQ6.3，ENA 预测方法与机器学习预测方法相融合的方法在预测结果的可解释性方面接近基于 ENA 的预测方法，在预测环节的计算性能接近基于机器学习的预测方法，如能进一步开发自动工具，将使得该方法具有更好的应用前景。

进一步的讨论如下。

1. 3 种预测方法的对比结果

依据 2021 年 OOSE 课程中 3 个时间段（即前 7 周、前 13 周和前 17 周）的数据集，针对上述相关方法进行了预测实验（结果参见表 6.9）。进一步，求得这三个时间段的准确率和均方根误差指标值的平均值（表 6.9）。在此基础上，对问题 RQ6.1 至问题 RQ6.3 中的 3 种预测方法进行对比（表 6.10）。

表 6.9　OOSE 课程中 3 个时间段数据集下的预测实验结果

预测方法	数据集	准确率/%	均方根误差
基于 ENA 的预测方法（问题 RQ6.1）	前 7 周	58	6.3
	前 13 周	50	6.84
	前 17 周	50	6.52
基于机器学习的预测方法（问题 RQ6.2）	前 7 周	59	5.87
	前 13 周	67	5.47
	前 17 周	58	5.84
基于融合策略的预测方法（问题 RQ6.3）	前 7 周	67	6.64
	前 13 周	50	6.52
	前 17 周	58	6.74

1）实验结果的解释

依据表 6.9，有如下发现。

首先，针对基于 ENA 的预测方法，使用前 7 周数据集的预测效果最好。究其原因是该预测方法的结果依赖 ENA 图中的贡献权重；该方法对于预测环境的影响较为敏感。据此，对该预测结果做如下解释：①前 7 周的 ENA 图中贡献权重大的连接所具有的连接权重之值最高；②前 7 周中的学习者所处的环境是在课余时间和精力方面比较充沛，且同一学期的其他课程还未对这些学习者产生较大影响（如学习压力）；③在第 7 周～第 13 周中，学习者将面对由其他课程所带来的学习压力（如其他课程要求的作业和实验等），这意味着学习者在本课程中所投入的时间和精力等将大为减少，从 ENA 图中观察可以发现贡献权重大的连接所具有的连接权重之值较小，这表明基于贡献权重之值做预测的 ENA 的预测方法将面对更多的不确定性因素，这时如果继续用该模型做预测，那么预测结果会变差。因此，基于 ENA 的预测方法针对前 7 周数据集的预测效果最好。

其次，针对基于机器学习的预测方法，使用前 13 周数据集的预测效果最好。基于机器学习的预测方法是依赖学习者的学习特征来预测成绩，据所观察到的相关结果进行的解释如下：①在对数据集进行分析后，发现学习者在前 13 周的学习状态最佳，故使用前 13 周数据集的预测效果最好；②在第 13 周～第 17 周的时间段内，对数据集进行分析后，发现学习者的状态较差，研究者推测这可能是因为在这一时间段内学习者的学习投入或积极性等降低（这本质上依然是由于其他课程对本课程投入等方面带来了影响），故使用这个时间段期间的数据所作预测的效果不佳。针对这些观察结果，基于机器学习的预测方法所作的解释与基于 ENA 的预测方法相比，其理由的充分性、可解释性及对有效时间段的把握程度等方面均不及基于 ENA 的预测方法。

然后，针对融合策略的预测方法，使用前 7 周数据集的预测效果最好。究其原因是，由于融合策略下的基于 ENA 的预测方法起到的作用，故其在可解释性等方面的表现与基于 ENA 的预测方法相近。

通过访谈等手段做进一步的调查与分析，研究者发现，①前 7 周时间学习者主要任务是进行问题定义与需求分析并撰写出需求文档，在该时间段内学习者所在团队之间进行讨论的频率最高，之所以可以进行高频率的在线讨论，是由于在这段时间其他课程基本未对学习者带来压力而学习者有较多时间和精力投入到需求分析任务，这也从学习者与授课教师和助教之间的互动过程（即对话内容）中得到佐证；②从 7 周后的时间段开始，学习者需着手于原型系统的设计与实现任务，随着学习者所在团队内部任务分工的确定，在此时间段内学习者进行讨论的频率逐渐降低（除了推测由于其他课程对本课程的影响，分工明确也是造成沟通减少的因素），这导致前 7 周数据集（短时间段内讨论内容偏多）下的 ENA 图有权重较高的连接，更能反映出学习者学习活动的重点；而前 13 周和前 17 周数据集（在这时间段内由于沟通与讨论内容较少）下 ENA 图中的连接较多但没有权重比较突出的连接，这很难从 ENA 图中获取到学习者的学习重点，这直接影响了预测效果。所以，相比于其他数据集，前 7 周的数据集能够更好地反映学习者的学习重点，融合策略下的方法在利用该时间阶段的数据集时的预测效果最好。

最后，综上所述，面对不同的预测方法，选择一个合适时间段的数据集可以将预测方法的预测性能发挥到最优。

2）针对评测指标平均值的实验结果解释

为了进一步对比不同预测方法的效果，取三个时间节点数据集下的评测指标（准确率和均方根误差）的平均值作为对应预测方法的预测效果，如表 6.10 所示。

表 6.10　三种预测方法的对比结果

预测方法	准确率（平均值）	均方根误差（平均值）
基于 ENA 的预测方法（问题 RQ6.1）	0.53	6.55
基于机器学习的预测方法（问题 RQ6.2）	0.58	5.73
基于融合策略的预测方法（问题 RQ6.3）	0.58	6.63

第一，从预测成绩对比的视角。由表 6.10 可知，就本次实验数据而言，单独基于机器学习的预测方法和基于融合策略的预测方法的准确率高于单独基于 ENA 的预测方法，可能的原因是融合策略通过 ENA 方法获取到学习者的知识掌握情况，将学习者的知识掌握情况作为学习者的一个特征输入机器学习模型中，利用机器学习方法预测出学习者的学业成绩，这有效地继承了 ENA 和机器学习方法各自的优点，获得了更好的效果。

第二，针对预测成绩与实际成绩之间存在误差的视角。相比于单独基于 ENA 的预测方法，虽然基于融合策略的预测方法表现出了较好的预测效果，但进一步观察表 6.8，发现有个别学习者团队的预测成绩与实际成绩之间存在较大的误差，现通过具体案例对这一情况加以分析。

案例 1　第 1 组学习者的预测成绩为 86.99 分，而实际成绩为 80.4 分。通过访谈发现该组后期投入不够，如该组学习者 A 提到："在课程后期，我们投入到该课程的时间较少，对期末评定交付的项目抱有应付的态度，没有全身心投入到项目实现中"。这部分解释了该组的实际学业成绩较预测成绩偏低的原因。

案例 2　第 9 组和第 10 组也出现了较大的预测误差情况，在对这两组学习者访谈后了解到其所存在的共性问题如下："在课程前期，即没有涉及代码实现的阶段，我们能够较好地完成学习任务，能够撰写出完整的需求分析文档和系统设计文档，而在课程后期进行项目实现阶段，由于我们的代码能力较弱，在规定时间内无法实现一个完整的系统”。这也部分解释了这两组的实际学业成绩较预测成绩偏低的原因。

第三，从使用本节方法的视角。一般情况（即在学习者的学习态度不变、具有正常的专业能力的前提下），实际成绩与预测成绩偏差不大，如第 8 组。但还是有特殊情况，例如，在后期阶段，学习者出现学习上放松要求、态度不端正或遇到难以解决的困难时，可能导致学习者实际成绩与预测成绩之间偏差较大的情况。

总之，影响预测效果的因素有很多，其中学习者自身因素也只是影响预测准确率的因素之一。因此，在现阶段使用相关的成绩预测模型时，建议充分地考虑教学环境、技术、学习者等多个方面的因素，以获得更精准的预测结果，帮助教师有效进行学情分析与干预等的辅助性决策。

2. 针对使用基于 ENA 预测方法的建议

图 6.3 是 ENA 预测方法的活动图，通过分析该图可以帮助研究者研究哪些环节可能会影响 ENA 预测的结果。

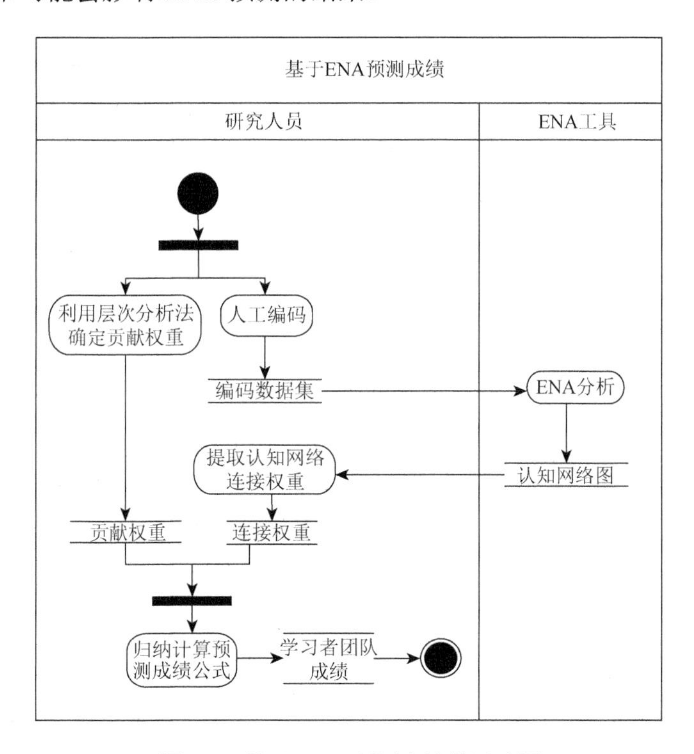

图 6.3　基于 ENA 预测方法的活动图

一方面，在人工编码环节中，如果编码人员出现了错误理解编码框架的情况，那么他们所做出的编码数据将导致认知网络不能准确地反映学习者的学习状态，从而影响 ENA 的预测效果。为了减少编码人员造成的影响，可以安排两位编码人员共同编码完成。

另一方面，在 ENA 预测环节中，虽然层次分析法有广泛的应用基础，但该方法依然涉及人为定义判断矩阵，因此采用该方法时仍存在一定的主观性，这可能会影响预测结果。

3. 针对文献[67]预测模型的讨论

第一，图 6.4 是针对文献[67]的机器学习方法预测学习者成绩的活动图。该成绩预测模型的两个输入分别为情感特征向量和行为特征向量。除了上述二个向量，后续可以考虑采用学习者的其他特征向量并加入成绩预测模型的输入中。

第二，本实验中的情感分类模型是注意力机制 + BiLSTM 模型，但可以考虑采用其他模型（如 FinBERT 模型和 BobBERT 模型等[68]）来替代注意力机制 + BiLSTM 模型。

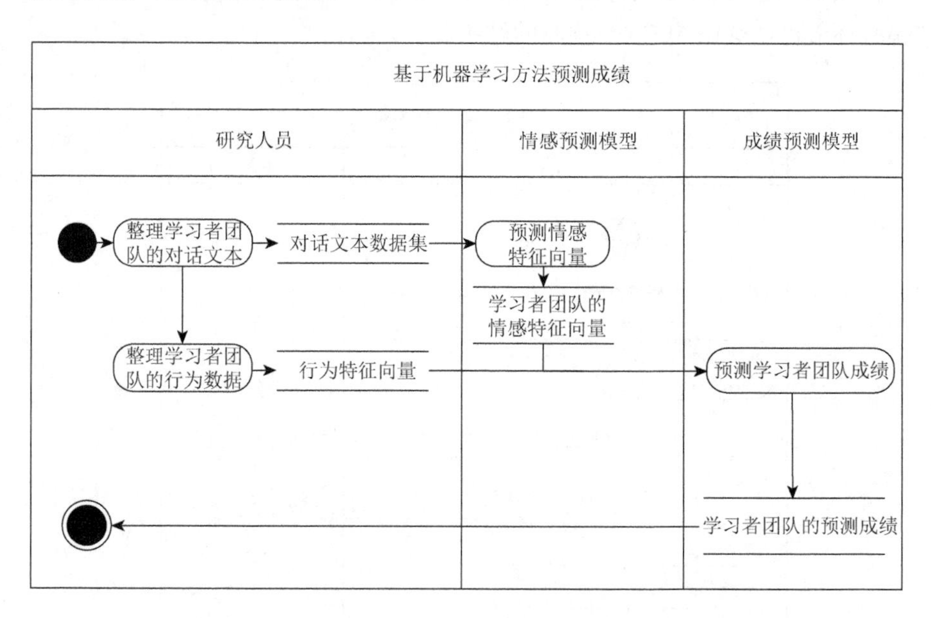

图 6.4　基于机器学习方法预测学习者成绩的活动图

4. ENA 对学习分析的帮助

ENA 具有足够的灵活性，可以作为评估学习绩效（如学业成绩等）的工具。这项研究使用 ENA 表征了学习者对 OOSE 课程专业知识的掌握情况及系统开发能力的强弱，从而可以判断学习者是否真正学会了知识，以及是否真正掌握了解决问题的技巧。

六、小结

本节的三个工作如下：①利用 ENA 预测学习者团队的成绩；②采用基于短文本情感增强的在线学习成绩预测方法预测出学习者团队的成绩；③相比于单独使用 ENA 预测和机器学习预测的方法，融合 ENA 与机器学习的方法获得了更好的预测效果。

第三节　基于 ICAP 和 CP 融合框架的学习者认知投入评测研究

评测学习者认知投入的目的是发现学习者在学习中存在的问题，进而为教师调整教学策略提供依据[69-78]。Ellis[69]认为认知投入是反馈投入研究的三个维度（认知、情感和行为）之一，认知投入是指学习者如何关注他们收集到的纠错反馈。Fredricks 和 McColskey[70]认为认知投入表征了学习者在学习中的投入水平，包括学习者恰当运用的学习策略、投入必要的学习时间和精力，以理解困难的问题或掌握复杂的技能[71]。除了在 Fredricks 等提出的架构基础上开展研究，国内学者还认为认知投入是学习投入的关键维度[72]，能够有效地激发学习者的思维活动，可以促进学习者有效地完成有意义学习的构建[73]，所反映的是具体情境学习时所采用的认知策略[74]、元认知和自我效能感[75]。文献[76]与[77]的研究表明，学习者的认知投入与其学业成绩之间有显著的正相关关系；针对学习者的认知投入评测有很多应用场景，如认知投入评测可以指导教师根据学习者理解的深浅程度，改进其二语写作的教学过程[78]，甚至可以依据学习者的认知投入情况进行各种预测与推荐等。

近年来，国内外的研究表明了认知投入问题的研究与应用正不断得到认可[78, 79]，研究所涉及的学科包括教育心理学[69]、教育技术学[71, 72, 80, 81]和语言学[79]等，该问题的研究促进了学科之间的相互融合；在理论研究方面，既有从环境视角出发考虑教学环境对认知投入的影响，如混合同步学习环境[71]、智能教室[72]、在线学习协同环境[80]、学习云空间[81]和开放学习环境[82]等，也有针对学习者认知投入的影响机制[71]、认知投入分析模型[80]和认知投入量化[81]等方面的研究；在应用方面，既有协同知识构建的认知投入分析[80]，也有学习行为投入与认知投入的实证研究[82]，还有针对艺术设计教育中的认知负荷[83]、验证认知投入[84]、基于情绪和认知投入的学习成绩预测[85]、认知投入的中介作用[86]、认知投入与阅读障碍[87]、认知投入与记忆力之间的关系[88]等方面的研究工作；在认知投入研究内容方面，既有学习评价指标体系构建方法[73]和量化方法研究[81]，也有结构模型构建方法[74]和假设检验[72, 82]等方面的方法研究。这表明，认知投入是促进学习者学习的关键要素，有进一步研究的必要。

综上可知，在过去的 20 年里，为了更好地理解认知投入在学习者的学习中所起到的作用，教育研究者进行了大量的研究与应用，认知投入在学习者学习中起到的关键作用已经获得了广泛的认同。研究者提出了很多关于认知投入的评价框架，其中 ICAP（即交互、构建、主动和被动模式）学习方式分类学是国际教育心理学领域新近取得的一个重要成果[89]，其是一种带有行为特征的认知投入理论，对认知投入活动提出了可操作性界定，并可以用于各种不同的学习环境之中[90]，为相关的研究结果提供解释。ICAP 在学习者认知投入方面有着广泛的应用，如基于 ICAP 框架，文献[80]提出将学习者的学习投入行为划分为被动、主动、构建和交互四种类型，据此研究协同知识构建中的认知投入模型。文献[91]依据 ICAP 从学习活动聚类出不同的学习投入方式，以支持在线的学情分析和教学改善。文献[92]提出 ICAP 框架下的移动学习资源方面的设计层次模型，以支持不同层次的学习投入。文献[93]提出，通过将 ICAP 框架和 CoI 中的认知存在阶段（后简称 CP）相结合，以支持高质量在线讨论和深度的多视角洞察，并提出进一步通过网络分析方法来量化两个框架之间的关联，以衡量两种教学干预对这些关联的调节效果。

上述工作给研究者带来了很多新的启迪与思考，如何通过对学习者的认知投入进行全面、细粒度的评价和分析，以此促进学习者的学习，这逐渐成为研究中的重要课题。现将该课题下的部分问题归纳如下：①如何度量认知投入（例如，如何计算个体和团队的认知投入度）；②ICAP 框架的认知投入度中的各个维度与 CoI 中的认知存在阶段的各个维度之间存在何种关联；③融合 ICAP 框架和 CP 框架的认知投入分析视角，是否能够探究高、低绩效团队在认知投入模式方面的差异。这些研究问题值得在本节中展开进一步的研究。

一、问题定义

学习者通过在诸如异步在线讨论活动中构建其社会知识，但这些知识的构建效果受制于讨论过程中学习者之间所提供的讨论内容的深度和质量，这在很大程度上依赖于参与讨论的学习者的认知投入情况，由于讨论中的不同学习者的认知投入差异很大，因此有必要先研究如何测评学习者的认知投入情况，而本节测评的基础是异步在线讨论数据（如短文本）。

在传统上，针对异步在线讨论数据的测评方法通常是内容分析法[94-96]，利用该方法可以确定与认知投入框架结构相对应的指标，该指标可以作为异步在线讨论过程中所讨论内容的深度和质量的度量标准。以往的研究者通常单独采用 CoI 中的认知存在阶段（CP）或 ICAP 框架进行内容分析[97]，但这些研究缺乏有效的分析结果，如很少有研究可针对学习者之间讨论内容的度量提出有价值的洞察和见解。

文献[93]从多视角出发，提出使用 ICAP 框架和 CoI 中的认知存在阶段（CP）框架相融合的方法，以提供有价值的认知投入分析结论，即采用认知网络分析法量化这两个框架之间的关联，以衡量在线讨论内容的深度和质量。文献[93]的研究结果表明：①两个框架中较高的投入度指标之间往往相关，即 CoI 中的认知存在阶段（CP）的两个最高阶段（如融合阶段和解决阶段）与认知投入 ICAP 的高级模式（如构建模式和交互模式）之间存在着联系；②这两个框架中的较低投入度指标之间不一定存在着相关性关系，如 CP 的触发事件阶段和探索阶段与 ICAP 的低级模式（如构建模式）之间无此关系存在，其原因可能是这两种框架之间的较低指标所反映出的是不同的性质。

此外，相关研究表明，团队的认知投入度和项目完成绩效之间具有一定的相关关系[93]，已知高绩效团队与低绩效团队的学习者在认知投入上存在一定的差异，如能在细粒度层面上找出该差异，将能够为提升团队表现提供指导与帮助。在文献[93]工作的基础上，本节结合认知网络分析法和层次分析法，提出了一种融合 CP 和 ICAP 的框架，以期能够更好地揭示不同绩效团队之间的差异，并据此针对 OOSE 课程中学习者的认知投入度的应用做进一步的探究。

1. 相关术语

为了进一步讨论方便，下面将在 OOSE 场景下，定义相关术语。

定义 6.4　认知投入[71]。认知投入是指学习者在协作学习中的投入水平，包括学习者运用适当的学习策略、投入必要的学习时间和精力来理解困难问题或掌握复杂的技能。

认知投入由认知投入度来刻画，认知投入度分为个体认知投入度（记为 x ）和团队认知投入度（记为 X ）。

定义 6.5　个体认知投入度 x。个体认知投入度 x 是指学习者在协作学习中为完成其相关认知投入活动所付出的心理与行动方面的质与量的度量。

个体认知投入可以分为浅层认知投入（简称低投入）和深层认知投入（简称高投入）。其中，浅层认知投入是指学习者对信息的处理和被动执行学习任务，如包括学习者的主动对话、触发事件对话和探索对话。深层认知投入是指学习者对信息的深度处理和主动解决学习中的问题并完成相关学习任务，如包括学习者的交互对话、构建对话、整合对话和解决对话。个人认知投入度的一种评价指标的划分如图 6.5 所示。

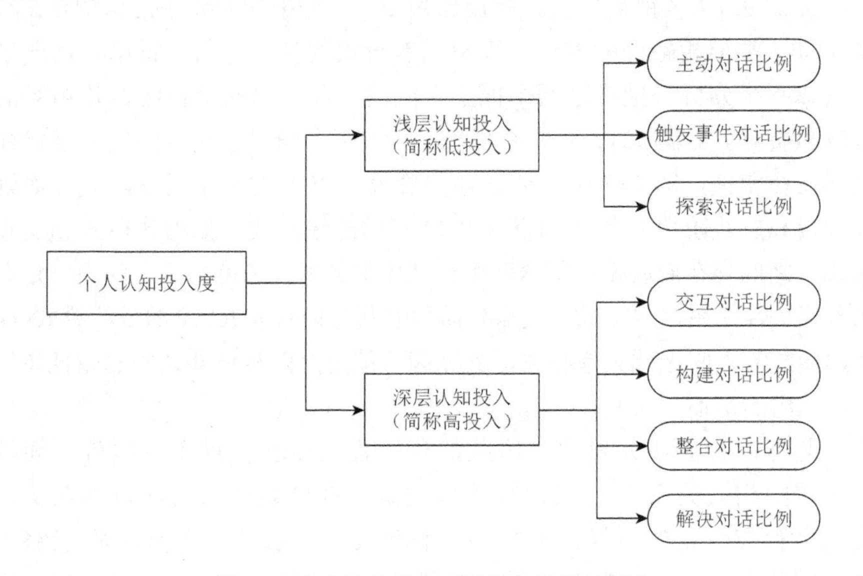

图 6.5　个人认知投入度的评价指标的划分

定义 6.6　团队认知投入度 X。团队认知投入度 X 是指在团队中担任不同角色的学习者个人认知投入度 x 按权加和后的值。

在 OOSE 课程所要求构成的团队中，假设一个团队有 4 个成员，他们分别扮演了项目经理、系统设计者、程序员、测试与文档撰写员的角色。依据这 4 种角色对于团队的重要性程度，可对这些角色赋值不同的权重，再对担任这 4 种角色的学习者个人认知投入度进行计算，并将这些不同角色对应的认知投入度按权加和计算，可以得到团队认知投入度。

定义 6.7　认知投入模式。认知投入模式是指学习者在协作学习中的认知投入各个维度的特征描述模板，以支持认知投入中的一般性、简单性、可重复性、结构性、稳定性和可操作性等方面特征的描述。

基于 ENA 研究学习者的认知投入模式，其研究途径是在输入 ICAP 框架和 CP 框架下的编码数据后，可以获得这两个框架对应的认知网络图；再针对这两个框架的认知网络图，可以进行基于认知网络分析的认知投入模式的比较研究。

定义 6.8　项目完成度。项目完成度是某项目团队在规定条件下（如在限制的时间内）完成该项目规定的原型系统功能性需求与非功能性需求方面的质与量的度量值。

学习者的项目完成绩效与项目完成度之间的关系可以通过一个案例描述如下：如项目完成绩效用百分制分数来衡量，当某团队的项目完成绩效为 40 分时，表示该团队未完成该项目。这里的 40 分（未完成）、60 分（勉强完成）和 90 分（高质量完成）等所指为项目完成绩效，而未完成该项目、勉强完成该项目和高质量完成该项目等所指是项目完成度。在此，将采用项目完成绩效表征并衡量项目完成度。

此外，采用皮尔逊相关系数 r 可以描述认知投入度 X 与项目完成度 Y 之间的相关性，其量化计算过程如下所示。

定义 6.9　认知投入度 X 与项目完成度 Y 的相关性度量。

输入：认知投入度 X 和项目完成度 Y。

输出：X 和 Y 之间的皮尔逊相关系数 r。

具体计算是

$$r = \frac{\sum_{i=1}^{n}(X_i - X^\star)(Y_i - Y^\star)}{\sqrt{\sum_{i=1}^{n}(X_i - X^\star)^2}\sqrt{\sum_{i=1}^{n}(Y_i - Y^\star)^2}} \tag{6.7}$$

由式（6.7）可知皮尔逊相关系数 r 为 X 与 Y 之间的协方差和标准差的商。皮尔逊相关系数 r 用于度量认知投入度 X 和项目完成度 Y 这两个变量之间的相关程度，其值介于–1 与 1 之间，其中 0 表示这两者之间没有相关性，负数表示这两者之间呈现负相关，正数表示这两者之间呈现正相关；若 r 值越接近于–1（或者 1），则负（或正）相关性越强。

2. 研究问题描述

基于上述定义，本节将研究以下问题。

问题 RQ6.4：在 OOSE 混合课程情境下，学习者的 CP 框架的认知投入度中的各个维度与 ICAP 框架的认知投入度中的各个维度之间存在什么关联？

问题 RQ6.5：融合 ICAP 框架和 CP 框架的认知投入分析视角，是否能够探究高、低绩效团队在认知投入模式方面的差异？

问题 RQ6.6：学习者所在团队的认知投入度是否会影响项目完成度？

二、研究基础

1. ICAP 框架理论[71, 93]

ICAP 代表交互模式、构建性模式、主动模式和被动模式四种学习模式[71, 93]。文献[71]认为不同学习者的学习可以分为 P-被动学习（表明学习者直接阅读学习材料并接受其内容，但不表现出其他与学习活动、学习任务有关的行为）、A-主动学习（表明学习者对学习材料有明显的主动处理行为，如在阅读材料的同时做笔记等）、C-构建性学习（表明学习者在主动学习材料的过程中产生了学习材料以外的外化输出，如在阅读材料时还给出了相关内容的思维导图，这意味着学习者通过推理或总结的方式，产生了有创见性的内容）、I-交互学习（交互学习指两个以上的学习者协同努力，通过对话过程开展学习活动，或在双方构建性投入的情况下与合作伙伴互动，如与同伴讨论相关知识，与人合作撰写材料，与同伴开展论辩等）四种不同层次的学习，与之相对应的是知识在大脑内部的变化过程，该过程即储存、融合、推断和共同推断，而相应的认知变化结果为记忆、应用、迁移和共同创造。这四种学习方式表明了学习者的学习活动或者项目学习的认知发展规律。

2. CoI 框架理论[93]

Garrison[98]开发的探究社区 CoI 模型提供了一种综合框架，旨在解释成功的在线课程或学习体验的要素。CoI 框架确定了三种对成功学习非常重要的存在，具体描述如下。第一个是社会存在，通过该存在可将虚拟社区中的学习者与真实世界中的学习者关联起来，使得虚拟社区中的学习者成为真实世界中学习者的代理。第二个是教学存在，该存在体现出了教师在提升社会存在感和认知存在感以实现目标学习成果方面的作用[98]。第三个是认知存在，该存在描述了高阶思维过程。探究社区理论模型的认知存在、社会存在和教学存在三大核心要素相互影响，共同建立了学习参与者有效协作构建知识的理论框架[97]。文献[99]认为探究社区理论模型的终极目标是培养学习者的批判性思维、反思性思维等高阶思维能力。

CoI 框架所关注的是学习者通过与计算机这一中介环境中其他人的互动和协作来构建自我认知。在 CoI 框架中，认知存在是影响教育成功的最基本要素，社会存在和教学存在对认知存在提供支持，旨在捕捉学习者通过交流实现构建意义的过程。认知存在可量化为衡量学习者投入深度和质量的指标，这涉及四个阶段，具体描述如下：①触发事件，即确定团队讨论内容的主题；②进行探究，即通过围绕主题讨论来交流思想并探究任务或问题的解决方案；③进行融合，即通过识别并检查有意义的关联、融合讨论中的个人想法及进一步做研讨或推理的路线；④实现求解，即解决原始问题，并在参与者之间建立共识。

需要注意如下几点：①通常在第三个阶段出现时，需要由教师进行必要的干预，以帮助学习者进入实现求解这一阶段；②这四个阶段之间的迁移是非线性的，因为各个阶段会随着时间的推移而自我发展；③这四个阶段可反复迭代直到完成求解，如完成 OOSE 领域相关框架下的编码活动。

三、研究方法

1. 编码原则

1）基于 ICAP 框架编码

编码原则参考 ICAP 框架中四种学习方式类型的描述，结合在线协作学习中学习者认知投入分析的编码表[80]，在此基础上，本节设计了满足应用要求的编码表，由于仅凭对话流文本（短文本）无法识别学习者是否处于被动状态，因此针对学习者的对话流文本，本节只分析学习者的学习方式是否是主动、构建和交互三种类型之一，具体如表 6.11 所示。

表 6.11　基于 ICAP 框架的协作学习认知投入分析编码表

一级类别	二级类别	定义	编码
A 主动	重复	学习者明确地复制、引用材料中已有的内容	A.R
	强调	学习者着重关注和强调材料中的某一部分	A.E
	总结	学习者通过对材料中的内容进行重复、改述或删除来做总结	A.S
C 构建	提问	学习者根据自己的理解提出一个新颖的问题	C.A
	解释	学习者使用例子和证据来解释材料以外的建议或观点	C.E
	融合创造	学习者对材料（已有的知识或其他材料）进行分析、比较和融合、创造，制作出材料外的作品/产生想法观点	C.C
I 交互	支持	学习者明确地承认他们同伴的想法或贡献	I.S
	建立在他人成果之上	学习者会在同伴所说的基础上提出自己的观点	I.E
	质疑和争辩	当有不同意见时，学习者会质疑他/她搭档的观点，或者为自己的观点进行辩护	I.Q

2）CoI 中的认知存在阶段（CP）编码框架

基于文献[98]，本节构建了基于 OOSE 课程中的 CP 编码框架，具体如表 6.12 所示。

表 6.12　认知存在感 CP 编码框架

指标	范畴	编码
触发事件	认识到问题，发现疑惑	E.T
探索	存在分歧/信息交换/集体研讨	E.E
融合	融合不同的观点/总结工作方向/解决方法	E.I
解决	已解决问题/完成工作	E.S

2. 认知投入度的计算方法

本节将采用层次分析法与融合策略实现学习者团队中的个体学习者认知投入度和团队认知投入度的定量计算。下面描述相关算法。

1）个体认知投入度的计算方法

基于文献[65]，度量个体认知投入度的算法描述如算法 6.2 所示。

算法 6.2　量化个体认知投入度的算法

输入：学习者团队中每个学习者各个类型的对话；

输出：每个学习者的个体认知投入度 x_i；

Begin

步骤 1　统计每个学习者不同类型对话的比例 $d_{i,j}$；

步骤 2　采用层次分析法计算不同类型对话的权重 w_j；

步骤 2.1　确定相关指标及判断矩阵 $\boldsymbol{A}$；

步骤 2.2　计算判断矩阵 $\boldsymbol{A}$ 的权向量；

步骤 2.3　判断矩阵 $\boldsymbol{A}$ 的一致性检验；

步骤 2.4　计算不同类型对话的权重 w_j；

步骤 3　利用融合算法计算个体认知投入度 x_i；

End

2）针对 OOSE 课程数据的个体认知投入度 x 的计算

根据算法 6.2，针对 OOSE 课程数据的个体认知投入度的计算流程描述如下。

步骤 1　统计每个学习者不同类型对话的比例 $d_{i,j}$。

/*本注解所描述的是一个案例的计算过程。设 i 代表第 i 个学习者团队，$i \in [1,12]$；j 为 7 种对话类型之一，即 $j \in$ [“主动”，“构建”，“交互”，

“触发事件”，“探索”，“融合”，“解决”]。依据 ICAP 框架和 CP 框架的编码结果，统计出每个学习者团队的每个类型对话的比例 $d_{i,j}$，如 $d_{1,主动}$ 表示第 1 个学习者的“主动”对话比例。*/

步骤 2　采用层次分析法分别计算出 j 所代表的 7 种对话类型的权重 w_j。

步骤 2.1　确定相关指标及判断矩阵 $\boldsymbol{A}$。

/*将 j 所表示的 7 种对话类型作为判断指标，由专家对该指标的重要程度进行评分，得到关于该指标重要程度的判断矩阵如下所示。

$$\boldsymbol{A}=\begin{bmatrix} 1 & 1/3 & 1/5 & 1 & 1/2 & 1/3 & 1/5 \\ 3 & 1 & 1/2 & 3 & 2 & 1 & 2 \\ 5 & 2 & 1 & 5 & 3 & 2 & 1 \\ 1 & 1/3 & 1/5 & 1 & 1/2 & 1/3 & 1/5 \\ 1 & 1/2 & 1/3 & 2 & 1 & 1/2 & 1/4 \\ 3 & 1 & 1/2 & 3 & 2 & 1 & 1/2 \\ 5 & 1/2 & 1 & 5 & 4 & 2 & 1 \end{bmatrix} */$$

步骤 2.2　计算判断矩阵的权向量。

/*计算 $\boldsymbol{A}$ 的最大特征值为 7.2194，对应的特征向量为[0.11, 0.44, 0.6, 0.11, 0.19, 0.33, 0.53]^{T}。*/

步骤 2.3　判断矩阵一致性检验。

/*利用一致性检验算法可计算出 $\boldsymbol{A}$ 对应的 CR $=0.0277<1$。因此，$\boldsymbol{A}$ 满足一致性。*/

步骤 2.4　设计权重。

/*　$\boldsymbol{A}$ 通过一致性检验后，将 $\boldsymbol{A}$ 的最大特征值所对应的特征向量进行归一化处理，可以得到 7 种类型的对话权重为[0.0478, 0.1902, 0.2599, 0.0478, 0.0807, 0.1421, 0.2315]^{T} 如 $w_{主动}=0.0478$ 表示主动对话的权重为 0.0478。*/

步骤 3　计算个体认知投入度。

/*　利用式（6.8）计算个体认知投入度 x：

$$x_i=\sum d_{ij}w_j \tag{6.8}$$

式中，x_i 表示第 i 个学习者的个体认知投入度。*/

3）针对 OOSE 课程数据的团队认知投入度的计算

基于文献[65]，量化团队认知投入度 X 的算法描述如算法 6.3 所示。

算法 6.3　量化团队认知投入度的算法

输入：学习者团队中担任不同角色的学习者的个体认知投入度 x_i；

输出：团队认知投入度 X_i；

Begin

步骤 1 利用层次分析法计算团队中不同角色的个体投入度的权重 k_j；

步骤 1.1 确定相关指标及判断矩阵 $\boldsymbol{B}$；

步骤 1.2 计算判断矩阵 $\boldsymbol{B}$ 的权向量；

步骤 1.3 判断矩阵 $\boldsymbol{B}$ 的一致性检验；

步骤 1.4 设计权重 k_j；

步骤 2 利用融合算法（加权和）计算团队认知投入度 X_i；

End

根据算法 6.3，针对 OOSE 课程数据的团队认知投入度的计算流程描述如下：假设每个团队中有四个角色（如项目经理、系统设计者、程序员、测试与文档撰写员）。

步骤 1 利用层次分析法计算团队中不同角色的个体投入度的权重。

/*本注解所描述的是一个案例的计算过程。采用层次分析法计算出这 4 类角色的个体认知投入度的权重 k_j， $j\in$[项目经理，系统设计者，程序员，测试与文档撰写员]。*/

步骤 1.1 确定相关指标及判断矩阵。

/*项目经理等 4 类角色是判断指标，由专家对判断指标的重要程度进行评分，得到关于判断指标重要程度的判断矩阵如下所示。

$$\boldsymbol{B}=\begin{bmatrix}1 & 2 & 3 & 5\\ 1/2 & 1 & 2 & 3\\ 1/2 & 1/2 & 1 & 2\\ 1/5 & 1/3 & 1/2 & 1\end{bmatrix}*/$$

步骤 1.2 计算判断矩阵的权向量。

/*计算 $\boldsymbol{B}$ 的最大特征值为 4.0145，其对应的特征向量为 $[-0.83, -0.47, -0.27, -0.15]^{\mathrm{T}}$。*/

步骤 1.3 判断矩阵一致性检验。

/*利用一致性检验算法可计算出 $\boldsymbol{B}$ 对应的 CR $=0.0053<0.1$。因此，$\boldsymbol{B}$ 满足一致性。*/

步骤 1.4　设计权重。

/* ***B*** 通过一致性检验后，将 ***B*** 最大特征值所对应的特征向量进行归一化处理，得到4类对话的权重为$[0.4829, 0.272, 0.157, 0.0882]^{\mathrm{T}}$，如$k_{项目经理} = 0.4829$表示担任项目经理角色的学习者的个体认知投入度的权重为0.4829。*/

步骤 2　计算团队认知投入度X_i；

/* 采用式（6.9）计算团队的认知投入度X_i，

$$X_i = \sum x_{ij} k_j \tag{6.9}$$

式中，X_i表示第i个学习者团队的认知投入度；x_{ij}表示第i学习者团队中担任j角色的学习者的个体认知投入度。*/

3. 实验设计与步骤

1）问题 RQ6.4 的实验设计与步骤

（1）ICAP + CP 框架下的编码维度统计分析。

完成 ICAP + CP 框架下的编码后，首先对 ICAP 框架和 CP 框架中的每个指标进行统计分析，包括统计了在 ICAP 框架指标下，每个 CP 框架指标的频数和比例，以探究 OOSE 混合课程情境下两个框架中各个编码维度之间的关联。

（2）从 ICAP + CP 编码数据生成认知网络。

基于 ICAP + CP 框架下的数据编码后的部分样例如表 6.13 所示。该数据为某组学习者在 QQ 群中的对话内容摘录。表 6.13 中的 A.R～C.A 是框架中的部分编码指标，其中 A.R 表示重复，A.E 表示强调，A.S 表示总结，C.A 表示提问。

表 6.13　以认知网络分析格式编码的对话数据的部分摘录

团队	日期	时间	姓名	对话内容	A.R	A.E	A.S	C.A
1	2021-03-20	22:38:48	WYD	我们目前有什么要做的吗？我们一直都还比较懵	0	0	0	1
1	2021-03-20	22:41:53	WYD	给我们的课程任务是丰富完善他开发的两个学习系统的模型，然后想让我们组和你们交流一起搞这个学习系统	0	0	1	0
1	2021-03-20	22:49:58	WYD	要分析新的功能吗？这个学习系统里面很多功能好像还没有实现，需不需要先实现哪些呀	0	0	0	0
1	2021-03-20	22:54:28	WYD	哦哦，学姐，是不是说我们就按照软件工程的流程从需求开始一步步来就好	0	0	0	1
1	2021-03-20	23:00:51	WYD	有的有的	1	0	0	0
1	2021-03-20	23:16:55	WYD	嗯嗯好的	1	0	0	0

编码工作完成后，将表 6.13 中的数据导入 ENA 工具（https://app.epistemicnetwork.org）中，并设置一级分析单元为组号，二级分析单元为学习者，会话单位为日期，移动窗口大小为 5（即 5 行对话流为建立关联的最小范围）。进一步，选择 ICAP 框架和 CP 框架下的编码指标进行 ENA 建模，并生成各学习者团队基于 ICAP + CP 框架的认知网络图，依据该结果分析 ICAP 框架与 CP 框架之间的关联。

2）问题 RQ6.5 的实验设计与步骤

分别以 ICAP 框架、CP 框架和 ICAP 及 CP 融合框架为基础，选择 2021 年的 OOSE 混合课程中的第 8 小组（即高绩效组）和第 12 小组（即低绩效组）为分析对象，采用 ENA 实现对高、低绩效组的认知投入模式的差异分析。

3）问题 RQ6.6 的实验设计与步骤

基于问题 RQ6.5 中高、低绩效团队的认知网络差异图，当发现高、低绩效团队的认知投入度之间存在差异时，探究认知投入度是否与项目完成度之间存在相关性并做出相应假设。通过层次分析法度量出 12 个学习者团队的认知投入度，之后采用皮尔逊相关分析探究学习者团队的认知投入度与项目完成度的相关关系，以此来验证假设是否可以接受。

四、结果分析

1. 探究问题 RQ6.4 中的问题

在 OOSE 混合课程情境下，问题 RQ6.4 分析了学习者的 CP 框架的认知投入度中的各个维度与 ICAP 框架的认知投入度中的各个维度之间存在的关联。

表 6.14 统计了在 ICAP 框架指标下，每个 CP 的对话计数及比例；图 6.6 描述了在每个 ICAP 指标下，CP 对话的比例。

在本书情境下，针对短文本采用 ICAP 和 CP 框架编码后，相关统计结果如表 6.14 和图 6.6 所示。从表 6.14 和图 6.6 中观察到：①CP 指标在 ICAP 的每一个指标下几乎均有体现，这说明 CP 和 ICAP 两个框架的指标之间存在着一定的关联关系；②CP 框架中的低水平触发事件和 ICAP 框架中的高水平构建模式中的提问之间存在较强关联；CP 框架中的低水平探索和 ICAP 框架中的低水平主动模式中的重复、高水平构建模式中的解释之间存在较强关联；CP 框架中的低水平探索和 ICAP 框架中的低水平主动模式中的重复之间存在较强关联；CP 框架中的高水平的融合和 ICAP 框架中的低水平主动模式中的总结之间存在较强关联；CP 框架中的高水平的解决和 ICAP 框架中的高水平构建模式中的融合创造之间存在较强关联。

综合以上观察，发现短文本在 CP 框架中被编码为高投入度的指标，在 ICAP 框架中可能被编码为低投入度的指标，也可能被编码为高投入度的指标。同时，短文本在 ICAP 框架中被编码为高投入度的指标，在 CP 框架中有可能被编码为低投入度的指标，也可能被编码为高投入度的指标。

表 6.14　ICAP 中每个指标下的每个 CP 的对话计数表

ICAP 指标	触发事件	触发事件所占比例/%	探索	探索所占比例/%	融合	融合所占比例/%	解决	解决所占比例/%	其他	其他所占比例/%
重复	150	5.20	2611	90.50	18	0.62	28	0.97	78	2.70
强调	149	13.69	891	81.89	40	3.68	6	0.55	2	0.18
总结	24	7.36	198	60.74	**98**	30.06	6	1.84	0	0.00
提问	**778**	**67.13**	379	32.70	2	0.17	0	0.00	0	0.00
解释	4	1.36	266	90.17	17	5.76	6	2.03	2	0.68
融合创造	56	2.27	2022	81.80	136	5.50	**255**	10.32	3	0.12
支持	1	0.16	617	97.63	**0**	0.00	9	1.42	5	0.79
建立在他人成果之上	19	3.26	536	91.94	17	2.92	10	1.72	1	0.17
质疑和争辩	13	2.73	461	96.85	1	0.21	0	0.00	1	0.21

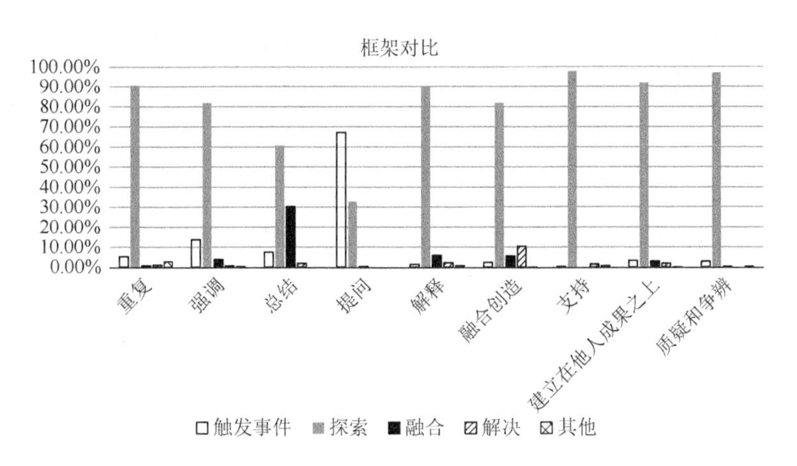

图 6.6　ICAP 中每个指标下的每个 CP 的对话比例

文献[93]的研究结果表明，在 ICAP 和 CP 这两个框架中的较高水平的投入度指标之间直接存在着对应关系（即一个框架中的高水平认知投入指标仅和另一个框架中的高水平认知投入指标相关），而较低水平的投入度指标之间不存在对应关系（即一个框架中的低水平认知投入指标仅和另一个框架中的低水平认知投入指标相关）。而本书结果表明，这两个框架之间较低水平的投入度指标之间和较高水平的投入度指标之间均不存在对应关系。具体为，短文本在一个框架中被编码为较低水平的投入度指标，在另一个框架中依然可能被编码为较低水平的投入度指标，也可以被编码为较高水平的投入度指标。出现该结果的原因如下：①在编码环节的人为影响因素作用较大，而经验丰富的专家所编码的结论更有价值；②该结果与 ICAP 和 CP 这两个框架本身的性质及 OOSE 混合课堂情境的独特性有关。

图 6.7 是所有学习者的基于 ICAP + CP 框架的平均认知网络图，该图中的认知网络空间由认知网络图中的第一主成分（x 轴）和第二主成分（y 轴）这两个维度来定义，这些维度是数据变化或差别最大的维度，轴标签旁括号中的数字表示这些维度所占数据的差异百分比。图中的圆形节点（元素）代表编码元素，圆形节点的大小代表了与周围其他编码节点之间所建立连接的紧密程度。

表 6.15 是对图 6.7 内容的进一步阐释，即将两个编码框架下各个指标之间的连接强度进行了数值化，具体呈现为网络权重值。通过表 6.15 和图 6.7 发现：①触发事件与构建模式下的编码标签的关联较强，其网络权重的总和为 0.2；②探索与构建模式下的编码标签关联一般，其网络权重的总和为 0.77，探索是网络的密度中心，每条粗线都与探索有关联，探索贯穿了 ICAP 框架中的所有模式；③融合与构建模式下的编码标签关联一般，其网络权重的总和为 0.06；④解决与主动模式、构建模式的关联较强，网络权重均为 0.04；解决与交互模式的关联较弱（权重为 0.01）。

表 6.15　图 6.7 中在两个编码框架下指标之间的连接强度（网络权重）

ICAP 框架	CP 框架			
	触发事件	探索	融合	解决
主动	**0.18**	**0.67**	0.05	**0.04**
构建	**0.2**	**0.77**	**0.06**	**0.04**
交互	0.08	**0.36**	0.03	0.01

综合以上分析后表明，单一的 ICAP 框架侧重于学习者所讨论内容的新颖程度，而单一的 CP 框架侧重于不同讨论阶段学习者的投入深度。如果可以将学习者所讨论内容的新颖程度和不同讨论阶段学习者的投入深度相融合，那么可以更好地评测学习者的认知水平。为此，本节所提出的一种解决方案是将 ICAP 和 CP 这两个框架相融合，目的是探究高、低绩效团队在认知投入模式方面的差异。

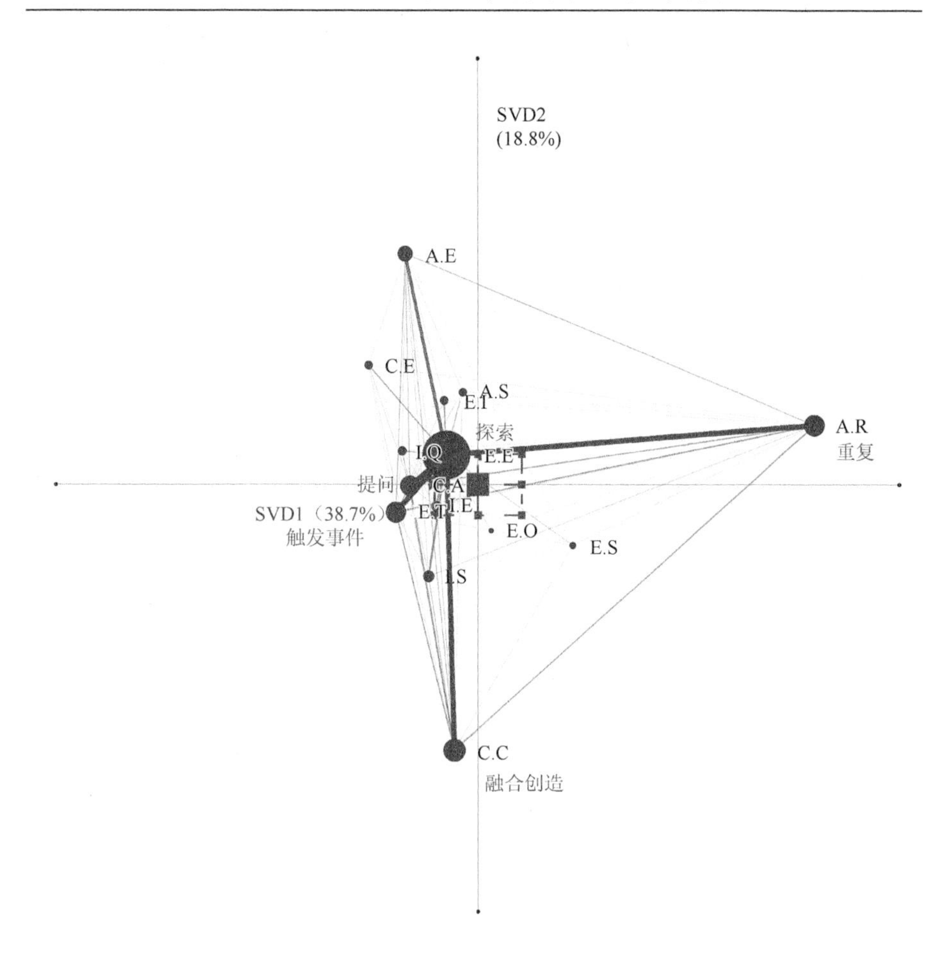

图 6.7　所有学习者的基于 ICAP + CP 框架的平均认知网络图

2. 探究问题 RQ6.5 中的问题

为了探究基于 ICAP 框架和 CP 框架融合的视角是否能够探究高、低绩效团队在认知投入模式上的差异，我们分别以 ICAP 框架、CP 框架和 ICAP 及 CP 融合框架为基础，采用 ENA 对高、低绩效组的认知投入模式差异进行分析，结果如图 6.8 所示。其中，蓝色代表第 8 组学习者团队（高绩效团队），橘色代表第 12 组学习者团队（低绩效团队）。

1）三种框架下的高绩效团队与低绩效团队的差异统计结果

经过统计分析，在三种框架下，两组的认知投入模式均有显著的差异，具体描述如下所示。

（1）以单独的 ICAP 框架为基础，两个团队的认知投入模式差异图如图 6.8（a）所示，分析结果表明沿着 X 轴，假设方差不相等的两样本 t 检

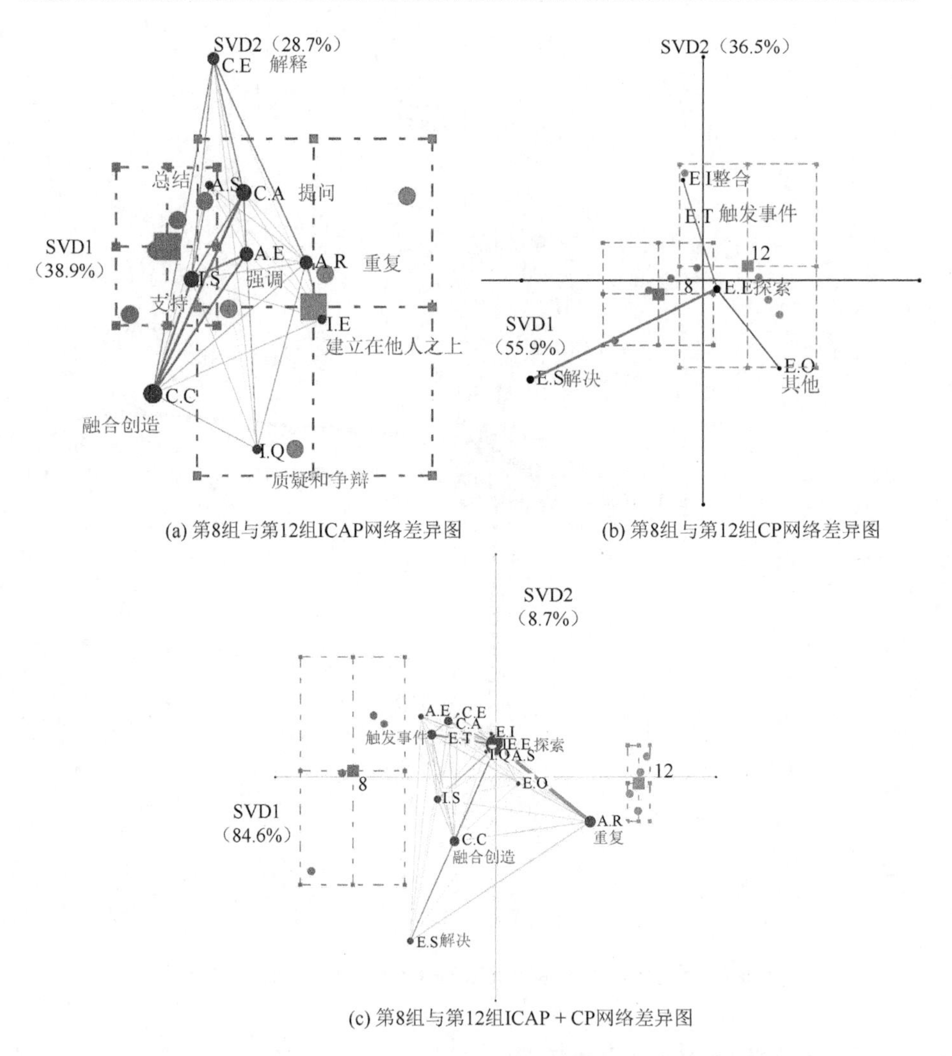

(a) 第8组与第12组ICAP网络差异图

(b) 第8组与第12组CP网络差异图

(c) 第8组与第12组ICAP + CP网络差异图

图 6.8 三种模式下两个团队的认知投入模式差异图（见彩图）

验显示第 8 组（$M=-1.81$，$SD=0.77$，$N=4$）在$\alpha=0.05$水平上与第 12 组（$M=1.81$，$SD=1.81$，$N=4$；$t(4.06)=-3.68$，$p=0.02$，科恩值$d=2.60$）有统计学上的显著差异。沿 Y 轴，假设方差不相等的两样本 t 检验显示第 8 组（$M=0.73$，$SD=1.20$，$N=4$）在$\alpha=0.05$水平与第 12 组（$M=0.73$，$SD=2.55$，$N=4$；$t(4.26)=1.04$，$p=0.35$，科恩值$d=0.73$）在统计学上没有显著的差异。

（2）以单独的 CP 框架为基础，两个团队的认知投入模式差异图如图 6.8（b）所示，分析结果表明沿着 X 轴，假设方差不相等的两样本 t 检验显示第 8 组（$M=-0.73$，$SD=0.57$，$N=4$）在$\alpha=0.05$水平上与第 12 组（$M=0.73$，$SD=0.70$，$N=4$；$t(5.76)=3.24$，$p=0.02$，科恩值

$d=2.29$）有统计学显著差异。沿 Y 轴，假设方差不相等的两样本 t 检验显示第 8 组（$M=-0.22$，$\mathrm{SD}=0.52$，$N=4$）在 $\alpha=0.05$ 水平上与第 12 组（$M=0.22$，$\mathrm{SD}=1.02$，$N=4$；$t(4.44)=0.78$ $p=0.47$，科恩值 $d=0.55$）没有统计学显著差异。

（3）以 ICAP 框架和 CP 框架的融合模型为基础，两个团队的认知投入模式差异图如图 6.8（c）所示，分析结果表明沿着 X 轴，假设所用的是方差不相等的两样本 t 检验，在给定显著水平 $\alpha=0.05$ 下，其结果显示出第 8 组学习者团队（$M=-3.57$，$\mathrm{SD}=0.82$，$N=4$）与第 12 组学习者团队（$M=3.57$，$\mathrm{SD}=0.18$，$N=4$；$t(3.28)=-17.02$，$p=0.00$，科恩值 $d=12.04$）之间存在统计学意义上的显著性差异。沿着 Y 轴，假设所用的依然是方差不相等的两样本 t 检验，在显著水平 $\alpha=0.05$ 下，其结果显示出第 8 组学习者团队（$M=0.15$，$\mathrm{SD}=1.77$，$N=4$）与第 12 组学习者团队（$M=-0.15$，$\mathrm{SD}=0.59$，$N=4$；$t(3.66)=-0.33$，$p=0.76$，科恩值 $d=0.23$）之间没有统计学意义上的显著性差异。

综上，不管是以单独的 ICAP 框架还是单独的 CP 框架，抑或是以 ICAP 框架和 CP 框架相融合的框架作为 ENA 输入的编码数据，经计算其结果均表明高绩效团队（第 8 组）与低绩效团队（第 12 组）两个团队的认知投入在 X 轴方向有显著性差异（P 值均小于 0.001），这说明高绩效团队与低绩效团队的认知网络之间存在差异。

2）融合 ICAP 框架和 CP 框架的认知投入分析视角，探究高绩效与低绩效团队在认知投入模式方面的差异

本节将采用“指标 1：指标 2”的形式描述指标之间的关系，如“探索：解决”所表示的是“探索和解决这两个指标之间产生联系”。

在差异分析结果的基础上，本节探究在三种模型下两组学习者所在的项目团队认知投入模式差异的具体内容。

（1）由图 6.8（b）发现高绩效组（第 8 组）更多的是进行“探索：解决”，而低绩效组（第 12 组）则更多的是进行“探索：其他”。

（2）通过图 6.8（c）所示的以 ICAP 及 CP 融合框架为基础的认知网络差异图可以看到更多的细节，即高绩效组中的“探索：解决”多是在“构建：融合创造”模式中发生，即该团队讨论的多为教材之外的相关内容，表明该组讨论中将有机会产生某些新颖的观点和论述；而低绩效组（第 12 组）更多地在做“探索：重复”，说明该团队讨论的多为教材上面的内容，或在讨论教师所提供的材料，或在讨论时仅限于与任务相关的内容，这表明该组在讨论中很难产生新颖观点。

（3）如图 6.8（a）所示，以 ICAP 为基础的认知网络差异图中，高绩效组

（第 8 组）更多的是具有“提问：融合创造”、“融合创造：支持”、“提问：融合创造”、“强调：支持”的连接，低绩效组（第 12 组）则更多的是“建立在他人成果之上：重复”。从理论上讲，重复是主动模式下的指标，而建立在他人成果之上是交互模式下的指标，两者需要通过构建模式才能建立联系，而在低绩效组（第 12 组）的图示中表现出这两个指标具有较强的联系，这仅从以 ICAP 框架为基础的图 6.8（a）中很难加以解释，而从融合 ICAP 框架和 CP 框架的图 6.8（c）中却可以获得一些新的见解，即低绩效组（第 12 组）的主动模式是重复，并与探索联系紧密，这意味着团队成员仅对材料内的内容不断地探索，并进行信息交换和集体研讨，但他们并没有经过解决这一环节便直接进入了交互环节，即他们对于问题（如相关项目要求的原型系统的实现）的解决程度有限，这也解释了为什么该团队的原型系统实现工作在最终的验收环节中未能通过合格验收。

3. 探究问题 RQ6.6 中的问题

通过对比高绩效组（第 8 组）与低绩效组（第 12 组）的认知投入情况，发现项目完成度高的团队，其认知投入度通常较高，为了验证这一结论，据此做出如下假设。

H：学习者所在团队的认知投入度会影响项目完成度。

通过计算团队认知投入度与项目完成度的皮尔逊相关性，验证假设 H 是否可以接受，即若显著性系数 p 值小于 0.05，则接受假设，否则拒绝假设。通常判定标准：$0<|r|<0.3$ 为微弱相关，$0.3<|r|<0.5$ 为低度相关，$0.5<|r|<0.8$ 为显著相关，$0.8<|r|<1$ 为高度相关。即相关系数的绝对值越大，表示相关性越强。

通过层次分析法和融合算法计算出 12 个学习者团队认知投入度如表 6.16 所示。

表 6.16　团队认知投入度

团队编号	团队认知投入度	项目完成度（绩效）
1	0.1312	86.54
2	0.1216	87.74
3	0.1166	85.35
4	0.1014	76.40
5	0.1101	83.03
6	0.0999	84.45
7	0.0929	66.48
8	0.1227	89.04

续表

团队编号	团队认知投入度	项目完成度（绩效）
9	0.1109	80.12
10	0.1051	85.96
11	0.1208	79.49
12	0.0757	74.19

采用项目完成绩效来衡量项目完成度，利用 SPSS 软件计算表 6.16 中的团队认知投入度与项目完成度的皮尔逊相关性，通过所得到的相伴概率 Sig 之值，可以判断学习者团队的认知投入度是否与项目完成度相关，具体结果如表 6.17 所示。

表 6.17　团队认知投入度与项目完成度的皮尔逊相关性

评价指标		认知投入度	项目完成度
认知投入度	皮尔逊相关系数	1	0.703*
	相伴概率 Sig（双尾）		0.011
	个案数	12	12
项目完成度	皮尔逊相关系数	0.703*	1
	相伴概率 Sig（双尾）	0.011	
	个案数	12	12

*表示在 0.05 级别（双尾），相关性显著。

分析结果显示，学习者团队的认知投入度和项目完成度之间的皮尔逊相关系数为 0.703，显著性 $P=0.011<0.05$，因此，二者具有较强的相关性，且相关性显著，这时接受假设 H，即学习者团队的认知投入度会影响项目完成度，进一步当学习者团队的认知投入度更高时，该团队也会取得较高的项目完成度。

五、讨论

1. 学习者的 CoI 框架中认知投入度的各个维度与 ICAP 框架中认知投入度的各个维度之间的联系（问题 RQ6.4）

通过对问题 RQ6.4 进行的研究与实证，得到如下相关结果，具体描述如下：①认知网络分析工具能够帮助探究问题 RQ6.4，同时验证了 ENA 理论与工具在本问题研究中的有效性；②本节没有发现这两个框架指标之间的唯一对应关系，这与文献[93]的研究结论一致；③在两个框架的指标讨论深度和质量量化方面，文献[93]的研究结果表明 CP 框架中投入深度和质量更高的指标与更高维度的 ICAP 指标一起出现的频率更高。本节研究进一步发现 CP 中低阶段的触发事件与 ICAP 中主动和构建关联较强，CP 中的高阶段的解决和 ICAP 中的低阶段的重复和构建关联较强，而 CP 中的探索与 ICAP 中的主动、构建和交互均关联较强。

针对第三个结论，可进一步从这两种分类框架出发，对该现象进行如下解释：ICAP 的四种分类模式“被动—主动—构建—交互”对应的是四种不同的学习方式，相应讨论内容的新颖性和贡献程度方面不同，主动模式下所讨论的内容为课程提供参考文档等在内的材料，构建模式下所讨论的内容是课程提供之外的内容，交互模式下所讨论的内容往往是对同伴观点的支持、补充和质疑，其更强调观点的新颖程度和贡献程度；而 CP 中的触发事件、探索、融合和解决这四个阶段与讨论内容的新颖程度无关，即 ICAP 框架的主动、构建和交互中的任何一种学习方式都可以发生在 CP 的触发、探索、融合和解决这四个阶段之中，学习者在主动学习方式下可以通过这四个阶段完成针对材料的内部学习。相似关联也出现在构建和互动学习方式中。

基于以上分析，为了进一步探究 OOSE 情境下学习者的认知投入度，本书将强调讨论内容的阶段性（随着时间的推移，围绕讨论内容的触发事件、探索、整合和解决问题四个阶段）的 CP 框架，并强调从讨论内容的新颖程度方面来挖掘学习者的认知投入度的 ICAP 框架，以实现深度融合，并构建如图 6.9 所示的 ICAP 和 CP 框架融合的认知投入分析模型。

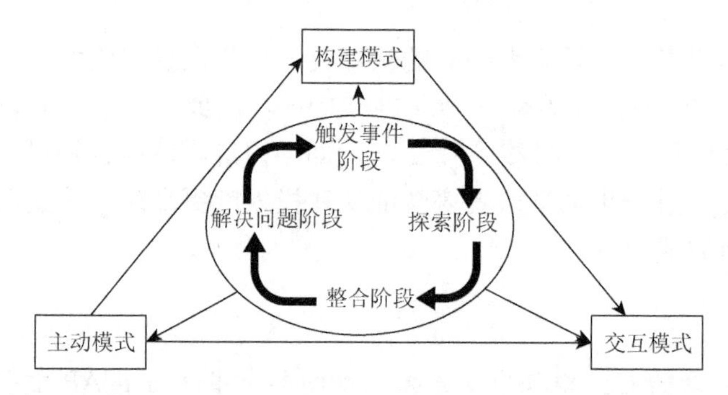

图 6.9　基于 ICAP 和 CP 框架融合框架下的认知投入分析模型

该模型从新颖程度和贡献程度上，将所讨论的内容分为主动、构建和交互三个层次，每个层次的具体细粒度的讨论内容随着时间的推移，经历了触发事件、探索、整合和解决问题四个阶段，旨在从更细粒度层面上对学习者讨论内容的质量进行分析。从图中外层的 ICAP 视角看，相比于交互模式中的探索，学习者在主动模式中所进行的探索为较低水平的讨论；

从图中内层的 CoI 视角，即使学习者处于同一个模式（如主动模式），在探索阶段的讨论也比触发事件阶段的讨论表现出更深的程度。因此，ICAP 和 CP 框架融合的认知投入分析模型可以结合讨论内容的阶段性和新颖性两个层面探究学习者的认知投入度。

2. 基于 ICAP 框架和 CP 框架相融合的认知投入分析视角，探究高绩效和低绩效团队在认知投入模式方面的差异（问题 RQ6.5）

本节采用一级指标-二级指标的形式描述指标之间的关系，如主动模式-重复阶段所表示的含义是一级指标主动模式下有二级指标重复阶段。

研究结果表明，问题 RQ6.5 可以在融合讨论内容的时间阶段和讨论内容的新颖程度及贡献程度下进行探究，具体表现如下所示。

一方面，如果单独以 CP 框架为基础进行分析，那么结果仅发现这两类团队的核心焦点均为探索阶段，但无法进一步比较这两类团队的讨论深度；如果采用将 ICAP 框架和 CP 框架相融合的认知投入分析视角，并据此进行分析，那么可以发现高绩效团队更多的是在构建模式下进行探索，而低绩效团队则更多的是在主动-重复阶段进行探索，由此可知在构建模式下进行探索的高绩效团队的探索深度高于在主动模式下进行探索的低绩效团队的探索深度。

另一方面，单独以 ICAP 框架为基础进行分析，结果表明低绩效团队（第 12 组）中的主动模式-重复阶段与交互模式-建立在他人成果之上的联系很强。依据表 6.11，ICAP 框架中的主动模式-重复阶段更多地强调讨论内容为教材内容，而交互模式-建立在他人成果之上更多地强调学习者的讨论内容是建立在其他学习者的所发消息内容之上，这两个指标的联系较强则说明了低绩效团队更多的是围绕教材内容展开交互讨论，而围绕教材之外的内容讨论较少，这表明该团队整体讨论深度有限，这可能是导致该学习者团队绩效不佳的因素之一。进一步地，在融合 ICAP 框架与 CP 框架的认知投入视角下进行分析，结果表明低绩效团队中 ICAP 框架中的主动模式-重复阶段与 CP 框架中的探索阶段联系紧密，在该结果的基础上结合单独以 ICAP 框架为基础的分析结果（主动模式-重复阶段和交互模式-建立在他人成果之上的联系很强）及对话内容，发现低绩效团队有如下特点：①在讨论内容上更多为教材上的内容；②该团队更多地处在探索阶段，很少经历问题解决阶段（该阶段属于 CP 框架中的高水平阶段），这意味着该团队讨论中的问题并没有得到有效的解决，这些未解决的问题可能会导致项目完成度有限，这进一步解释了为何该团队在实际项目要求的原型系统验收环节表现较差。

综上，融合ICAP框架与CP框架的认知投入分析视角可以更好地探究在单一框架下难以解释的结果，这有助于教师更好地对团队协作过程提供干预。

3. 学习者所在团队的认知投入度对项目完成度的影响（问题RQ6.6）

基于问题RQ6.6的实验结果，可以得出团队认知投入度会影响项目完成度，该结论为教师提供了一个干预视角。在实际的授课过程中，当学习者的认知投入度方面有所下滑时，教师可对此进行干预，以减少因学习者投入不够而造成对项目完成度的消极影响。

4. 相关工作对比

文献[100]的研究表明，学习者撰写消息并提交的行为本身即可直接导致学习的发生，特别是当这种消息涉及与他人合作并用以改进或解决学习过程中的问题时，其学习意义更加凸显。文献[101]的研究发现，参与了MOOC论坛讨论的学习者，其讨论行为及其强度与该学习者未来的学习收益呈正相关。文献[102]与[103]的研究则进一步发现，即使是该学习者在发出消息后没有收到回复或只收到形式上回复的情况下，其线上行为也与其学习收益呈正相关。文献[104]与[105]针对探究社区模型的实践研究工作表明，个体反思与和集体讨论都会在学习者的学习活动中起到重要作用。

在上述研究背景与基础之上，文献[93]结合ICAP框架和CP框架，开展了异步在线讨论过程中学习者的贡献深度与质量量化方面的研究，其研究表明，ICAP和CP这两个框架的指标之间没有唯一的对应关系，其中CP框架中的投入深度和质量更高的指标，与更高维度的ICAP指标一起出现的频率更高。在文献[93]的研究基础之上，本节探究在OOSE混合课程情境下两个框架指标之间的关系，具体描述如下：①ICAP和CP这两个框架的指标之间没有唯一的对应关系（这与文献[93]的研究结果一致）；②与文献[93]的研究结果相比，本书表明，ICAP和CP框架的指标之间不再强调简单的“低对低，高对高”的对应模式，其中CP框架中的低投入度指标可以与ICAP框架中高水平的认知活动相对应，反之亦然，据此，在OOSE混合课程情境下，有必要进一步研究学习者认知投入度度量问题；③本节构建融合ICAP框架和CP框架模型，并探究高绩效团队与低绩效团队在认知投入模式方面存在的差异。

六、小结

本节主要工作如下：①分析了ICAP框架的认知投入模式与CoI中的认

知存在阶段（即 CP）之间的关联，在此基础上，融合 ICAP 框架和 CP 框架，提出了在 OOSE 课程情境下团队讨论的认知投入分析模型；②使用 ENA 分别评估了在单独的 ICAP 框架模式、CP 框架模式及两种框架的融合模式下高绩效团队和低绩效团队的认知投入模式差异，发现在这两种框架的融合模式下能够获得更深刻的见解；③基于层次分析法和融合算法计算学习者团队的学习投入度，并验证了团队学习者认知投入度与项目完成度之间的强相关关系，即学习者团队的认知投入度会影响学习者团队的项目完成度。

第四节　学习者团队学习投入及其成绩之间关系的评测研究

学习者在学习上的投入程度对该学习者未来是否可取得好的成绩影响甚大[106]，这种假设已在相关文献的研究中得到了验证[107]。学习投入是指学习者在学习中付出努力的程度[108]，其目标是使得学习者领悟学习本质，并使其沉浸在学习中[109]。

在学习者（团队）学习投入及其与学习者成绩之间关系的研究方面，文献[110]在跨国教育的远程学习环境下，研究了虚拟学习参与度与学习者专业学业成绩之间的关系，定义了使用虚拟学习环境参与度指标，构建了基于课程作业分数生成学习者考试成绩的预测模型，该研究表明学习者个人因素（如行为因素和学习方式等）和课程作业变量对学习者的期末考试成绩预测的准确性影响较大，其研究价值在于学习者在预测模型的帮助下，可以通过调整学习者的学习方式或学习投入等来提高其学业成绩，也可对脱离学习正常轨迹的学习者提供早期的预警与干预；文献[111]采用 Spearman 相关系数和 Pearson 相关系数进行假设检验，研究了面对面课堂中的出勤率、学习投入度和学习成绩这三个关键变量之间的相关性，结果表明这三者之间存在正相关关系，这验证了在面对面课堂上学习者的学习投入越高，其可能取得的成绩就越好的假设；文献[112]进一步验证了学习投入与成绩之间的这种正相关性关系，如学习者在在线练习中的学习投入越大，则其在未来考试中所能取得的成绩就会越好。从研究工作中发现，一方面，相似的研究结果会出现在不同的应用场景中，如出现在阿拉伯语语法课程教学[113]中关于学习投入方面的研究结果，也出现在了翻转学习[114]和护理专业教育[115]等领域；另一方面，在这些场景中所面对的数据对象呈现出多样性特征（如结构化和非结构化等结构数据），且学习分析和机器学习等新技术也开始介入该研究与应用领域[116]。进一步，随着研究的深入，新的研究问题不断涌现，如不同的反思提示会对工科学习者的学业成绩和参与度产生怎样的影响[117]，高阶生活价值观是否是学习者学习投入和适应性学习成果的前因[118]等。

文献[108]采用实验法收集了多模态数据，以研究桌面虚拟现实学习环境对学习者的学习投入和学习成绩的影响，并将研究的结果与在线学习环境对学习者认知投入和学习成绩影响的结果进行了对比和分析，发现桌面虚拟现实学习环境下的学习者学习投入与成绩之间存在显著的相关关系，且认知投入和行为投入越高，对陈述性知识的学习效果越好；在相似的学习环境中，文献[119]针对如何实现深度学习投入问题进行了研究，观察到了如下现象，如与非 VR 组相比，VR 组的陈述性知识和程序性知识的情景化可以促进学习者的知识保留和内化，这增强了学习者的学习体验和深度投入，所以 VR 环境下的学习可不断地促进学习者的信息深度加工和学习投入；文献[120]关注了学习者的学习投入及心理感受，通过问卷调查方式分析了学习者的主要学习方式，并结合统计方法发现学习者的学习期望、能力对学业成绩的影响达到显著性水平，该研究表明，一方面，学习者的学习投入对心理感受有较大的影响，学习者的情感投入和心理感受对学业成绩有较大的影响，另一方面，教师的专业性对学习者的学习投入也有较大的影响。

上述研究分别针对线上虚拟环境（如文献[108]和[110]）和面对面课堂环境（如文献[112]）下的学习者的学习投入及其成绩（收获）之间的关系进行了研究。这些结果表明，相关研究问题不仅应该得到持续关注，还要进一步在相关的衍生环境或领域（如混合课程及团队学习投入与成绩关系）中迁移并加深研究。

一、问题定义

通过本节前面的文献分析，似乎很容易得出如下结论，即在学习活动中，学习者常常认为只要努力学习就能得到优异的成绩，教师在教学过程中也会陷入这样的认知误区，觉得听课认真、学习积极的学习者应该熟练地掌握了知识要点，但教学经验丰富的教师却能发现个别努力学习的学习者的成绩并不理想，这意味着相关研究依然有进一步深入的必要。

本节针对要研究的 OOSE 混合课程（注意该课程要求学习者以团队形式完成一个项目，该项目要求学习者团队完成一类学习分析原型系统），将研究学习者团队的学习投入度与学习成绩之间的关系，这也是进一步研究团队背景下的个体学习者的学习投入与学习成绩之间关系的一个有效抓手。

在开展有关问题的研究之前，先定义相关术语。

定义 6.10　团队学习投入度 P 。团队学习投入度（以下简称学习投入度）是该团队在某项学习任务中的投入程度的度量值，记为 P 。

在上述定义的基础上，提出如下问题进行研究。

问题 RQ6.7：如何计算学习者 i 的学习投入度 P_i ？

问题 RQ6.8：基于问题 RQ6.7，如何计算学习投入度 P ？

问题 RQ6.9：在学习过程中，学习者的学习投入度与其成绩之间的关系如何？

二、研究方法

1. 获取数据

本节所用数据来自于国内某大学三年级软件工程专业第 2 学期的 OOSE 混合课程。需要获取的数据可具体描述如下：①短文本形式的对话流数据，即采用了协作学习小组在课下完成应用系统开发与实现任务而产生的在线讨论内容（如采用 QQ 群方式）；②通过小组访谈与问卷环节可以进一步收集分析所需的各种数据，包括与能力评测、学习满意度、学习参与度和学习兴趣度等相关的数据或信息，以支持学习者团队的成绩测量和学习投入的测量。具体方式可以考虑在前测与后测两个测量阶段收集相关数据，如可将摸底考试作为前测阶段，而将焦点小组访谈和问卷环节作为后测阶段。

2. 学习者团队的成绩测量

本节要测量的 OOSE 学习者团队成绩包括摸底成绩、按软件生命周期各阶段的项目工作汇报成绩（以下简称汇报成绩）、期末成绩和团队最终成绩。下面先解释摸底成绩、汇报成绩和团队最终成绩这三个术语及其计算策略。

1）摸底成绩及其获取场景

摸底成绩（PTS）是指一种对学习者在正式学习 OOSE 课程之前应具备的基础知识和能力的度量值。

相关的研究假设描述如下：①研究者可以通过前测阶段获得摸底成绩数据，且规定该成绩大于 75 分为合格；②在开始 OOSE 正式课程内容学习之前，学习者应该具备的最重要的基础知识和能力是指学习者应有的专业基础知识和程序设计能力；③通过前测阶段获得学习者摸底成绩的途径主要有两种，一是通过摸底考试获得学习者的摸底成绩；二是教师根据学习者对部分前驱课程内容的复述情况加以判断，主观给出学习者的摸底成绩；

④学习者团队所撰写的文档质量可代表对应阶段的工作质量，并支持进一步根据该文档质量判断出该团队的汇报成绩。

2）按软件生命周期某阶段的汇报成绩

按软件生命周期某阶段（如需求获取）的汇报成绩，是指一种针对软件工程生命周期某个阶段需要验收文档的质量的度量值。

文档质量的度量按照统一的文档质量指标（如文档的正确性、完整性、可读性、可实现性、可追踪性等）进行打分，不同的质量指标具有不同的权重（如正确性为 0.3；完整性为 0.2；可读性为 0.2；可实现性为 0.15；可追踪性为 0.15 等），再将这些考虑了权重的得分分值累加后，作为某团队本阶段文档验收的汇报成绩。

基于该成绩，再依据团队中成员的不同贡献程度（权重）可以计算出该团队中各成员的汇报成绩，其中贡献值为 0～1 的小数，贡献值可按照某种策略（如投票）由各团队组长提供。

3）团队最终成绩

团队最终成绩（TFG）是指按照软件工程生命周期各个阶段汇报成绩综合后的度量值。

依据软件生命周期各阶段（如需求获取、需求分析、系统设计、对象设计等）的汇报成绩，按不同阶段的权重（如需求获取阶段的权重为 0.2；需求分析阶段的权重为 0.3；系统设计与对象设计阶段的权重为 0.3；原型系统实现的权重为 0.2 等）计算得到该团队最终成绩。

3. 计算学习者团队的学习投入度 P

1）学习投入度评测模型

本节所设计的学习投入度模型包含 4 个子模型，即学习能力评测模型、学习满意度评测模型、学习参与度评测模型和学习兴趣评测模型，相关模型的具体描述细节如图 6.10 所示。

2）学习者 i 的学习投入度计算（问题 RQ6.7）

基于文献[66]中定义的层次分析法，依据学习者学习投入度评测模型中的能力、满意度、参与度和兴趣子模型，可以得到学习者 i 的学习投入度计算公式 P_i：

$$P_i = E \times 48.69\% + A \times 30.31\% + I \times 13.95\% + S \times 7.05\% \tag{6.10}$$

式中，P_i 表示第 i 个学习者学习投入度之值；E 表示学习参与值；A 表示学习能力值；I 表示学习兴趣值；S 表示学习满意值。学习者的学习参与度之值（如 E）、学习能力值（如 A）等变量既可以通过技术手段（如采用内容分析法分析学习者的对话流文本）量化后获得，也可以通过调查问卷和访谈获得，这些指标对应的权重（如 48.69%）由文献[66]中的层次分析法计算获得。

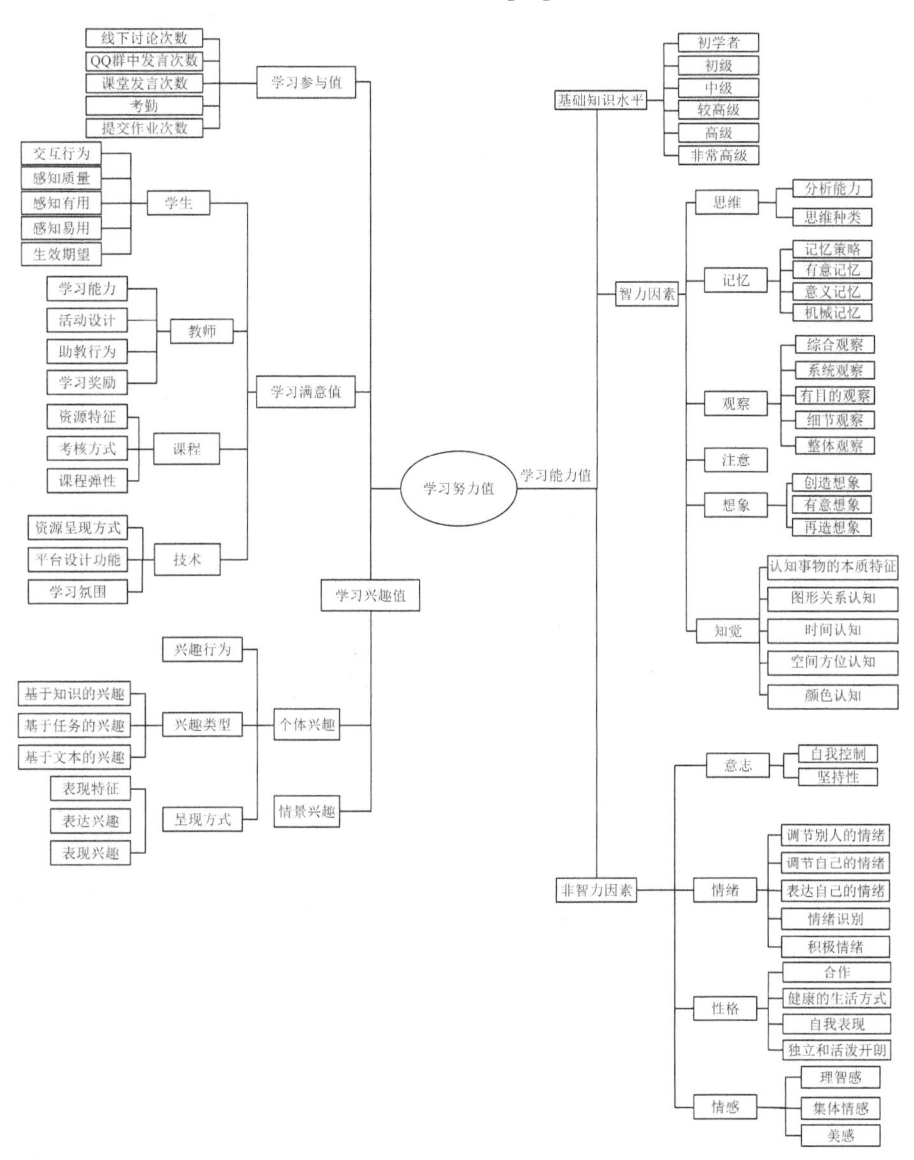

图 6.10　学习投入度评测模型

3）学习者团队的学习投入度 P 的计算（问题 RQ6.8）

基于 P_i 的计算，团队学习投入度 P 的计算公式如式（6.11）所示。

$$P=\left(\sum_{i=1}^{n}P_i\right)/n \tag{6.11}$$

式中，n 表示某团队的人数。

三、实验结果与讨论

通过分析学习者的对话流文本（短文本）、调查问卷和访谈记录文本等相关数据，采集到团队学习投入度计算的输入数据，利用式（6.11）计算出了各个团队的学习投入度值 P，实验结果如表 6.18 所示。

表 6.18　实验结果

团队编号	PTS	学习投入度之值 P	TFG
1	95	83	90
2	77	88	87
3	82	91	84
4	80	83	82
5	88	78	87
6	79	80	82
7	74	75	78
8	90	94	95
9	85	84	84
10	80	89	87
11	84	80	82
12	78	77	79

采用等价类划分方法，整合学习者团队的学习投入度 P、PTS 和 TFG，将 OOSE 混合课堂中的 12 个团队分类为 4 种不同类型（如高投入、成绩好；高投入、成绩差；低投入、成绩好；低投入、成绩差），从每种类别中随机选择一个团队进行案例分析。为此，选出 OOSE 混合课堂中的 5 个学习者团队（具体如第 1 组、第 5 组、第 8 组、第 10 组和第 11 组）的数据进行分析，以探究在学习过程中的学习者团队的学习投入度与其成绩之间的关系（问题 RQ6.9）。

为了进一步讨论，现定义并解释上述 4 种不同类型（如高投入、成绩好；高投入、成绩差；低投入、成绩好；低投入、成绩差）的学习者团队，具体如表 6.19 所示。

表 6.19　学习者团队类型定义

学习者团队类型	解释
高投入、成绩好类型	指团队在课余时间、精力等方面投入大，同时该团队取得了理想的成绩（如大于等于 80 分）

续表

学习者团队类型	解释
高投入、成绩差类型	指团队在课余时间、精力等方面投入大，但该团队没有取得理想的成绩（如 75 分以下）
低投入、成绩好类型	指团队在课余时间、精力等方面投入不大，但该团队取得了理想的成绩（如大于等于 80 分）
低投入、成绩差类型	指团队在课余时间、精力等方面投入不大，同时该团队没有取得理想的成绩（如 75 分以下）

实验结果如图 6.11 所示，观察该结果后发现，学习者团队不仅存在学习投入度与成绩之间有正相关性关系（即若投入大，则成绩好，或若投入小，则成绩差）的情况，还观察到了其他情况，下面将就这些情况进一步讨论。

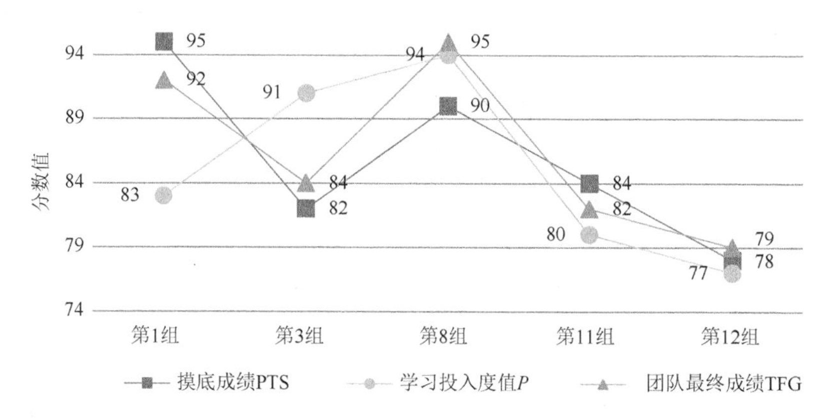

图 6.11　五个学习者团队的摸底成绩、学习投入度值和团队最终成绩实验结果

1. 高投入、成绩好类型的学习者团队情况分析

如图 6.11 所示，第 8 组属于高投入、成绩好类型的学习者团队。具体表现为，该组的学习者均花费大量时间和精力（依据学习者团队每周提交的讨论记录判定）积极参与小组讨论，每个阶段的验收文档质量较高，原型系统的实现和演示出色，最终取得了较高成绩。依据摸底测试（前测），并结合焦点小组访谈和问卷环节（后测）得知，该团队中学习者的专业基础均较强，如其中有两位学习者为 ACM 竞赛的获奖队员，他们的专业基础强且编程能力较强，在原型系统实现阶段，这两位编程能力较强的学习者出色地完成了原型系统实现方面的编码工作。以下访谈内容印证了这一点。

访问者：你觉得你们小组这次合作得怎么样？

学习者“801”：挺好的，首先我们组内的每个队员做事都很积极，无论是讨论环节还是合作完成任务环节都很有效率，最后项目的实现多亏两位编程能力强的队员，他们很负责地完成了系统实现任务。总之，我们组合作得很愉快，很成功。

综上分析，在专业基础较好且编程能力较强的前提下，在 OOSE 这个课程实践活动环节（包括讨论、原型系统实现）投入较多的时间和精力的学习者团队更有可能取得较好的成绩。

2. 高投入、成绩差类型的学习者团队情况分析

如图 6.11 所示，第 3 组属于高投入、成绩差类型的学习者团队。具体表现为该组的学习者均花费大量时间和精力（依据学习者团队每周提交的讨论记录判定）积极参与小组讨论，但每个阶段的验收文档质量较差，原型系统的实现不足且演示效果不佳，最终成绩不理想。依据摸底测试（前测），并结合焦点小组访谈和问卷环节（后测）得知，该团队中学习者的专业基础均较弱，整个团队的编程能力较弱，该团队中的学习者将大量时间投入在与编程有关的技术学习方面，导致能够投入原型系统设计与实现的时间有限，最终导致原型系统的实现不足且演示效果不佳。以下访谈内容印证了这一点。

访问者：你们组满意你们的成绩吗？

学习者“302”：是有点不满意的，有点付出与回报不成正比的感觉。可能是我们的基础较薄弱，我们花了很多时间在补之前学过的知识，我们组的队员的编程能力也都挺弱的，这可能是我们成绩较差的原因。

综上分析，在专业基础较弱且编程能力较差的背景下，虽然在 OOSE 这个课程实践活动环节（包括讨论、编程技术）投入较多的时间和精力，但该学习者团队仍无法取得较好的成绩。

3. 低投入、成绩好类型的学习者团队情况分析

如图 6.11 所示，第 1 组属于低投入、成绩好类型的学习者团队。具体表现为该组学习者的时间和精力投入有限（依据学习者团队每周提交的讨论记录判定），但每个阶段的验收文档质量较高，原型系统的实现和演示较为出色，最终取得了较高的最终成绩。依据摸底测试（前测），并结合焦点小组访谈和问卷环节（后测）得知，该团队中学习者的专业基础较好且能力较强，但由于其中有三位学习者因需要参加全国性大学生竞赛，所以在整个学期中的项目所要求的原型系统实现环节投入有限（如该团队的某时间段内出现了原型系统实现与参加竞赛相互冲突的情况），但该组依然完成了原型系统实现方面的编码工作。以下访谈内容印证了这一点。

访问者：对你们来说，最后交付的项目有难度吗？

学习者“101”：不算太有难度。我们组的做事效率挺高的，也有实战

经验，因为我们要参加其他竞赛，也没有花太多时间在这上面，最后是挤时间完成了一个合格的学习分析系统，如果有更多时间，那么我们也可以实现更多功能。

综上分析，在专业基础较好且编程能力较强的前提下，虽然学习者团队的投入时间有限，但该组依然能够完成规定的原型系统设计与实现，并取得了较好的成绩。

4. 低投入、成绩差类型的学习者团队情况分析

如图 6.11 所示，第 11 组和第 12 组均属于“低投入、成绩差”类型的学习者团队。具体表现为第 11 组和第 12 组的学习投入度与团队最终成绩均较低，这说明第 11 组和第 12 组均是低投入且成绩差的团队。依据摸底测试（前测），并结合焦点小组访谈和问卷环节（后测）得知，第 11 组的专业基础和编程能力一般，但该组学习者的学习积极性不高，对学习任务存在应付的情况，在原型系统设计与实现阶段，没有投入时间和精力去着手编码实现其系统，这导致了项目所要求的原型系统最终仅完成了原型系统界面设计而未实现实际系统功能等方面，故未能取得较好成绩；第 12 组专业基础和编码能力均较差，对 OOSE 课程没有兴趣，基本没有花时间投入课程中，个别学习者还出现了逃课行为，学习态度不端正，这导致了该团队最终没有完成原型系统的实现。以下访谈内容印证了这一点。

访问者：你们如何看待 OOSE 这门课？

学习者“1101”：没有太多兴趣，有很多概念性的东西不太理解，与学习分析技术相关的算法也比较晦涩难懂，实现这个项目对我来说太有难度了。

综上分析，在专业基础差且编程能力弱的前提下，学习者团队学习态度不积极、不上进，是该学习者团队难以取得好成绩的重要原因。

四、建议

以上 4 种团队的学习情况对教师的教学设计有一定的启发意义。由上述案例研究可以发现，一方面，学习者的基础知识和编程能力是完成项目所要求的原型系统实现的关键因素，而编程能力在项目所要求的原型系统实现中的决定性作用更加突出，因此在该课程之前的前驱课程教学环节应加强学习者编程能力的培养；另一方面，学习者的学习态度和学习品质（意志品质的具体体现）也非常关键，这些因素常常会影响学习者所在团队的项目所要求的原型系统实现结果，所以平时应该加强针对学习者的学习能力和学习品质的培养。

在实际教学场景中，教师可以依据学习者团队的不同情况实施针对性的干预措施：①在面对专业基础差且编程能力有限，但依旧努力学习，以弥补其不足的团队（如第 3 组），教师可以给予一定的鼓励和针对性的辅导，帮助该团队的学习者跟上正常的学习节奏；②面对专业基础一般、编程能力一般的团队（如第 12 组），教师可以给予一定的专业性引导，如推荐学习资源等，以提高学习者团队的学习效率。

五、小结

本节针对学习者团队学习投入及其成绩之间关系评测开展了研究，包括通过层次分析法模型计算得到学习者 i 的学习投入度；进一步计算团队学习投入度；在此基础上，研究学习过程中学习者团队的学习投入度与其成绩之间的关系。据此，针对 4 种不同类型（如高投入、成绩好；高投入、成绩差；低投入、成绩好；低投入、成绩差）的学习者团队，展开了相关实证研究，并提出了相关建议。

第五节　学习者的深度学习能力评测探究

随着“互联网 + ”时代全新教育理念与学习方式变革的发展，对学习者需要具备的关键能力提出了更高的要求，即学习者不仅要牢固掌握学科知识，还要具有良好的问题解决、高阶思维、自主学习和终身学习的能力，这些能力即深度学习能力。深度学习能力作为一种内涵丰富的综合能力，涵盖了学习者的认知领域、人际领域和自我领域三大方面的能力[121, 122]，是学习者有效适应当今时代学习、工作和生活的重要能力群组[123]。因此，深度学习能力评测研究对学习者具有重要的导向与调控作用，引起了教育工作者和研究人员的广泛关注。

通过梳理已有研究发现，目前关于深度学习能力的评测方式仍以问卷为主[124, 125]，如文献[126]采用问卷调查的方式，探究了混合式教学模式构建对深度学习能力的促进作用；文献[127]采用问卷调查的方式，探究了年龄和性别对深度学习方法的影响；文献[128]通过编制混合学习环境下的学习者深度学习量表，测量了深度学习的质量；文献[129]还探究了以学习者为中心的教学是否能够预测学习者在课堂上使用深度学习方法方面的问题。进一步，也有研究者采用问卷和其他形式相结合的方式对学习者的深度学习能力进行评测，如文献[130]通过试卷方式测量了深度学习能力的知识部分，通过问卷方式测量了学习者深度学习能力的其他维度，据此可更好地探究课堂教学设计对学习者的影响；文献[131]通过问卷的方式测量了学习者社会层面的深度学习水平，通过问卷、试卷和访谈结合的方式测量了学习者课程层面的深度学习水平，从社会层面和课程层面探究了交互教学对深度学习的影响。

上述相关研究的特点是从静态数据视角开展与深度学习能力相关的研究。

但实际情况是，学习者的深度学习能力本身是动态发展和变化的，因此需要对其过程进行全面、动态地评估，而传统的调查问卷和自我报告等方式无法满足这一需求。针对这一研究专题，文献[42]采用了社会认知网络特征（SENS）方法，对深度学习能力进行了全面、动态地表征，并验证了该研究方法在评测深度学习能力方面的有效性。此外，与深度学习能力相关的大部分研究多集中在教育技术学[132]、政治学[133]等专业领域，相关工作较少针对工程教育领域下的学习者深度学习能力评测。文献[125]的研究认为，不同学科背景下深度学习的具体表征、促进策略和应用成效是不尽相同的，且学科差异也会导致深度学习能力的不同。此外，在其他领域所获得的相关研究结论是否可以直接迁移到工程教育领域中，这本身还是一个有待研究的课题，因此有必要进一步研究工程教育中的学习者深度学习能力评测问题。

综合以上分析，本节试图提出采用 SENS 方法对软件工程专业学习者的深度学习能力进行表征，并进一步确定不同类别的学习团队之间在深度学习能力方面的差异，以期对软件工程专业学习者的深度学习能力培养提供启发意义。

一、问题定义

1. 相关术语

为了探究基于 SENS 方法表征 OOSE 混合课程情境下学习者的深度学习能力，以解决针对该能力的评测问题，先定义如下相关术语。

定义 6.11　学习者团队的意见领袖。在 OOSE 中，学习者团队意见领袖是指各组中的核心成员，该成员或是独立承担团队的主要实现任务的主程序员，或是作为进行组内分工协调的项目经理（如团队的队长），或是这两种角色兼而有之的成员。

定义 6.12　OOSE 学习者团队的深度学习能力。OOSE 学习者的深度学习能力，可以通过认知领域（包括掌握核心学科知识的能力、批判性思维和复杂问题解决的能力）、人际领域（包括团队协作能力和有效沟通能力）和个人领域（包括学会学习的能力与学术毅力）三个维度加以刻画或表征[134]。

如文献[43]将深度学习用于翻转教学，以探索分组中的学习者在作品质量、动机策略和自我效能感方面的差异。

定义 6.13 度数中心度（DC）。DC 是一种用来测量 SNA 网络中一个节点与所有其他节点相联系程度[134]的度量值。

定义 6.14 学习者团队的深度学习能力评测。该问题的输入如下：①知识体系与能力、ICAP 和 CP 这三个框架下的编码数据；②每个团队对应的互动关系矩阵。该问题的输出如下：①学习者团队的认知网络图；②该团队中每一位学习者的度数中心度。

其中，本节将引用第六章第二节中的知识体系与能力编码框架（表 6.1），以及第六章第三节中的 ICAP 编码框架（表 6.11）和 CP 编码框架（表 6.12）。

针对定义 6.14 中的问题，一种可行的求解思路是采用基于 SENS 方法进行学习者的深度学习能力评测。由于 SENS 可视为 ENA 和 SNA 的结合，故可将知识体系与能力编码框架（表 6.1）、ICAP 编码框架（表 6.11）和 CP 编码框架（表 6.12）下的编码数据输入 ENA 工具中，将每个团队对应的互动关系矩阵输入 SNA 工具中，据此求解后得到学习者团队的认知网络图和该团队中每一位学习者的度数中心度。针对这些数据可以开展针对学习者团队的深度学习能力的评测研究。

2. 研究问题描述

在上述相关研究背景和术语的基础上，现提出如下研究问题。

问题 RQ6.10：SENS 研究方法是否可以表征 OOSE 学习者团队的学习能力？

问题 RQ6.11：意见领袖角色在学习者团队协作中是否起到重要作用？

问题 RQ6.12：意见领袖角色在学习者团队协作中起到了怎样的作用？

二、研究方法

1. 学习者团队的深度学习能力框架设计

基于文献[42]的研究，并结合 OOSE 的实际情况，从认知、人际和自我领域三个维度定义了学习者团队的深度学习能力框架，具体描述如表 6.20 所示。

表 6.20 OOSE 学习者的深度学习能力框架

领域	能力
认知领域	掌握 OOSE 核心学科知识
	软件开发

续表

领域	能力
人际领域	团队协作
	有效沟通
自我领域	认知投入

2. 学习者团队的深度学习能力分析方法

文献[42]认为，采用 SENS 方法[135]可以准确地刻画学习者团队的深度学习能力。据此，针对 OOSE 课程背景，学习者团队深度学习能力表征与分析的相关步骤如下所示。

第一步，使用 SNA 工具针对学习者团队之间的互动关系构建社会网络，该网络用于分析学习者团队之间的人际互动关系，可以探究学习者团队在学习过程中人际领域的协作能力和沟通能力，具体参见表 6.21。

第二步，使用 ENA 工具分析学习者团队在认知领域和自我领域两个方面的深度学习能力，即通过 ENA 工具对学习者团队讨论中的协作对话流进行内容分析，以动态地提取学习者团队与认知投入、知识体系和能力相关的认知网络分析图，再通过对认知网络分析图中网络权重的分析，以深度追踪与分析学习者团队在认知领域和自我领域的相关内隐信息[128]。针对认知领域和自我领域，具体的研究内容和方法的选择如表 6.21 所示。

表 6.21　针对深度学习能力框架中的三大领域的研究内容与采用的编码框架

领域	研究内容	
	（ENA）编码框架的选择	（SNA）数据关系的选择
认知领域	知识体系框架 + 能力框架	—
自我领域	ICAP 框架 + CP 框架	—
人际领域	—	小组对话的互动关系

3. 探究 OOSE 学习者团队的深度学习能力（问题 RQ6.10）的途径

针对 OOSE 课程背景下的某一学习者团队，探究问题 RQ6.10 的途径有两步。

（1）应用 SNA 方法对学习者团队在人际领域方面的能力进行分析。首先，整理所有学习者团队在交互平台（如 QQ 群）中的互动关系，该互动关系是指学习者在交流和沟通过程中对话流文本（短文本）的流向（如学习者 A 与学习者 B 之间的一次对话，或者如学习者 A 对学习者 B 的一次回复）。由此可将原始对话流文本整理成一个 $N \times N$ 的互动关系矩阵，该互动关系矩阵的一个具体实例如表 6.22 所示。在表 6.22 中，矩阵中的行代表对话流文本中消息的发送者，列代表对话流文本中消息的接收者，数字代表两个成员之间对话的次数，该数值越大，则表明这两个成员间的沟通频率越高或关联关系越强。其次，将学习者互动关系矩阵（表 6.22）导入 SNA 工具（如 UCINET 软件）进行度数中心度分析。

表 6.22　学习者互动关系矩阵

学生	学生			
	GZH	RJ	TZF	JZC
GZH	0	27	19	20
RJ	22	0	5	6
TZF	21	3	0	2
JZC	14	6	4	0

（2）分析学习者团队在认知领域和自我领域方面的相关能力。首先，使用知识体系与能力框架下的编码数据作为 ENA 工具的输入数据（表 6.2），可以得到该学习者团队知识体系与能力框架下的认知网络图，该图可用于分析学习者团队的认知领域；其次，使用 ICAP 框架和 CP 框架下的编码数据作为 ENA 工具的输入数据（表 6.13），可以得到 ICAP 框架和 CP 框架下的认知网络图，该图可用于分析学习者团队的自我领域。

4. 探究意见领袖角色在学习者团队协作中作用（问题 RQ6.11）的途径

首先，使用由 SNA 工具得到的度数中心度，探究学习者团队的结构组成情况，用于判断该学习者团队是否存在意见领袖；其次，选择存在意见领袖的学习者团队和缺失意见领袖的学习者团队，采用 ENA 工具对这两组团队中的认知领域和自我领域方面的相关能力（如知识掌握和认知能力等）进行差异（对比）分析。

三、研究结果与讨论

1. 问题 RQ6.10 的结果与讨论

1）认知领域视角下基于案例的 OOSE 学习者团队深度学习能力的表征

选择 OOSE 课程中的一个学习者团队（如在此环节所选的是第 5 组）进行探究。图 6.12 是采用 ENA 工具计算得到的第 5 组学习者团队基于知识体系与能力框架的认知网络图。针对该网络进行分析，发现该网络整体分布较密集且该网络中节点之间存在强联系，具体分析结论如表 6.23 所示。

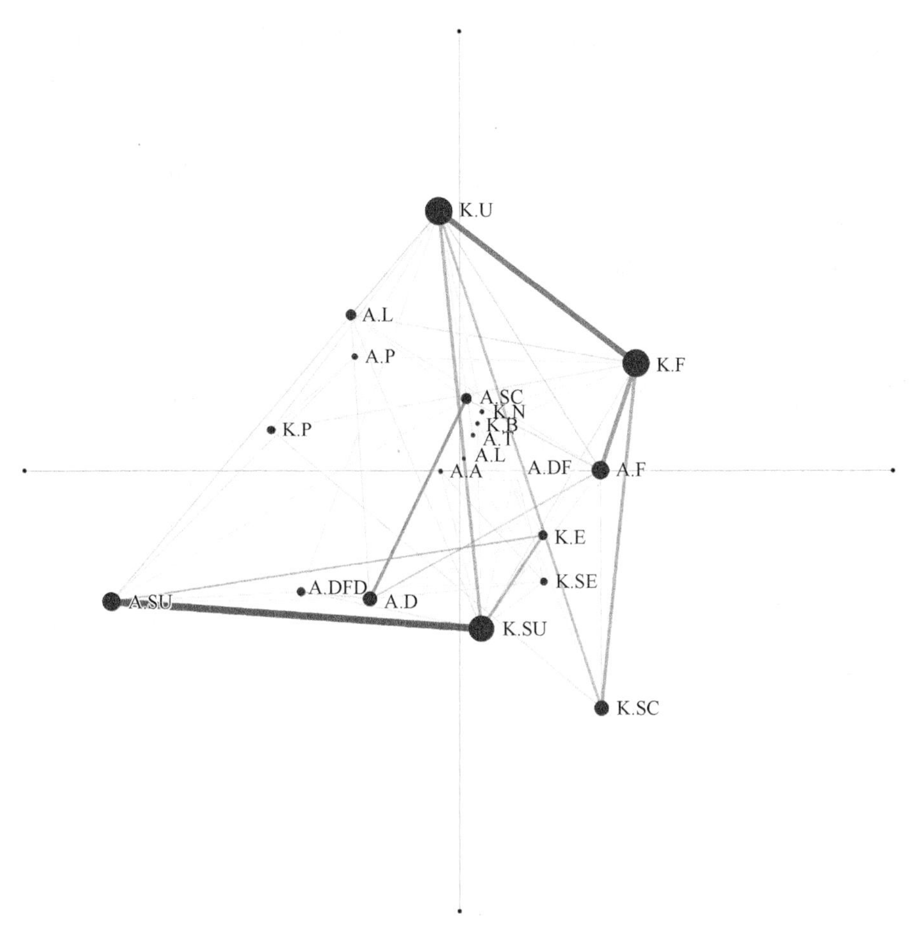

图 6.12 第 5 组专业素养的认知网络图

表 6.23 图 6.12 中的强联系共现表

序号	节点-节点	节点 1 含义	节点 2 含义	网络权重
1	K.SU-A.SU	子系统与类	子系统分析与软件体系结构设计	0.44
2	K.U-K.F	用例	功能性需求	0.39
3	K.F-A.F	功能性需求	获取功能性需求	0.29
4	K.SC-K.F	场景	功能性需求	0.23
5	K.U-K.SU	用例	子系统与类	0.23

首先，由表 6.23 中可知，子系统与类（K.SU）节点与子系统分析与软件体系结构设计（A.SU）节点之间建立了最强联系（网络权重值为 0.44）。其中，子系统与类（K.SU）是系统设计中核心的知识点，而子系统分析与软件体系结构设计（A.SU）是系统设计的必备能力，这两个节点之间呈现出了强

联系。这意味着，一方面，该团队具备了开发原型系统所要求的知识体系与编程能力；另一方面，说明该团队中的学习者比较擅长将从课程中学到的专业知识灵活地应用到实际项目所要求的原型系统开发中。其次，依据表 6.23 中的网络权重指标一栏内的权重值，也可以发现用例节点和功能性需求节点之间也建立了较强联系，这类联系的出现符合 OOSE 知识体系要求，即围绕用例描述对应的系统功能性需求。综合上述分析，研究者认为第 5 组学习者团队在 OOSE 的认知领域方面的知识点掌握与应用能力方面均较强。

2）自我领域视角下基于案例的 OOSE 学习者团队深度学习能力的表征

图 6.13 是第 5 组学习者团队基于 ICAP 框架和 CP 框架的认知网络图，其中表 6.24 描述了图 6.13 中网络共现的权重情况。针对该网络所发现的结论可描述如下：第一点，触发事件（E.T）节点与主动模式中的强调（A.E）节点之间的关联最强；第二点，探索（E.E）节点与构建模式中的提问（C.A）节点之间的关联最强；第三点，整合（E.I）节点与构建模式中的提问（C.A）节点之间的关联最强；第四点，解决（E.S）节点没有与任何节点发生关联。

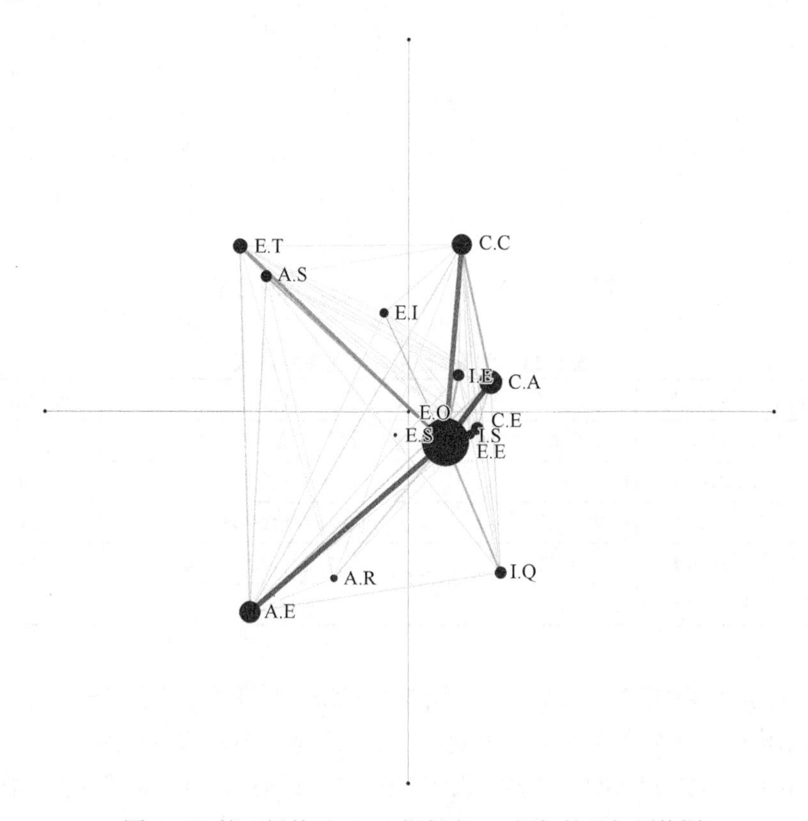

图 6.13　第 5 组基于 ICAP 框架和 CP 框架的认知网络图

表 6.24　图 6.13 中的网络权重

ICAP 指标	CP 指标			
	E.T（触发事件）	E.E（探索）	E.I（整合）	E.S（解决）
A.R（重复）	0	0.11	0	0
A.E（强调）	0.11	0.42	0.03	0
A.S（总结）	0.05	0.19	0.01	0
C.A（提问）	0.06	0.44	0.05	0
C.E（解释）	0.03	0.23	0.02	0
C.C（整合创造）	0.05	0.4	0.04	0
I.S（支持）	0.03	0.12	0.01	0
I.E（建立在他人成果之上）	0.03	0.19	0.02	0
I.Q（质疑和争辩）	0.02	0.19	0.02	0

现针对这四点的发现，进一步地分析与解释如下所示。

针对第一点发现，该关联表明第 5 组学习者团队触发问题的来源多为教师所发布的材料。

针对第二点发现，该关联表明第 5 组学习者团队中的学习者在信息共享过程中，更多的是采用提问方式与其他学习者进行交流。

针对第三点发现，该关联表明第 5 组学习者团队的学习者在进行观点融合时，更多地以提问的方式表达自己的见解。

针对第四点发现，在通常情况下，当解决（E.S）节点与 ICAP 框架中的其他节点之间产生联系时，其所对应的场景正好反映的是团队内的讨论具有更好效果的场景。但在本案例背景之下，由于第 5 组学习者团队中的解决节点并没有与其他节点之间发生关联，因此依据第六章第四节中的解决（E.S）节点代表着高水平的认知投入的这一假设，可推测该组在当前阶段学习者团队的认知投入水平表现一般。

3)人际领域视角下基于案例的 OOSE 学习者团队深度学习能力的表征

表 6.25 是第 5 组学习者团队中各个成员的度数中心度。由表 6.25 可知，该团队中各个成员的网络度数中心度差异较小，这表明该团队中的每个成员在团队中的地位同等重要，这意味着在该团队中既没有边缘人物，也没有核心人物，说明该团队很难形成意见领袖。

表 6.25　第 5 组各个成员的网络度数中心度

姓名	度数中心度
GZH	84
RJ	83
TZF	83
JZC	78

4）SENS 研究方法对 OOSE 学习者团队学习能力表征的讨论

综上所述，①在认知领域方面，第 5 组学习者团队的专业知识掌握较好，具有一定编程基础，有能力做出一个合格的项目；②在自我领域方面，该团队的认知投入水平一般；③在人际领域方面，该团队的人际关系所反映出的是该团队既没有核心人物，也没有边缘人物。

2. 问题 RQ6.11 的结果与讨论

第 5 组学习者团队的最终原型系统验收成绩被评定为中等，为此研究者专门在课后访谈中调查了该组原型系统验收成绩不理想的原因，相关的访谈内容节选如下所示。

访问者：你们团队每次讨论后有什么收获吗？

受访者：在讨论中大家都各抒己见，有很多新的想法迸发出来，但讨论到最后没有人总结解决方案，匆匆结束了讨论，讨论完也还是有点不确定接下来怎么做。

访问者：是什么原因导致你们团队的项目没有做完？

受访者：我们团队负责后端的同学已经完成任务，负责前端的同学在实习，加班很晚，一直抽不出时间做前端，导致我们组的项目没有完成集成。

结合第 5 组的人际关系和访谈数据，研究者发现该团队的主要问题是，在系统集成这一关键的开发阶段中出现团队队员状态松懈和各自为战的情况，此外，由于在团队内部缺乏意见领袖，没有成员愿意（也可以认为该团队没有成员有足够的号召力或缺乏意见领袖）在这个关键时间节点上主动站出来，督促其他成员在原型系统集成上投入更多的时间和精力，这会让所开发的原型系统在未来验收时埋下前后端未实现集成的隐患。这意味着，一方面，意见领袖在团队协作中所起到的统一意见、领导部署、协调队员积极性等方面作用是该团队成功的关键因素；另一方面，由于该团队缺乏意见领袖，虽然其成员的个体能力突出，但由于成员间各自为战，这造成该组的前端系统和后端系统没有集成起来，在最终的系统验收时该团队分别进行了前端和后端系统的演示（而不是以集成系统形式演示），演示效果较差，影响了该组的成绩。

综上分析，研究者认为缺乏意见领袖是造成该团队最终项目所要求的原型系统验收成绩不理想的重要因素。这也意味着，意见领袖角色在团队协作中起着重要作用。

3. 问题 RQ6.12 的结果与讨论

针对问题 RQ6.11 的实验结果，进一步需要探究的是意见领袖在团队协作中会起到怎样的作用？针对该问题，研究者选择了有意见领袖的第 8 组与无意见领袖的第 5 组这两个学习者团队进行研究和对比。

表 6.26 显示了第 8 组学习者团队中的各个成员的度数中心度，发现第 8 组学习者团队成员间的度数中心度之间存在较大差异。这可以推断第 8 组学习者团队成员中可能存在着意见领袖。最后研究者结合访谈发现度数中心度最高的学习者 801 是该团队中最具凝聚力的意见领袖。

表 6.26　第 8 组各个成员的网络度数中心度

姓名	度数中心度
801	210
802	148
803	145
804	101

1）有/无意见领袖的团队在认知领域方面的差异

图 6.14 是第 5 组学习者团队与第 8 组学习者团队基于知识体系与能力框架的认知网络差异图。其中，粉色代表第 5 组学习者团队，蓝色代表第 8 组学习者团队，粉色的连线代表第 5 组学习者团队的共现相比第 8 组学习者团队的共现多出的部分，蓝色的连线代表第 8 组学习者团队的共现相比第 5 组学习者团队多的部分。表 6.27 整理了图 6.14 中联系较强的共现，

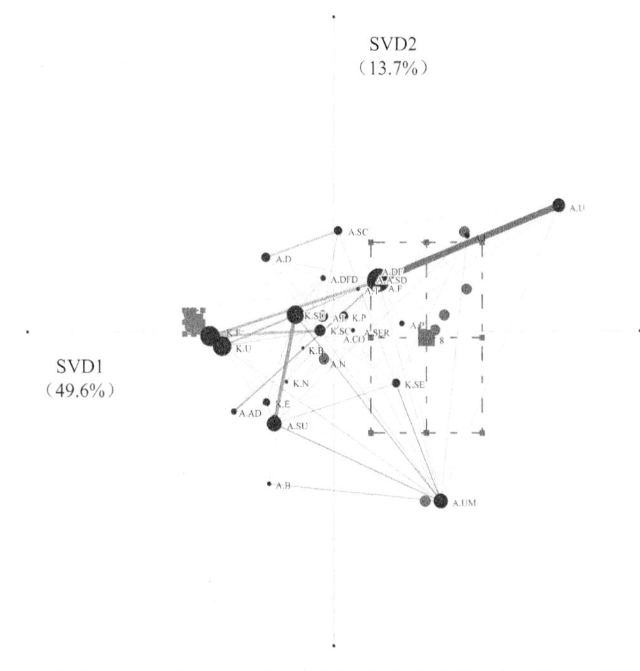

图 6.14　第 5 组与第 8 组的基于知识体系与能力框架的认知网络差异图（见彩图）

表 6.27　图 6.14 中联系较强的共现

序号	节点-节点	节点 1 含义	节点 2 含义	COV
1	A.U-A.F	获取用例	获取功能性需求	–0.58
2	K.SU-A.SU	子系统与类	子系统分析与软件体系结构设计	0.34
3	K.F-A.F	功能性需求	获取功能性需求	0.28
4	K.SC-K.F	场景	功能性需求	0.23
5	A.SC-A.D	获取场景	标识并存储持久性数据	0.21

其中表中数值表示第 5 组学习者团队的网络权重值减去第 8 组学习者团队网络权重值之后的结果。

采用统计分析（配对样本 t 检验）来探索这两组网络的差异是否显著。沿着 X 轴，假设所用的是方差不相等的配对样本 t 检验，在给定显著水平 $\alpha = 0.05$ 条件下，其结果显示第 5 组学习者团队（$M = -1.79$，$\mathrm{SD} = 0.07$，$N = 4$）与第 8 组学习者团队（$M = 1.19$，$\mathrm{SD} = 0.68$，$N = 4$；$t(5.17) = -10.66$，$p = 0.00$，科恩值$d = 5.53$）之间存在统计学意义上的显著性差异。沿着 Y 轴，假设所用的依然是方差不相等的配对样本 t 检验，在显著水平 $\alpha = 0.05$ 条件下，其结果显示第 5 组学习者团队（$M = 0.12$，$\mathrm{SD} = 0.09$，$N = 4$）与第 8 组学习者团队（$M = 0.08$，$\mathrm{SD} = 1.13$，$N = 4$；$t(5.10) = 0.42$，$p = 0.69$，科恩值$d = 0.22$）之间没有统计学意义上的显著性差异。因此，这些结果表明两组的网络差异主要体现在 X 轴方向。

进一步，着重分析差异较大的联系，如相比第 5 组学习者团队的网络，第 8 组学习者团队的网络中获取用例（A.U）与获取功能性需求（A.F）的联系更紧密；又如相比第 8 组学习者团队的网络，第 5 组学习者团队的网络中子系统与类（K.SU）与子系统分析与软件体系结构设计（A.SU）、功能性需求（K.F）与获取功能性需求（A.F）的联系更加紧密，其中获取用例（A.U）、获取功能性需求（A.F）和功能性需求（K.F）等指标属于 OOSE 中的需求获取阶段的指标，而子系统与类（K.SU）和子系统分析与软件体系结构设计（A.SU）等指标则属于 OOSE 中的系统设计阶段的指标，这表明两组学习者团队所讨论主题与重点不一样。其中，第 5 组学习者团队在需求获取阶段投入了较多时间；而第 8 组学习者团队在需求获取与分析阶段和系统设计阶段均投入了较多时间。通过访谈表明，第 8 组学习者团队在意见领袖 801 的带领下，从需求获取阶段（即解决软件系统做什么的问题）顺利过渡到系统设计阶段（即解决软件系统怎么做的问题），这为后继原型系统的实现奠定了基础，而第 5 组学习者团队由于没有意见领袖，在完成需求获取与分析后，做简单分工并各自为战，这为未来系统无法集成埋下伏笔。由此可见意见领域在团队协作中的重要作用。

除此之外，这两个网络中的其他联系的差异较小，可见这两组学习者的知识体系均较全面，只是两个组都有各自关注与讨论的重点，整体来看，两组学习者的专业素养水平相差无几。

2）有/无意见领袖的团队在自我领域方面的差异

图 6.15 是第 5 组学习者团队与第 8 组学习者团队基于 ICAP + CP 框架的认知网络差异图。采用统计分析（配对样本 t 检验）探索这两组网络的差异是否显著。沿着 X 轴，假设所用的是方差不相等的配对样本 t 检验，在给定显著水平 $\alpha = 0.05$ 条件下，其结果显示第 5 组学习者团队（$M = 5.30$，$\mathrm{SD} = 0.29$，$N = 4$）与第 8 组学习者团队（$M = 5.30$，$\mathrm{SD} = 0.74$，$N = 4$；$t(3.90) = -26.72$，$p = 0$，科恩值$d = 18.89$）之间存在统计学意义上的显著性差异。沿着 Y 轴，假设所用的依然是方差不相等的配对样本 t 检验，在显著水平 $\alpha = 0.05$ 条件下，其结果表明第 5 组学习者团队（$M = 0.12$，

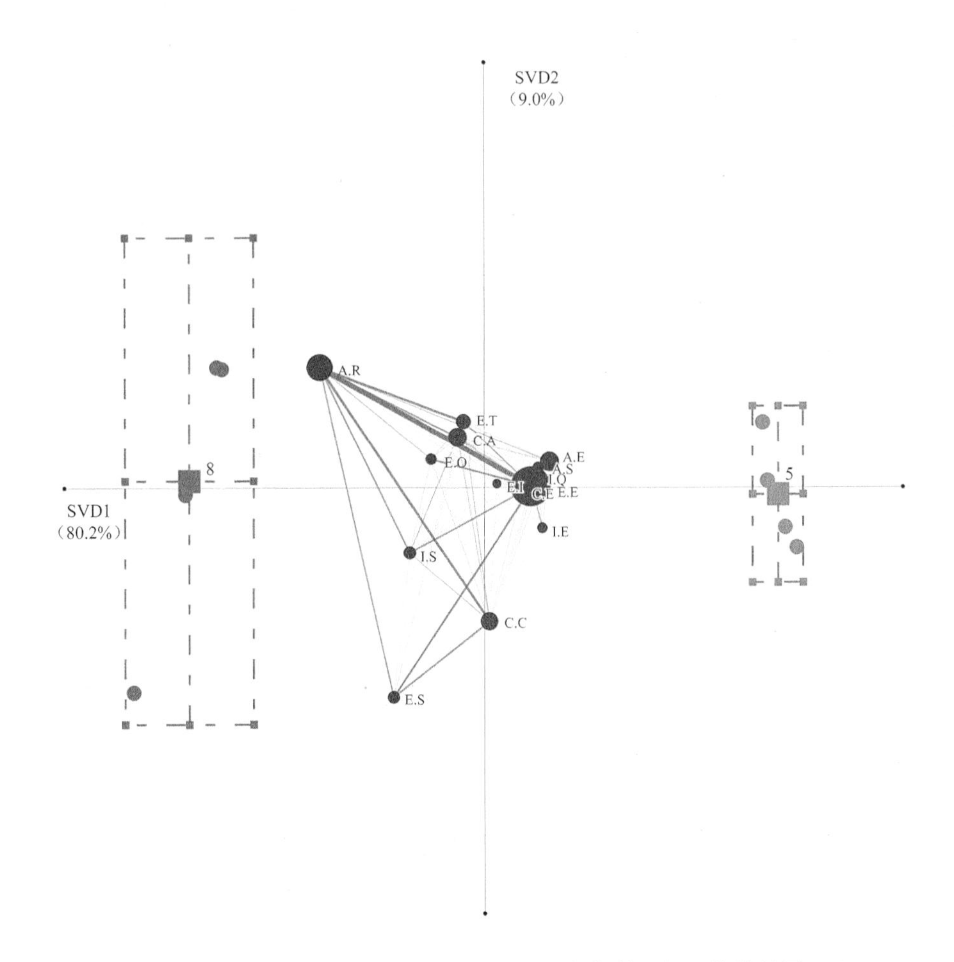

图 6.15　第 5 组与第 8 组基于 ICAP+CP 框架的认知网络差异图

SD = 0.99，$N = 4$）与第 8 组学习者团队（$M = -0.12$，SD = 2.73，$N = 4$；$t(3.78) = -0.17$，$p = 0.87$，科恩值$d = 0.12$）之间没有统计学意义上的显著性差异。因此，这些结果表明两组网络差异主要体现在 X 轴方向。

表 6.28 整理了图 6.15 中的网络权重值，表中的数值表示第 5 组学习者团队的网络权重值减去第 8 组学习者团队网络权重值之后的结果。若该值为负数，则表示针对某一个连接，第 5 组学习者团队的权重值低于第 8 组学习者团队的权重值，该值的绝对值代表两者之间相差的尺度。明显可以看到，只有第 8 组具有与解决相关的连接共现，而第 5 组缺少解决阶段。在第六章第四节中阐述了解决阶段在小组协作讨论中的重要性，解决阶段不但可以解决个人所承担的任务，还可以解决团队的集成任务，没有解决阶段就无法形成团队的最终结果，如第 5 组由于无意见领袖导致没有经历解决阶段（如最终的前后端系统之间的集成），最终表现为原型系统验收时无法以整体集成系统的形式进行演示。综上，这表明意见领袖在团队认知水平方面起着重要的作用，是实现团队集成任务（问题解决）达成的关键。

表 6.28　图 6.15 中的网络权重

ICAP 指标	CP 指标			
	E.T（触发事件）	E.E（探索）	E.I（整合）	E.S（解决）
A.R（重复）	**−0.17**	**−0.34**	**−0.02**	**−0.1**
A.E（强调）	0.07	0.24	0.02	**−0.02**
A.S（总结）	0.03	0.13	**−0.01**	0
C.A（提问）	**−0.05**	0.14	0.04	**−0.01**
C.E（解释）	0	0.15	0.02	0
C.C（整合创造）	**−0.05**	0	0.03	**−0.12**
I.S（支持）	**−0.05**	**−0.12**	**−0.01**	**−0.02**
I.E（建立在他人成果之上）	0.01	0.13	0.02	0
I.Q（质疑和争辩）	0.01	0.14	0.02	0

四、小结

本节验证了 SENS 方法可以表征 OOSE 学习者团队的学习能力（问题 RQ6.10），对学习者团队的协作学习情况进行了全面刻画，发现了意见领袖的重要作用（问题 RQ6.11），在此基础上探究了（问题 RQ6.12），意见领袖能够起到了一个领导作用，为队员分配任务，监督队员按时完成，这有利于促进学习者团队在自我领域和认知领域方面的能力，具体表现为促进认知水平的提高和项目开发的持续投入，以上结论对进一步探究软件工程专业学习者的深度学习能力培养具有一定的启发意义。

参考文献

[1] 赵明仁，王嘉毅. 促进学习者发展的课堂教学评测. 教育理论与实践，2001（10）：41-44.

[2] 魏红. 我国高校教师教学评测发展的回顾与展望. 高等师范教育研究，2001（3）：68-72.

[3] 李志义. “水课”与“金课”之我见. 中国大学教学，2018（12）：24-29.

[4] 张春莉. 从建构主义观点论课堂教学评价. 教育研究，2002，23（7）：37-41.

[5] 吴有昌，高凌飚. SOLO 分类法在教学评价中的应用. 华南师范大学学报（社会科学版），2008（3）：95-99.

[6] Heo H，Bonk C J，Doo M Y. Influences of depression，self-efficacy，and resource management on learning engagement in blended learning during COVID-19. The Internet and Higher Education，2022，54：100856.

[7] Zhong Q，Wang Y，Lv W，et al. Self-regulation，teaching presence，and social presence：Predictors of students' learning engagement and persistence in blended synchronous learning. Sustainability，2022，14（9）：5619.

[8] Peng L，Deng Y，Jin S. The evaluation of active learning classrooms：Impact of spatial factors on students' learning experience and learning engagement. Sustainability，2022，14（8）：4839.

[9] Wang Y. Effects of teaching presence on learning engagement in online courses[J]. Distance Education，2022，43（1）：139-156.

[10] Hutain J，Michinov N. Improving student engagement during in-person classes by using functionalities of a digital learning environment. Computers and Education，2022，183：104496.

[11] 庞维国. 自主学习的测评方法. 心理科学，2003，26（5）：882-884.

[12] 张伟远. 网上学习环境评价模型、指标体系及测评量表的设计与开发. 中国电化教育，2004（7）：29-33.

[13] 许涛. 慕课同伴互评模型设计研究. 开放教育研究，2015，21（2）：70-77.

[14] 胡航，米雪，李雅馨，等. 深度学习品质刻画：评测工具的开发与应用——基于四城市小学生数学学习的实证研究. 华东师范大学学报（教育科学版），2021，39（11）：73-85.

[15] 张琪，武法提. 学习行为投入评测框架构建与实证研究. 中国电化教育，2018（9）：102-108.

[16] 李爽，李荣芹，喻忱. 基于 LMS 数据的远程学习者学习投入评测模型. 开放教育研究，2018，24（1）：91-102.

[17] 高鹏怀，林乐光. 少数民族“内高班”学习力评测与提升策略研究. 黑龙江民族丛刊，2020（1）：145-150.

[18] 肖睿，刘千慧，尚俊杰，等. 学习者的学习效率评测研究——以“课工场”平台

学习者的课程学习为例. 现代教育技术，2021，31（1）：62-68.

[19] Sun W，Hong J C，Dong Y，et al. Self-directed learning predicts online learning engagement in higher education mediated by perceived value of knowing learning goals. The Asia-Pacific Education Researcher，2023，32（3）：307-316.

[20] 李振华，张昭理，刘海. 基于模型集成的在线学习投入评测方法研究. 中国远程教育（综合版），2020（10）：9-16，60.

[21] 张琪，武法提，许文静. 多模态数据支持的学习投入评测：现状、启示与研究趋向. 远程教育杂志，2020，38（1）：76-86.

[22] 姜强，药文静，赵蔚，等. 面向深度学习的动态知识图谱建构模型及评测. 电化教育研究，2020，41（3）：85-92.

[23] Reguera E A M，Lopez M. Using a digital whiteboard for student engagement in distance education. Computers and Electrical Engineering，2021，93：107268.

[24] Silvola A，Näykki P，Kaveri A，et al. Expectations for supporting student engagement with learning analytics：An academic path perspective. Computers and Education，2021，168：104192.

[25] Chan S L，Lin C C，Chau P H，et al. Evaluating online learning engagement of nursing students. Nurse Education Today，2021，104：104985.

[26] Czaplinski I，Fielding A L. Developing a contextualised blended learning framework to enhance medical physics student learning and engagement. Physica Medica，2020，72：22-29.

[27] de Brito Lima F，Lautert S L，Gomes A S. Contrasting levels of student engagement in blended and non-blended learning scenarios. Computers and Education，2021，172（3）：104241.

[28] Apicella A，Arpaia P，Frosolone M，et al. EEG-based measurement system for monitoring student engagement in learning 4.0. Scientific Reports，2022，12（1）：5857.

[29] 孔企平. 国际数学学习测评：聚焦数学素养的发展. 全球教育展望，2011，40（11）：78-82.

[30] 姜强，赵蔚，刘红霞，等. 能力导向的个性化学习路径生成及评测. 现代远程教育研究，2015（6）：104-111.

[31] 戴心来，郭卡，刘蕾. MOOC 学习者满意度影响因素实证研究——基于“中国大学 MOOC”学习者调查问卷的结构方程分析. 现代远距离教育，2017（2）：17-23.

[32] Zhang S，Liu Q. Investigating the relationships among teachers’ motivational beliefs，motivational regulation，and their learning engagement in online professional learning communities. Computers and Education，2019，134：145-155.

[33] Dowell N M，Skrypnyk O，Joksimovic S，et al. Modeling learners’ social centrality and performance through language and discourse. Proceedings of the 8th International Conference on Educational Data Mining，Madrid，2015：250-257.

[34] Dawson S，Tan J P L，McWilliam E. Measuring creative potential：Using social network analysis to monitor a learners’ creative capacity. Australasian Journal of Educational Technology，2011，27（6）：924-942.

[35] Shaffer D W. Epistemic frames and islands of expertise：Learning from infusion

experiences. Embracing Diversity in the Learning Sciences：Proceedings of the 6th International Conference of the Learning Sciences，New York，2004：474.
[36] Shaffer D W. Epistemic frames for epistemic games. Computers and Education，2006，46（3）：223-234.
[37] Shaffer D W，Gee J P. How Computer Games Help Children Learn. New York：Palgrave Macmillan，2006.
[38] Shaffer D W. Models of Situated Action：Computer Games and the Problem of Transfer. Cambridge：Cambridge University Press，2012：403-431.
[39] Shaffer D W，Collier W，Ruis A R. A tutorial on epistemic network analysis：Analyzing the structure of connections in cognitive，social，and interaction data. Journal of Learning Analytics，2016，3（3）：9-45.
[40] Lave J，Wenger E. Situated Learning：Legitimate Peripheral Participation. Cambridge：Cambridge University Press，1991.
[41] Rohde M，Shaffer D W. Us，ourselves，and we：Thoughts about social（self-）categorization. ACM SIGGROUP Bulletin，2003，24（3）：19-24.
[42] 冷静，徐浩鑫. 探析深度学习表征的一种新方法：社会认知网络特征（SENS）. 远程教育杂志，2020，38（3）：86-94.
[43] 吴亚婕. 影响学习者在线深度学习的因素及其测量研究. 电化教育研究，2017，38（9）：57-63.
[44] Saaty T L. Decision making for leaders：The analytic hierarchy process for decisions in a complex world. European Journal of Operational Research，2013，42（1）：107-109.
[45] Brooks C，Thompson C. Predictive Modelling in Teaching and Learning. New York：Solar，2017：61-68.
[46] 武法提，牟智佳. 基于学习者个性行为分析的学习结果预测框架设计研究. 中国电化教育，2016（1）：41-48.
[47] 牟智佳，武法提. 教育大数据背景下学习结果预测研究的内容解析与设计取向. 中国电化教育，2017（7）：26-32.
[48] 吴青，罗儒国. 基于在线学习行为的学习成绩预测及教学反思. 现代教育技术，2017，27（6）：18-24.
[49] Barber R，Sharkey M. Course correction：Using analytics to predict course success. Proceedings of the 2nd International Conference on Learning Analytics and Knowledge，Vancouver，2012：259-262.
[50] 尤佳鑫，孙众. 云学习平台大学生学业成绩预测与干预研究. 中国远程教育，2016（9）：14-20，79.
[51] 丁梦美，吴敏华，尤佳鑫，等. 基于学业成绩预测的教学干预研究. 中国远程教育，2017（4）：50-56.
[52] 陈子健，朱晓亮. 基于教育数据挖掘的在线学习者学业成绩预测建模研究. 中国电化教育，2017（12）：75-81，89.
[53] Aguiar E，Lakkaraju H，Bhanpuri N，et al. Who，when，and why：A machine learning approach to prioritizing students at risk of not graduating high school on time. Proceedings of the 5th International Conference on Learning Analytics and Knowledge，New York，2015：93-102.

[54] Brdesee H S，Alsaggaf W，Aljohani N，et al. Predictive model using a machine learning approach for enhancing the retention rate of students at-risk. International Journal on Semantic Web and Information Systems，2022，18（1）：1-21.

[55] Poudyal S，Mohammadi-Aragh M J，Ball J E. Prediction of student academic performance using a hybrid 2D CNN model. Electronics，2022，11（7）：1005.

[56] Moreno-Marcos P M，Alario-Hoyos C，Muñoz-Merino P J，et al. Prediction in MOOCs：A review and future research directions. IEEE Transactions on Learning Technologies，2018，12（3）：384-401.

[57] Gardner J，Brooks C. Student success prediction in MOOCs. User Modeling and User-Adapted Interaction，2018，28（2）：127-203.

[58] 王希哲，黄昌勤，朱佳，等. 学习云空间中基于大数据分析的学情预测研究. 电化教育研究，2018，39（10）：60-67.

[59] 田浩，武法提. 学习分析视域下学习预测研究的发展图景. 现代教育技术，2020，30（11）：98-104.

[60] Shaffer D，Ruis A. Epistemic Network Analysis：A Worked Example of Theory-based Learning Analytics. New York：Solar，2017：175-188.

[61] Hatfield D. The right kind of telling：An analysis of feedback and learning in a journalism epistemic game. International Journal of Gaming and Computer-Mediated Simulations，2015，7（2）：1-23.

[62] Bressler D M，Bodzin A M，Eagan B，et al. Using epistemic network analysis to examine discourse and scientific practice during a collaborative game. Journal of Science Education and Technology，2019，28（5）：553-566.

[63] Gašević D，Joksimović S，Eagan B R，et al. SENS：Network analytics to combine social and cognitive perspectives of collaborative learning. Computers in Human Behavior，2019，92：562-577.

[64] Bruegge B，Dutoit A H. 面向对象软件工程-使用 UML、模式与 Java. 3 版. 叶俊民，汪望珠，等，译. 北京：清华大学出版社，2011.

[65] 陆朝昌. 基于模糊预测模型的桥梁桩基质量检测评估方法研究. 西部交通科技，2018（6）：131-134，205.

[66] 叶俊民，黄朋威，王志锋，等. 基于个体学习者模型构建的学习效果评估研究. 电化教育研究，2018，39（10）：90-96.

[67] 叶俊民，罗达雄，陈曙. 基于短文本情感增强的在线学习者成绩预测方法. 自动化学报，2020，46（9）：1927-1940.

[68] 王婷，杨文忠. 文本情感分析方法研究综述. 计算机工程与应用，2021，57（12）：11-24.

[69] Ellis R. Epilogue：A framework for investigating oral and written corrective feedback. Studies in Second Language Acquisition，2010，32（2）：335-349.

[70] Fredricks J A，McColskey W. The Measurement of Student Engagement：A Comparative Analysis of Various Methods and Student Self-report Instruments. New York：Springer，2012：763-782.

[71] 师亚飞，童名文，孙佳，等. 混合同步学习环境对学生认知投入的影响机制研究. 中国远程教育（综合版），2021（9）：29-38，68，77.

[72] 卢国庆，刘清堂，郑清，等. 智能教室中环境感知及自我效能感对个体认知投入的影响研究. 远程教育杂志，2021，39（3）：84-93.
[73] 傅钢善，佟海静. 网络环境下有效学习评价指标体系构建研究. 电化教育研究，2016，37（8）：23-30.
[74] 尹睿，徐欢云. 在线学习投入结构模型构建——基于结构方程模型的实证分析. 开放教育研究，2017，23（4）：101-111.
[75] 马志强，苏珊，张彤彤. 基于学习投入理论的网络学习行为模型研究——以“网络教学平台设计与开发”课程为例. 现代教育技术，2017，27（1）：74-80.
[76] Dogan U. Student engagement，academic self-efficacy，and academic motivation as predictors of academic performance. The Anthropologist，2015，20（3）：553-561.
[77] Virtanen T E，Kiuru N，Lerkkanen M K，et al. Assessment of student engagement among junior high school students and associations with self-esteem，burnout，and academic achievement. Journal for Educational Research Online，2016，8（2）：136-157.
[78] 彭玉洁，徐昉. 体裁知识视角下研究生对国际期刊审稿反馈的认知投入特征. 中国外语，2021，18（6）：74-81.
[79] Zhang Z V，Hyland K. Student engagement with teacher and automated feedback on L2 writing. Assessing Writing，2018，36：90-102.
[80] 张思，何晶铭，上超望，等. 面向在线学习协同知识建构的认知投入分析模型及应用. 远程教育杂志，2020，38（4）：95-104.
[81] 张晓峰，李明喜，俞建慧，等. 面向学习云空间的认知投入量化研究. 中国远程教育，2020（5）：18-28，76，77.
[82] 王红梅，张琪，黄志南. 开放学习环境中学习行为投入与认知投入的实证研究. 现代教育技术，2019，29（12）：48-54.
[83] Gao T，Kuang L. Cognitive loading and knowledge hiding in art design education：Cognitive engagement as mediator and supervisor support as moderator. Frontiers in Psychology，2022，13：837374.
[84] Vongkulluksn V W，Lu L，Nelson M J，et al. Cognitive engagement with technology scale：A validation study. Educational Technology Research and Development，2022，70（2）：419-445.
[85] Liu S，Liu S，Liu Z，et al. Automated detection of emotional and cognitive engagement in MOOC discussions to predict learning achievement. Computers and Education，2022，181：104461.
[86] Iqbal J，Asghar M Z，Ashraf M A，et al. The impacts of emotional intelligence on students' study habits in blended learning environments：The mediating role of cognitive engagement during COVID-19. Behavioral Sciences，2022，12（1）：14.
[87] Roberts D. Multimedia learning methods and affective，behavioural and cognitive engagement：A universal approach to dyslexia？Journal of Further and Higher Education，2022，46（1）：62-75.
[88] Bransby L，Buckley R F，Rosenich E，et al. The relationship between cognitive engagement and better memory in midlife. Alzheimer's and Dementia，2022，14（1）：e12278.
[89] 熊媛，王铭军，盛群力. 教育心理学研究对人工智能神经网络设计的启示——以

学习方式分类学（ICAP）研究为例. 中国电化教育，2018（11）：118-125.
[90] 盛群力，丁旭，滕梅芳. 参与就是能力——“ICAP 学习方式分类学”研究述要与价值分析. 开放教育研究，2017，24（2）：46-54.
[91] 肖睿，刘千慧，尚俊杰，等. 在线教学平台学习者参与方式研究. 中国远程教育，2021（7）：67-75.
[92] 王志军，冯小燕. 基于学习投入视角的移动学习资源画面设计研究. 电化教育研究，2019，40（6）：91-97.
[93] Farrow E，Moore J，Gasevic D. A network analytic approach to integrating multiple quality measures for asynchronous online discussions. LAK21：11th International Learning Analytics and Knowledge Conference，Irvine，2021：248-258.
[94] 范文翔，张一春，李艺. 国内外计算思维研究与发展综述. 远程教育杂志，2018，36（2）：3-17.
[95] 唐烨伟，樊雅琴，庞敬文，等. 基于内容分析法的微课研究综述. 中国电化教育，2015（4）：74-80.
[96] 邱均平，邹菲. 关于内容分析法的研究. 中国图书馆学报，2004，30（2）：12-17.
[97] Rolim V，Ferreira R，Lins R D，et al. A network-based analytic approach to uncovering the relationship between social and cognitive presences in communities of inquiry. The Internet and Higher Education，2019，42：53-65.
[98] Garrison D R. E-Learning in the 21st Century：A Framework for Research and Practice. 2nd ed. London：Routledge，2011.
[99] 兰国帅. 探究社区理论模型：在线学习和混合学习研究范式. 开放教育研究，2018，24（1）：29-40.
[100] Wise A F，Cui Y. Unpacking the relationship between discussion forum participation and learning in MOOCs：Content is key. Proceedings of the 8th International Conference on Learning Analytics and Knowledge，Sydney，2018：330-339.
[101] Wang X，Wen M，Rosé C P. Towards triggering higher-order thinking behaviors in MOOCs. Proceedings of the 6th International Conference on Learning Analytics and Knowledge，Edinburgh，2016：398-407.
[102] Wang X，Yang D，Wen M，et al. Investigating how Student's cognitive behavior in MOOC discussion forums affect learning gains. Proceedings of the 8th International Conference on Educational Data Mining，Madrid，2015：226-233.
[103] Wise A F，Cui Y，Vytasek J. Bringing order to chaos in MOOC discussion forums with content-related thread identification. Proceedings of the 6th International Conference on Learning Analytics and Knowledge，Edinburgh，2016：188-197.
[104] Garrison D R. Thinking Collaboratively：Learning in A Community of Inquiry. New York and London：Routledge，2015.
[105] Garrison D R，Anderson T，Archer W. Critical thinking，cognitive presence，and computer conferencing in distance education. American Journal of Distance Education，2001，15（1）：7-23.
[106] 高洁，李明军，张文兰. 主动性人格与网络学习投入的关系——自我决定动机理论的视角. 电化教育研究，2015，36（8）：18-22，29.
[107] 刘玲，汪琼. 混合教学模式下学生学习投入的特点及影响因素研究. 现代教育技

术，2021，31（11）：80-86.
[108] 王翠如，徐培培，胡永斌. 桌面虚拟现实学习环境对学习投入和学习成绩的影响——基于多模态数据. 开放教育研究，2021，27（3）：112-120.
[109] 武法提，张琪. 学习行为投入：定义、分析框架与理论模型. 中国电化教育，2018（1）：35-41.
[110] Hatahet T，Mohamed A A R，Malekigorji M，et al. Remote learning in transnational education：Relationship between virtual learning engagement and student academic performance in BSc pharmaceutical biotechnology. Pharmacy，2021，10（1）：4.
[111] Li N，Wang J，Zhang X，et al. Investigation of face-to-face class attendance，virtual learning engagement and academic performance in a blended learning environment. International Journal of Information and Education Technology，2021，11（3）：112-118.
[112] Cheng P，Ding R. The effect of online review exercises on student course engagement and learning performance：A case study of an introductory financial accounting course at an international joint venture university. Journal of Accounting Education，2021，54：100699.
[113] Eltahir M E，Alsalhi N R，Al-Qatawneh S，et al. The impact of game-based learning（GBL）on students' motivation，engagement and academic performance on an Arabic language grammar course in higher education. Education and Information Technologies，2021，26（3）：3251-3278.
[114] Park S，Kim N H. University students' self-regulation，engagement and performance in flipped learning. European Journal of Training and Development，2022，46（1/2）：22-40.
[115] Bayoumy H M M，Alsayed S. Investigating relationship of perceived learning engagement，motivation，and academic performance among nursing students：A multisite study. Advances in Medical Education and Practice，2021，12：351-369.
[116] Wu J Y. Learning analytics on structured and unstructured heterogeneous data sources：Perspectives from procrastination，help-seeking，and machine-learning defined cognitive engagement. Computers and Education，2021，163：104066.
[117] Menekse M，Anwar S，Akdemir Z G. How do different reflection prompts affect engineering students' academic performance and engagement？The Journal of Experimental Education，2022，90（2）：261-279.
[118] Ku L，Bernardo A B I，Zaroff C M. Are higher-order life values antecedents of students' learning engagement and adaptive learning outcomes？The case of materialistic vs. intrinsic life values. Current Psychology，2022，41（6）：3461-3471.
[119] 刘妍，胡碧皓，尹欢欢，等. 虚拟现实（VR）沉浸式环境如何实现深度取向的学习投入？——复杂任务情境中的学习效果研究. 远程教育杂志，2021，39（4）：72-82.
[120] 赵明仁. 农村中小学生的学习投入、心理感受与学业成绩. 课程·教材·教法，2010，30（10）：20-25.
[121] 孙妍妍，祝智庭. 以深度学习培养21世纪技能——美国《为了生活和工作的学习：在21世纪发展可迁移的知识与技能》的启示. 现代远程教育研究，2018（3）：9-18.
[122] 祝智庭，彭红超. 深度学习：智慧教育的核心支柱. 中国教育学刊，2017（5）：36-45.

[123] 沈霞娟，张宝辉，冯锐. 混合学习环境下的深度学习活动研究：设计、实施与评价的三重奏. 电化教育研究，2022，43（1）：106-112，121.

[124] Panadero E，Alonso-Tapia J，García-Pérez D，et al. Deep learning self-regulation strategies：Validation of a situational model and its questionnaire. Revista de Psicodidáctica，2021，26（1）：10-19.

[125] 沈霞娟，张宝辉，曾宁. 国外近十年深度学习实证研究综述——主题、情境、方法及结果. 电化教育研究，2019，40（5）：111-119.

[126] 李秀明，乜勇. 促进民族地区深度学习的混合式教学模式构建与应用研究. 电化教育研究，2021，42（5）：101-107.

[127] Rubin M，Scevak J，Southgate E，et al. Older women，deeper learning，and greater satisfaction at university：Age and gender predict university students' learning approach and degree satisfaction. Journal of Diversity in Higher Education，2018，11（1）：82-96.

[128] 李玉斌，苏丹蕊，李秋雨，等. 面向混合学习环境的大学生深度学习量表编制. 电化教育研究，2018，39（12）：94-101.

[129] Wang S，Zhang D. Student-centred teaching，deep learning and self-reported ability improvement in higher education：Evidence from Mainland China. Innovations in Education and Teaching International，2019，56（5）：581-593.

[130] 谢幼如，黎佳. 智能时代基于深度学习的课堂教学设计. 电化教育研究，2020，41（5）：73-80.

[131] 陈蓓蕾，张屹，杨兵，等. 智慧教室中的教学交互促进大学生深度学习研究. 电化教育研究，2019，40（3）：90-97.

[132] 韦怡彤，王继新，丁茹. 混合式学习环境下深度学习导向的协同知识建构模式研究——以《教育技术学导论》课程为例. 中国电化教育，2019（9）：128-134.

[133] 刘震，陈东. 指向深度学习的混合式慕课教学模式探究——以“马克思主义基本原理”慕课为例. 现代教育技术，2019，29（5）：85-91.

[134] 度中心性. [2022-05-05]. https://baike.baidu.com/item/%E5%BA%A6%E4%B8%AD%E5%BF% 83%E6% 80%A7/17510724？fr = aladdin.

[135] 丁继红. 深度学习中的学习者认知网络和动机策略分析——旨向深度学习的 U 型翻转教学效果研究. 远程教育杂志，2019（6）：32-40.

第七章　基于短文本学习分析预测与推荐服务的应用

本章将考虑基于短文本学习分析预测与推荐服务的应用问题，具体包括：针对所采集到的某校 OOSE 混合课程团队的对话流文本（短文本）等数据，研究文本情感和学习者的人口统计学特征等因素是否对学习者成绩预测产生影响；基于学习者知识点所预测到的学习者学习兴趣（下面简称学习兴趣），开展对学习者学习资源推荐方面的实证研究。

第一节　基于预测模型的学习者成绩预测研究

学习分析技术是利用分析技术、分析工具预测学习结果，发现学习中的问题，进行教学干预、测评和优化学习结果的一门先进技术[1]，学习预测作为学习分析的核心服务之一，可以为学习者提供有效的个性化学习服务并提升在线学习效果[2]。因此，如何对在线（或混合）等课程中学习者的学业成绩进行预测，依据预测结果实施学业预警，并为教学决策提供依据，是一个有价值的研究问题[3-5]。

对学习者进行学业成绩预测有很多应用场景，既可以用于指导教学过程改进，也可以依据预测的结果进行学习资源、学习路径和学习同伴（问题回答者）等推荐，该问题的研究具有显著的意义和应用价值。

近年来，国内外的研究表明了该问题的研究与应用不断得到认可[3]，在理论研究方面，依据文献[5]所归纳出的结论是，相关研究既有国外学者提出的五步模型及其改进后的六步模型[6]，也有国内学者提出的学习者学习能力评估理论模型[7]、翻转课堂环境下的学习绩效评价理论模型[8]、学业成绩预测框架[9]和预警信息发现与生成模型[10]。在现有的学业成绩预测模型与方法方面，相关的研究呈现出了多样性，既有统计学分析模型（如回归分析法[1, 4, 11]和多元回归分析法[12, 13]），又有采用教育数据挖掘方法（如决策树和集成学习等）、传统机器学习方法[14]和神经网络方法[15, 16]等所训练出的单一预测模型。

但这些模型普遍存在着性能不稳定且对数据变化敏感等方面的问题。

为了解决此类问题，相关的改进工作提出可以采用集成学习方法构造的预测模型[5]，或者采用质性研究法[17]等来开展相关方面的研究工作。从预测类型角度，既有学业成绩预测[18]，也有学习者的学习投入度与学习完成度之间的关系预测[19]。此外，文献[2]还从学习情境[20]、学习者等视角对学习领域的预测模型研究进行了进一步归纳；文献[21]则从多模态数据分析视角预测了运动、课堂行为与学习者成绩之间的关系问题。这些研究与应用的事实表明，学习分析视角下的学习预测研究与应用有着广阔的前景[2]。在应用方面，研究者和实践者既可以通过对学习者学业成绩的预测实施对教学的反思[22]、校正课程教学[23]，也可以依据学习者的成绩预测实施干预[24, 25]。文献[5]进一步总结出了在应用中影响学习者学业成绩预测的因素，在这些因素中，国外研究的主要关注点在依据在线学习行为数据判定影响学业成绩的预警因素[14]、学习及其环境设计与学业成绩之间的关系[26]、学习者评教数据与学业成绩和教学效能之间的关系[27]、学习者特征和参与度等因素与学业成绩之间的联系[28]、评价标准与学习者经历和学业成绩的关系[29]等方面。国内研究工作包括研究影响中小学教师远程培训效果的因素[13]、学习者参与云教室学习并取得绩效的影响因素[18]、学习者的行为特征与学业成绩的关系[30]，以及学习风格、学习行为和学习成就之间的内在规律[31]等方面。

基于预测模型的学习者成绩预测研究依然是一个值得探究的研究问题，现有工作已从理论研究（如学习绩效评价理论模型等）、学业成绩预测模型与方法（如教育数据挖掘方法等）、评测与应用（如学习者评价数据、学习者的特征与参与度、评价标准与学习者经历、学习风格、学习行为等特征与学习者成绩相关的应用研究）等多个视角展开。

上述工作具有研究潜力与应用价值，但相关研究问题依然有待深入，这些问题还可以从学习者的学习特征（如隐藏在文本形式和非文本形式中的学习者特征）等视角进一步研究，如可以从文本形式的情感因素与非文本形式的人口统计学特征、学习基础、学习态度和学习能力等因素对成绩预测产生影响的视角进一步研究。据此，本节研究将从一个具体应用场景（如 OOSE 混合课程和 MOOC 环境）出发，探究文本情感（如人口统计学特征、学习基础等）对学习者成绩预测的影响问题。

一、文本情感对学习者成绩预测的影响

1. 研究问题

为了分析学习者讨论中的文本情感（下面简称文本情感）是否会对学

习者的成绩预测（下面简称成绩预测）产生影响，本节将从如下视角展开相关研究。

第一，通过研究文本情感类别与学习者的认知水平和成绩预测之间是否存在关联这一问题，分析人工情感分类方法与基于 BiLSTM 文本情感分类模型（参见第四章第二节之“三”）在情感分类效果方面的差别。通过该研究不但可以确认文本情感类别不同的学习者的认知水平是否存在差异，还可以确认文本情感类别是否与成绩预测有关。

第二，在有/无文本情感因素的前提下，研究这些因素对成绩预测模型在预测效果方面的影响。

第三，研究占比不同的文本情感类型对成绩预测模型的预测效果影响。

第四，研究学习者的人口统计学特征、学习基础、学习态度和学习能力等因素对成绩预测的影响。

据此，将具体研究如下三个问题。

问题 RQ7.1：文本情感类别与认知水平之间是否存在关联？文本情感类别与成绩预测之间是否存在关联？

该问题可以进一步划分成如下三个子问题。

问题 RQ7.1.1：人工情感分类方法与基于 BiLSTM 文本情感分类模型（第四章第二节之“三”）下的文本情感分类效果之间的差别如何？

问题 RQ7.1.2：基于具体案例（如 OOSE 混合课程背景下的第 8 组），研究有 /无疑惑情感的学习者在认知水平方面是否存在差异？

问题 RQ7.1.3：文本情感类别是否与成绩预测有关联？

问题 RQ7.2：在预测效果方面，有/无文本情感因素对成绩预测模型有何影响？

问题 RQ7.3：调整文本情感类型占比，对成绩预测模型效果方面有何影响？

2. 实例背景下的问题 RQ7.1 研究

1）实验数据

实验数据取自某校 2021 年 OOSE 混合课程中的 1 个团队（第 8 组，共计 4 位成员）在第 11 周的一次讨论中的对话文本数据、人口统计数据和行为数据，其中文本数据来源于学习者团队的 QQ 聊天记录，人口数据来源于调查问卷，行为数据通过学习者的 QQ 聊天记录、学习记录和调查问卷等获取。表 7.1 展示了部分讨论内容片段，这些内容描述了该团队学习者在修改采用 UML 顺序图所描述的动态模型时所做的相关讨论活动，具体表现为查找出模型中可能遗漏的对象并重新确定实体、边界、控制这三类对象。

表 7.1　第 8 组第 11 周的讨论片段

序号	学习者编号	对话内容
1	802	我找到了遗漏的边界对象！[庆祝表情包]你们看看
2	801	不错，[赞表情包]你觉得可以列上就列上，但是得说清楚这个边界对象应该对应是个按钮，不然太容易误会了，还有就是，按钮也是用户去触发，肯定得有个用户指向那里的箭头吧
3	804	缺少这个边界对象你是怎么发现的？你怎么知道缺了这个对象？我在建模时就没有注意到，那你为什么觉得要这个按钮呢？[疑问表情包]
4	802	我觉得需要吧，在画序列图时我也没有注意到，但在做进一步检查和分析时，就看到了
5	803	而且我也才发现那个边界对象模型里好多查看按钮，不然太容易误会了
6	801	是啊，课程列表就是查看按钮
7	804	具体这怎么分得清楚啊[脑壳疼表情包]
8	802	额，我看书上的启发式规则写的是通过边界对象创建控制对象，然后再由控制对象创建边界对象。如果按老师说的输出的折线图或者报告是边界对象的话，那么感觉成绩预测的图大概会画成这样[仔细分析表情包]
9	804	这个成绩预测的序列图为什么是输出到课程列表这里呀
10	803	嗯…这个部分我也不太确定，之前感觉应该是直接输出到学习者的，但是昨天看到黄杉画的是把报告输出到课程列表了，感觉如果是说每个课程对应不同的预测图也说得过去
11	802	有一个小问题，你们是觉得先进入课程再选择功能好，还是先选择功能再进入课程呀[托腮表情包]
12	801	我投先选课程一票
13	803	我也觉得先选课程好些
14	802	我也是这么认为，那我们的事件流还是都调整一下
15	801	[仔细分析表情包]我看了大家的图，然后重新整理了对象及用例的事件流
16	801	主要有这样的变化：1. 报告等输出内容都设置为边界对象；2. 数据（无论是成绩、对话流、习题等）都默认从学习管理系统获取；3. 老师统一都是进入课堂后再选择相应的功能；4. 预警的两个功能，设置的是系统会在老师进入系统后，先有一个存在预警名单的通知，老师可以确认收到；老师也可以通过查看预警名单的按键，进入系统查看预警名单
17	802	前面对象那部分我没什么问题了，不过那个需求获取文档里参与者这部分，我今天才发现按书上的意思应该是和系统交互的外部实体，不包括学习分析系统本身吧，书上的用例参与者就没有把 FRIEND 系统本身算进去
18	803	是需求获取的文档里！也就是用例说明时不要将 lasystem 列为参与者
19	801	好的[OK 表情包]
20	804	为什么要重新画出顺序图，这样做有何意义？我有要改的吗？所有数据都改成那个/还有吗？
21	801	就是把图中的所有实体和标识的对象一一对应

续表

序号	学习者编号	对话内容
22	802	还有就是所有的报告都成为边界实体，那么生成报告（输出报告）应该是控制对象做的边界实体要和参与者有交互吧
23	803	我有一牛角尖不服，用户和数据库在我们团队看来都是参与者，为什么表格和按钮都能认为是边界对象，数据库接口却不能是边界对象
24	803	边界对象是用于沟通系统与参与者的，用户和数据库都是参与者，用户对应的报告、表格、按钮在文档里都可被认定为边界对象，而为什么数据库接口就不能被认定？这样说你懂了不？[加油表情包]
25	801	这个对象我觉得可以加，但是表述要足够清楚
26	804	先按你们说的来做吧，我脑子乱乱的。[晕表情包]
27	801	没事，你先试着画，有问题我们再一起讨论，我们按各自负责的用例来画顺序图[加油表情包]

2）实验方法

（1）针对知识点的编码框架设计。

针对知识点的编码框架的一级指标包括知识、能力和情感，其中每个指标可按需设计对应的二级指标，现以表 7.2 所示的构造顺序图知识点为例，描述了相关编码框架的设计结论。

表 7.2　构造顺序图知识点编码框架

一级指标	编码指标
知识	边界对象（$k1$）
	控制对象（$k2$）
	实体对象（$k3$）
	顺序图（$k4$）
能力	识别边界对象（$a1$）
	识别控制对象（$a2$）
	标识实体对象（$a3$）
	构造顺序图（$a4$）
情感	积极（po）
	消极（ne）
	正常（no）
	疑惑（co）

（2）针对知识点编码框架的信度与效度分析。

①确定相关算法或工具的输入数据。在针对知识点的编码框架进行

信效度分析前，需先统计出所有学习者的二级编码指标（如边界对象、控制对象和实体对象等）的频数，该频数为计算信度和效度的分析工具提供了输入数据。在此基础上，可进一步分析针对知识点编码框架的信度与效度。

②采用克隆巴赫系数和组合信度分析该框架的信度。分析结果如表 7.3 所示。从表 7.3 中可知知识、能力和情感三个维度的克隆巴赫系数值介于 0.700～0.941，组合信度值介于 0.7115～0.9419，这表明该编码框架下的这三个维度具有良好的内部一致性。

表 7.3　针对构造顺序图编码框架三个维度的内部一致性分析

维度	二级编码数量	克隆巴赫 α 值	AVE	组合信度（CR）
知识	4	0.717	0.3966	0.7115
能力	4	0.941	0.8025	0.9419
情感	4	0.700	0.4404	0.7379

③采用因子分析方法探究该框架的构建效度。该分析方法通过抽取共同因子，判断其是否与原先使用者编制的构想及项目相符。若共同因子与理论架构的心理特质甚为接近，则说明测验工具或量表具有良好的构建效度[32]。

具体做法是，根据学者 Kaiser[32]的观点，如果所计算的 KMO 值大于 0.5，那么表明所收集的数据适宜用作因子分析。故针对统计出所有学习者的二级编码指标（如边界对象、控制对象和实体对象等）的频数，通过计算 KMO 值判断该框架是否可以进行因子分析。

采用 SPSS 软件进行分析，发现该编码框架的 KMO 值为 0.746（$P<0.001$），因此本书中所收集的数据适合进行因子分析。

进一步使用 SPSS 软件，并采用主轴因子法和直接斜交旋转法进行因子抽取，最终从该框架的 12 个二级编码维度中抽取出 3 个因子，这些因子同本书所提出的编码框架中的三个维度一致，这表明该编码框架具有良好的结构效度。

综上，所提出的构造顺序图编码框架具有较好的信度和效度。

④分析编码框架与数据的拟合情况。在上述研究的基础上，研究者采用 AMOS 软件对该框架模型进行验证性因子分析，以检验构造顺序图编码框架与数据的拟合情况。验证性因子分析的结果表明，拟合指标结果（表 7.4）中的各个指标均达到标准要求，且编码框架下的各个二级编

码维度的因子载荷均在 0.3 以上（图 7.1），而因子载荷值大于 0.3 通常被认为是具有统计显著性和解释力的，意味着这些变量可以很好地解释其所属的因子。

综上，所提出的框架模型得到了当前数据样本的支持，即该编码框架与数据的拟合情况较好。

表 7.4　构造顺序图编码框架拟合指标结果

指标	*P*	CMIN/DF	IFI	TLI	CFI
值	0.069	1.308	0.945	0.924	0.942
标准	＞0.05	＜3	＞0.9	＞0.9	0.9
是否达标	是	是	是	是	是

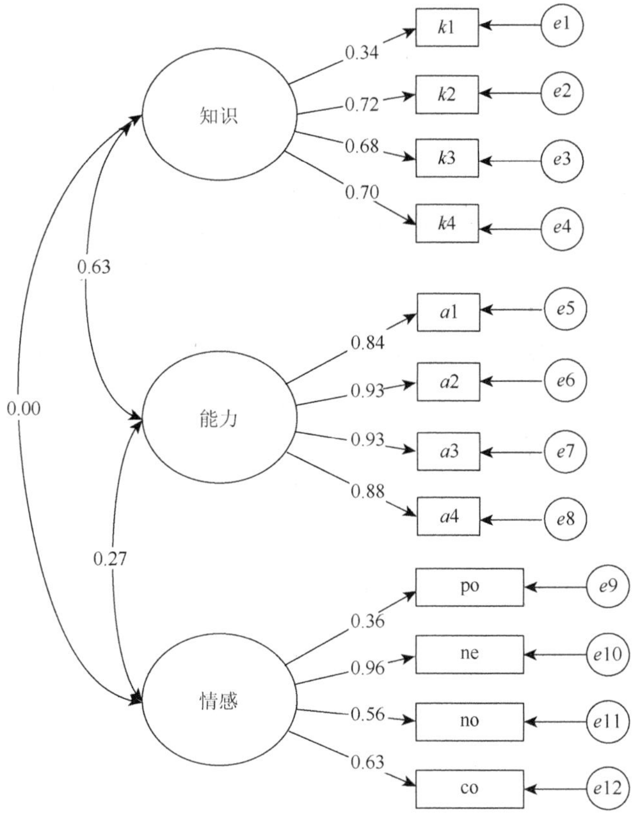

图 7.1　编码框架三维度模型

如图 7.1 所示，根据验证性因子分析的结果，我们可以清晰地识别出三个关键因子：知识、能力和情感，每个因子均由四个测量项构成，并且各自的载荷值揭示了它们与因子的相关性程度。其中，知识因子由测量项 *k*1、*k*2、*k*3 和 *k*4 组成，其载荷值分别为 0.34、0.72、0.68 和 0.70。从这些数据可以看出，除了 *k*1 的载荷值略低外，其余测量项均显示出与知识因子较高的相关性，表明它们是知识结构的有效指标。能力因子涵盖了测量项 *a*1、*a*2、*a*3 和 *a*4，其载荷值依次为 0.84、0.93、0.93 和 0.88。这些结果表明，除了 *a*4 的载荷值相对较低，其他测量项均与能力因子有着密切的关联，反映出它们在能力评估中的重要作用。情感因子则由测量项 po、ne、no 和 co 组成，载荷值分别为 0.36、0.96、0.56 和 0.63。这些测量项与情感因子的相关性存在差异，其中 ne、no 和 co 的载荷值较高，说明它们与情感因子有着较强的相关性，而 po 的载荷值相对较低，表明其与情感因子的关联较弱。

在探讨因子之间的相互作用时，本研究着重考察了不同因子之间的相关性，即它们之间的相互关联程度。结果显示，知识与能力之间的相关系数为 0.63，表明两者之间存在显著的正相关关系，这可能是因为它们都属于认知领域的组成部分。能力与情感之间的相关系数为 0.27，显示出两者之间也存在一定程度的正相关。相比之下，知识与情感之间的相关系数接近于零（–0.004），表明两者之间的关联性非常弱，几乎可以忽略。

此外，残差项反映了模型中未被因子解释的测量项方差，揭示数据不确定性和其他潜在因素。本研究中，我们用 *e*1 至 *e*12 标识这些残差项，以便深入分析和解释数据，提升模型准确性与可靠性。通过细致考察残差项，我们能优化模型拟合度，确保研究结果的有效性。

（3）研究问题 RQ7.1。

考虑到学习者的隐私，将采用学习者编号来指代该组中的不同学习者，如 801 代表第 8 组的第一位队员。

本实验所采用的相关方法说明如下：首先，采用人工情感分类方法和基于 BiLSTM 文本情感分类模型（第四章第二节之“三”）来分析第 8 组的讨论文本，获取每个学习者的情感词。其次，采用第四章第二节之“三”中的基于 BiLSTM 文本情感分类模型和成绩预测模型分别预测第 8 组中每个学习者的情感类别和成绩。

3）实验结果

（1）实例背景下的问题 RQ7.1.1 的实验结果。

a. 采用人工情感分类方法预测学习者的情感类型。

针对表 7.1 中的对话流文本，开展针对学习者情感类型的预测研究。

结合上下文语境和表情包，采用人工方式推测相关学习者在该知识点上的掌握情况，并分析出每个学习者的情感类型，具体分析如下所示。

第一，通过分析学习者 801 的对话流文本，发现该学习者使用了如下表情包：①赞表情包（源自序号 2，表示对队友的工作表示赞扬和肯定）；②仔细分析表情包（序号 15，总结了项目进度）；③OK 表情包（序号 19，表示理解并认可队友的建议）；④加油表情包（序号 24，鼓励队友）。据此，将该实例的情感类型判定为积极型。

第二，针对 802 的对话流文本，发现了如下表情包：①庆祝表情包（序号 1，所表达的是因自己推进了项目进度而感到很开心）；②仔细分析表情包（序号 8，用于强调自己的观点）；③托腮表情包（序号 11，期望得到队友的意见），在此虽然序号 11 的内容是一个疑问句，但该疑问句是该学习者抛出的问题，以征求队友的意见，并且该学习者也对自己提出的疑问表达出了自己的观点（序号 14）。据此，将该实例的情感类型判定为积极型。

第三，针对学习者 803 的对话流文本，发现该学习者没有明显的情绪变化，可以认为该学习者的情感类型属于正常情感。

第四，针对学习者 804 的对话流文本，结合上下文语境发现涉及该生的对话内容中多次反映了其所存在的困惑感，如对通过序列图查找建模中遗漏的边界对象这一知识点在理解、掌握和应用上存在着某种程度的疑惑（判据为序号 7 和序号 9），所以判定该学习者可能对这一知识点的认知水平存在着某种困惑。此外，还发现该学习者使用了如下表情包：①疑问表情包（序号 3，表达了对构建动态模型过程的疑惑）；②脑壳疼表情包（序号 7，表达了对识别边界对象的困难）；③晕表情包（序号 23，表达了跟不上团队节奏的困难）。据此，判定该学习者的情感类型属于困惑情感类型。

通过上述分析，研究者认为学习者对其所学知识点的掌握与应用的情况，可在一定程度上将通过其情感表现出来，同时这种情感类型会随着学习进程的推进而发生改变。例如，当学习者当前可顺利地运用其所掌握的知识解决问题时，处于这一阶段的学习者会表现出积极向上和充满自信的情感；而当所学习知识点变得复杂且不易掌握时，特别是学习者无法将所学内容转化为问题解决的能力时，学习者可能会变得沮丧。

b. 采用基于 BiLSTM 文本情感分类模型预测学习者的情感类型。

采用第四章第二节之“三”中的基于 BiLSTM 文本情感分类模型，预测每个学习者的情感类型。输入该模型的数据为表 7.1 中的对话文本，预测结果如表 7.5 所示。

表 7.5　学习者情感类型的预测结果

学习者编号	模型预测结果	人工情感分类方法的结果
801	积极	积极
802	消极	积极
803	消极	正常
804	疑惑	疑惑

表 7.5 中的结果表明了人工情感分类方法预测的结果和基于 BiLSTM 文本情感分类模型预测的结果之间存在较大差异，其中只有学习者 801 与 804 在人工与模型这两种方式下的结果一致。

为了进一步探究产生误判的原因，研究者分析了学习者 802 的情感类别向量之值：通过模型计算所得到的该学习者的情感类别向量值为[0.3600，0.3633，0.1461，0.1305]，其中该向量的每一维度值分别对应学习者属于积极、消极、疑惑和正常等情感的概率。研究者发现在这个算例中的积极情感与消极情感的概率值是非常接近的，故研究者认为当前模型因为精度问题将该学习者的情感类型判定为消极情感，由此产生了误判。这意味着，如果研究者对该模型进行适当调整，那么将会改变原有的判定结论，这表明采用该模型进行预测所得出的结果的稳定性相对较弱。

进一步，研究者认为由于在采用人工情感方法进行分类时，使用者会将与学习者的相关上下文情感词等关联在一起进行考虑与分析，这对分析对话流文本中的情感类型所得出的判断结论会更加稳定、准确和客观。

综上，针对问题 RQ7.1.1，在预测稳定性方面，人工预测的结果与模型预测的结果之间存在一定差异，其中人工预测的结果更加稳定；同时，通过调整或进一步训练基于 BiLSTM 文本情感分类模型，有可能会改善该模型的预测结果。

（2）问题 RQ7.1.2 的实验结果。

在某一知识点的认知水平方面，针对第 8 组中的学习者 804 情感类型（属于疑惑情感），研究者进一步探究了该学习者与其他学习者之间可能存在的不同，具体的做法如下：①依据构造顺序图的知识结构，编制如表 7.2 所示的编码框架；②采用了 ENA 方法来评估该学习者的认知水平，即通过对该学习者的 ENA 图的分析，推断该学习者在某一知识点的认知水平（即对于该知识点的掌握情况）；③通过访谈方式验证所得出的结论。

a.“疑惑”情感的学习者分析。

根据图 7.2 判定学习者 804 参与讨论了顺序图、边界对象和控制对象知识点，结合表 7.1 的对话内容，表明该学习者对这些知识点存在疑惑，由此推断该生对相关知识点的认知水平可能存在欠缺。进一步，研究者通过如下访谈佐证了这一推断。

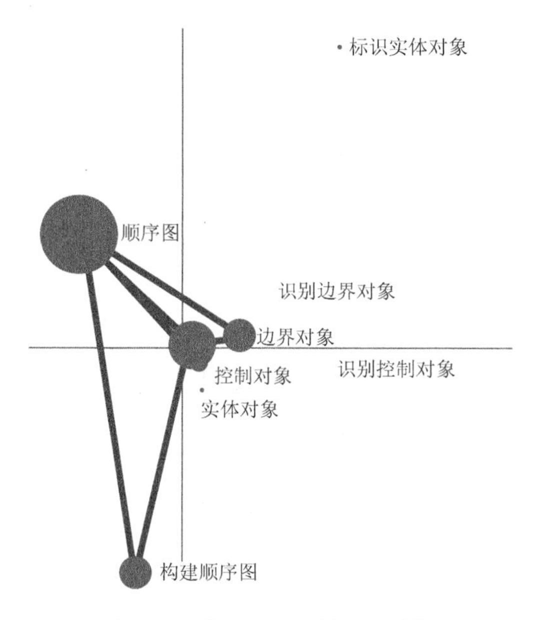

图 7.2　学习者 804 的 ENA 图

访问者：你可以理解你的队员对于顺序图、边界对象和控制对象的观点吗？

学习者“804”：额，不太能理解，我自己通过阅读教程并没有理解这些知识点，所以对他们所讨论的内容有点困惑。

b. 正常情感的学习者分析。

图 7.3 是第 8 组中的其他学习者（801～803）的 ENA 图。从图示中可观察到这三位学习者的知识体系大致相似。研究者的进一步的分析如下所示。

第一，表 7.1 的对话流文本（即序号 2、6 和 25）反映出学习者 801 理解了边界对象，具备了识别边界对象的能力，这推断与 801 在其 ENA 图中权重最高的识别边界对象-构建顺序图这条连接所反映出的结论相一致，即学习者 801 对边界对象知识点的认知、掌握和应用比较到位。据此判断该学习者对边界对象这一知识点的认知水平较高，达到了掌握与应用程度。研究者进一步通过访谈佐证了这一推断。

访问者：你觉得边界对象的确定对构建顺序图有帮助吗？

学习者 801：有的，在画顺序图之前我一般先确定出边界对象，边界对象限定了顺序图的起始和终止的对象，等于确定了一个边界范围。

第二，首先，我们发现学习者 802 在对话流文本中表述了书上的启发

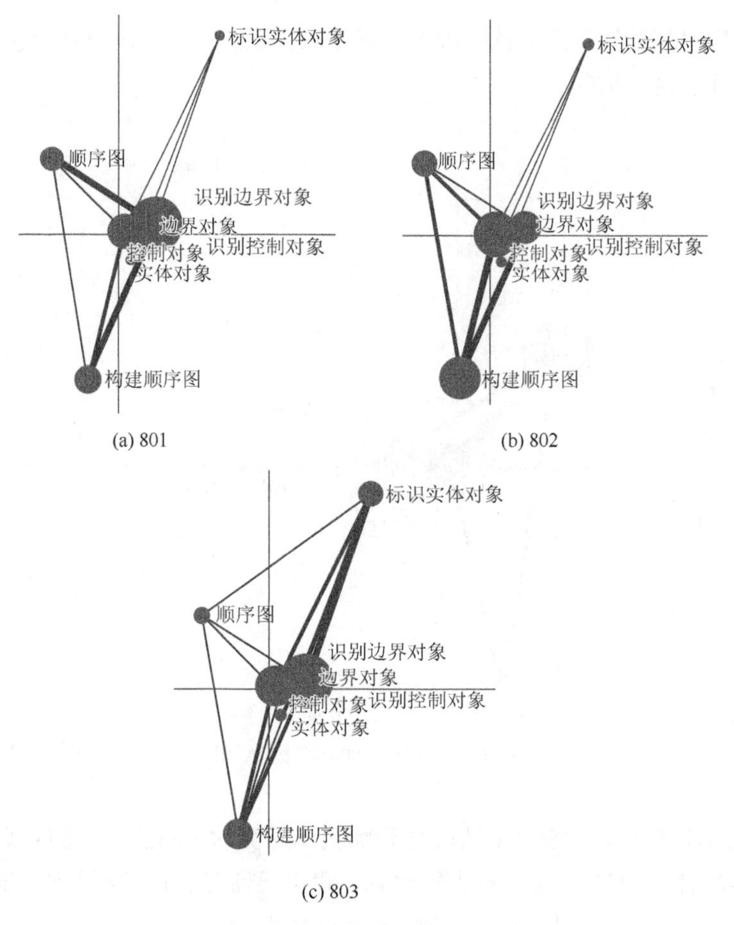

图 7.3　其他学习者的 ENA 图

式准则和书上的意思，据此推断该学习者善于从课本中挖掘和理解相关知识，并能够运用该知识解决相关问题。其次，依据对话流文本中的序号 11 和 14 的对话内容，发现这些内容所反映的是该学习者提出问题征求他人的意见，以期推进本团队工作进展。据此，判定该学习者善于思考，并具备较强的解决问题能力，推测该学习者对通过序列图查找建模中遗漏的边界对象这一知识点的认知水平较高。研究者进一步通过访谈佐证了这一推断。

访问者：你觉得在构造顺序图中什么工作最为烦琐？

学习者 802：我在检查队友画的顺序图时，发现有逻辑上的错误，因为队友遗漏了边界对象，这时要重新确定边界对象、控制对象和实体对象，以确保顺序图正确，一旦有边界对象或实体对象的改动就要重新构建顺序图，这个过程比较烦琐。

第三，学习者 803 在本次沟通过程中所发表的观点较少，但也未流露出困惑，在对话流文本中的序号 5、23 和 24 均是该学习者在表达自己对边界对象的理解与判断，据此提出了自己的疑问，所以推断该学习者对边界对象的认知水平达到了理解程度，但是否能够灵活应用该知识点尚无法做出判断，如有必要可进一步通过相关测试加以分析。研究者的访谈如下所示。

访问者：你觉得构建顺序图有什么困难吗？

学习者 803：也没多大的困难，就是在构建顺序图时会出现遗漏边界对象的问题，这要导致重新调整顺序图，可能是自己对边界对象这一知识点的理解不够深刻。

c. 学习者 804 与其他学习者之间的差异分析。

图 7.4 表示了学习者（如学生）804 与其他学习者（801～803）在 ENA 图上的差异。图 7.4 中的红色代表 804，绿色则代表了其他学习者。图中顺序图-控制对象连接权重高，这是因为在 804 发言的上下文中涉及其他的学习者关于构建顺序图和识别控制对象方面的内容，所以该权重高并不能代表学习者 804 在构建顺序图和识别控制对象的能力方面比其他的学习者更强。相反，研究者通过访谈推断出学习者 804 所理解和掌握的相关知识点相对于其他学习者而言尚有不足。

访问者：在团队讨论中，你能跟上队友的节奏吗？

学习者 804：跟不上，可能是因为自己对知识点的理解不够深入，不能理解队友的观点，也跟不上团队的工作节奏，有点拖后腿。

d. 分析考虑情感因素指标后的学习者 ENA 图。

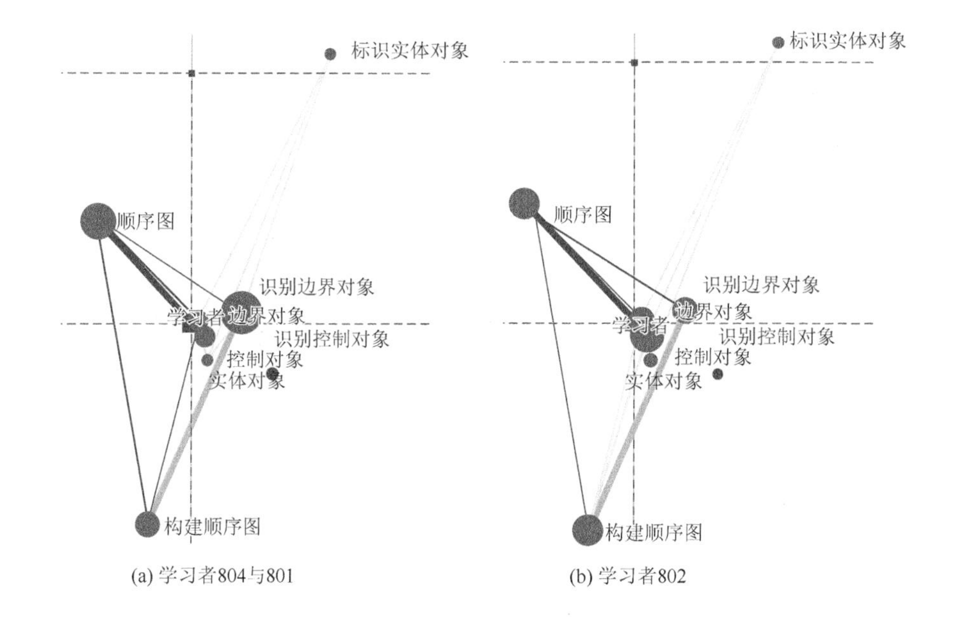

(a) 学习者804与801　(b) 学习者802

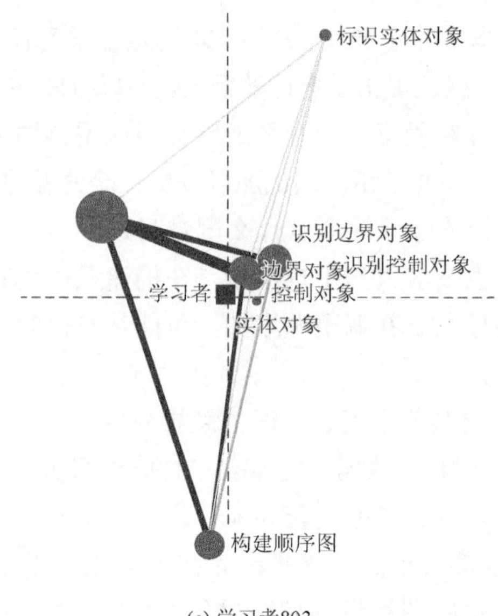

(c) 学习者803

图 7.4　学习者 804 与 801、802 和 803 的 ENA 图差异（见彩图）

在 ENA 的编码指标中加入了情感因素指标积极、消极、正常和疑惑后，通过 ENA 工具可以得到学习者 801～804 的认知分析结果，具体如图 7.5 所示。

在学习者 804 的 ENA 图中，几乎所有的知识点指标均与疑惑情感指标之间存在连接，这表明在与其他队友交流观点后，该学习者依然表现出了疑惑（如表 7.1 中序号 3 和序号 7 所对应的对话流文本表达，说明该学习者在如何识别边界对象存在着疑惑；序号 20 和序号 26 表达了自己跟不上团队的节奏，对于讨论中队友所持有观点的理解有些吃力）。

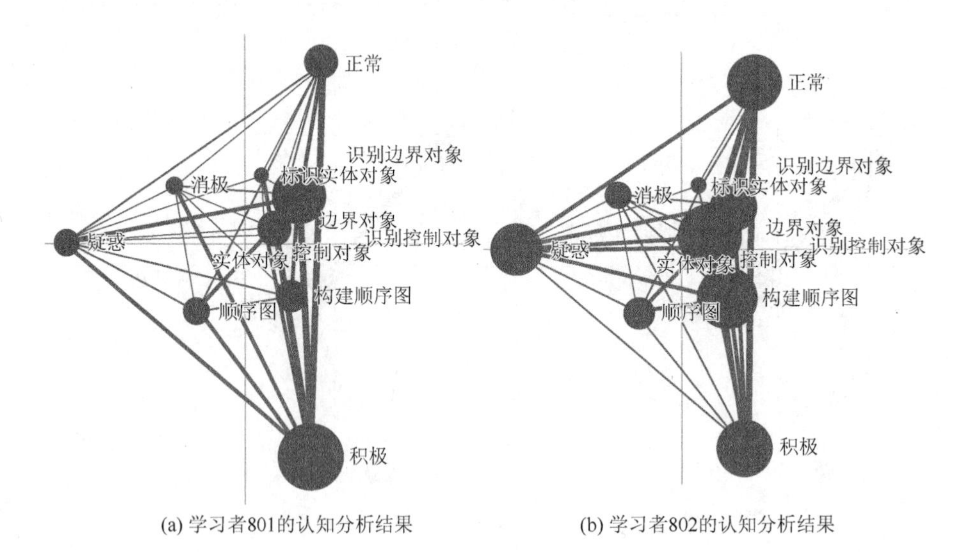

(a) 学习者801的认知分析结果　　(b) 学习者802的认知分析结果

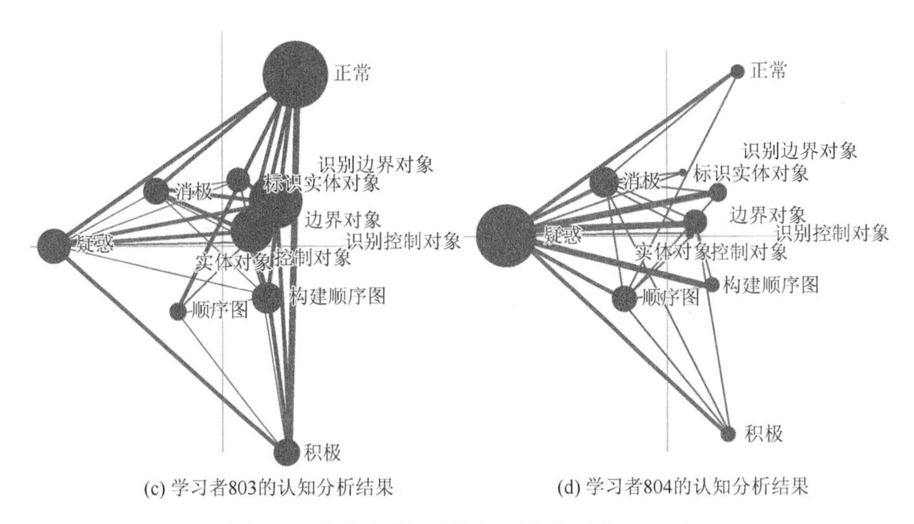

图 7.5　考虑情感因素指标后的学习者 ENA 图

相关验证性的访谈如下所示。

访问者：团队讨论这件事对你来说有压力吗？

学习者 804：挺有压力的，因为自己知识有短板，对队友的讨论时常充满疑问，自己负责的工作进展较慢，常常需要队友的帮助。

（3）问题 RQ7.1.3 的实验结果。

采用第四章第二节之“三”中的成绩预测模型预测了学习者针对知识点通过序列图查找建模中遗漏的边界对象成绩，实验结果如表 7.6 所示。

表 7.6　实验结果

学习者编号	认知水平	情感类别	预测成绩
801	熟悉	积极	82
802	熟悉	积极	83
803	熟悉	正常	80
804	困惑	疑惑	60

在表 7.6 中，认知水平是指从学习者之间的对话流文本中，分析出的某一学习者对通过序列图查找建模中遗漏的边界对象这一知识点的掌握程度；情感类别是指通过使用人工分析方法预测出的学习者情感类别；预测成绩是指依据第 14 周的数据并采用成绩预测模型预测出的学习者现阶段针对某一知识点（如通过序列图查找建模中遗漏的边界对象）的学习成绩。

表 7.6 中的实验结果表明，具有积极情感或正常情感的学习者，对其所预测出的成绩相对较高，而对具有疑惑情感的学习者的预测成绩则

相对较低。此结果在一定程度上说明了文本情感类别与预测成绩之间存在关联。

进一步的访谈发现，授课老师曾提问过学习者 804 关于边界对象的问题，通过该学习者的回答，认为其未能完全理解边界对象这一知识点，这一事实所反映的是，造成该学习者在进一步通过序列图查找建模中遗漏的边界对象时，在应用该知识点上存在困难的原因，所以该预测结果在当前的上下文环境下是可以解释的。

（4）问题 RQ7.1 的实验结果。

在问题 RQ7.1.1～问题 RQ7.1.3 的实验结果之上，归纳出问题 RQ7.1 的实验结果如下所示。

第一，通过观察学习者的情感类别和预测成绩，发现在同一个团队中，带有积极情感较多的学习者的成绩普遍优于带有疑惑情感较多的学习者成绩，因此推测学习者的情感是影响学习者成绩预测结果的一个因素。

第二，学习者的认知水平和情感是有联系的，即如果学习者的认知不到位，其情感将处于疑惑状态；反之，如果学习者的认知到位，那么其情感将处于积极或正常的状态。

第三，学习者的认知水平高低也与其成绩有一定关系，如果该学习者的认知水平较高，那么其成绩通常较好；反之，如果学习者的认知水平较低，那么其成绩通常相对较差。

综上，学习者情感在一定程度上反映了学习者的认知水平，学习者的认知水平映射出学习者的成绩，所以推断学习者情感是影响成绩预测的一个因素。

4）问题 RQ7.1 实验结果的讨论

（1）关于问题 RQ7.1.1 实验结果的讨论。

人工情感分类方法和基于 BiLSTM 文本情感分类模型方法的情感类型预测结果之间存在较大差别，初步推测可能与训练集有关（如该训练集中的消极情感数据和疑惑情感数据占多数，这时的模型可能没有学习到其他更多的情感），这一内容的研究将在问题 RQ7.3 所在小节中继续讨论。

（2）关于问题 RQ7.1.2 实验结果的讨论。

结合对话文本和 ENA 图，发现带有正常情感的学习者和带有疑惑情感的学习者的认知状况存在较大差异。带有正常情感的学习者（如学习者 801、802 和 803）的认知水平较高，这些成员积极参与组内的讨论，发表自己的观点或反驳他人的观点，这有效地推动了该团队的原型系统开发的进展。而带有疑惑情感的学习者（如学习者 804）由于认知水平较低，在组内讨论中理解其他人的观点有限，难以发表自己的见解且存在感较低，这对该团队项目所要求的原型系统实现的贡献有限。

（3）关于问题 RQ7.1.3 实验结果的讨论。

a. 考试内容因素对成绩预测结果的影响。

通常，考试内容的难易程度也会影响成绩预测的准确性。在实际场景中，假设学习者的对话流文本内容暴露出了其对某一知识点的理解和掌握存在欠缺时，依据相关方法或模型所预测出学习者的成绩均较低。但如果实际试卷中没有出现与该知识点相关的考试内容时，那么该学习者可能会取得不错的考试成绩。这意味着在这种情况下所作预测，其结果可能与实际成绩大相径庭。因此，考试内容这一因素会对学习者的成绩预测结果产生影响。

b. 时间因素对成绩预测结果的影响。

本实验的数据选取的是第 14 周的数据，这一周的数据反映了学习者 804 对通过序列图查找建模中遗漏的边界对象这一知识点在当下存在欠缺，同时预测模型依据这一周的数据预测出该学习者针对这一知识点的成绩较低。但由于第 14 周距离期末考试还有一段时间，如果该学习者在这段时间内，对相关知识点理解并掌握了之后，那么该学习者的期末考试成绩与预测成绩之间就会出现较大误差。因此，时间因素会对学习者的成绩预测结果产生影响。

c. 知识点因素对成绩预测结果的影响。

由于不同学习者对某一知识点的掌握与理解的程度不同，如果某一学习者在对话流文本中表现出其对某一知识点仅达到了了解的程度，由于学习者未暴露出其对知识点的疑惑，所以预测模型所预测的成绩结果与实际结果相比有可能偏高。因此，学习者对知识点的掌握与理解深度也会影响对成绩的预测。

d. 情感因素对成绩预测结果的影响。

由于人工预测方法将学习者的情感词放在对话流文本的上下文中进行分析，这能帮助研究者更好地判断自己的分析结果是否符合实际，并能对分析结果进行更好的解释。例如，如果将与学习者 804 有关联的情感词所在句子放在一起加以分析，那么就能解释为什么学习者 804 针对这一知识点的认知水平偏低的现象。

e. 相关结论。

文本情感不是影响成绩预测结果的唯一因素，文本情感反映了学习者的认知水平，但还存在着多种因素会影响成绩预测结果。

总之，成绩预测是一个复杂的问题，在实际教学中还会有更多因素（如学习者考试时的状态等）制约着学习者的考试成绩，所以采用预测模型所预测出的成绩仅可作为教学研判活动的相关参考。

3. 实例背景下的问题 RQ7.2 研究

将考虑了文本情感因素的第四章第二节之“三”中的学习者成绩预测模型，记为模型 1。进一步将模型 1 中的文本情感因素去掉，并将此时的学习者成绩预测模型记为模型 2。下面开展针对模型 1 与模型 2 的对比研究，以探究有/无文本情感因素情况下的学习者成绩预测模型的效果，具体如下所示。

1）数据集与实验环境

首先，实验采用的数据是某大学 2021 年下学期的 OOSE 课程下的一个班级 47 名学习者的相关数据。具体输入数据为学习者所在小组之间讨论时所产生的对话流，以及分别定义了人口统计学特征和学习行为特征的特征向量，其中人口统计学特征有 15 个维度，包含了性别、教育水平和年龄信息，具体定义如表 7.7 所示；学习行为特征有 5 个维度，包含讨论发言次数、课堂发言次数、线下讨论次数、需求文档分数和系统文档分数，具体定义如表 7.8 所示。

其次，所对比的模型的实验环境均基于 Windows 10 操作系统，并利用了 Python 3.6 和 TensorFlow 1.12 编码环境。

表 7.7　人口统计学特征定义

信息类别	所属维度	向量	含义
性别	第 1 和 2 维度	[1, 0]	女
		[0, 1]	男
		[0, 0]	其他
教育水平	第 3～9 维度	[1, 0, 0, 0, 0, 0, 0]	El
		[0, 1, 0, 0, 0, 0, 0]	Jhs
		[0, 0, 1, 0, 0, 0, 0]	Hs
		[0, 0, 0, 1, 0, 0, 0]	C
		[0, 0, 0, 0, 1, 0, 0]	B
		[0, 0, 0, 0, 0, 1, 0]	M
		[0, 0, 0, 0, 0, 0, 1]	其他
年龄	第 10～15 维度	[1, 0, 0, 0, 0, 0]	age＞ = 0 and age＜18
		[0, 1, 0, 0, 0, 0]	age＞ = 18 and age＜23
		[0, 0, 1, 0, 0, 0]	age＞ = 23 and age＜28
		[0, 0, 0, 1, 0, 0]	age＞ = 28 and age＜36
		[0, 0, 0, 0, 1, 0]	age＞ = 36 and age＜51
		[0, 0, 0, 0, 0, 1]	age＞ = 51
		[0, 0, 0, 0, 0, 0]	其他

表 7.8 行为特征定义

维度	含义
第 1 维度	讨论发言次数
第 2 维度	课堂发言次数
第 3 维度	线下讨论次数
第 4 维度	需求文档分数
第 5 维度	系统文档分数

2）实验方法

第一，模型 2 的构建。首先，确定参与对比实验的模型 1 为第四章第二节之“三”中所述的模型。其次，基于模型 1，对参与对比实验的模型 2 进行构建，具体描述如下所示。

针对第四章的定义 4.3（学习者特征表征）进行模型调整，以获得模型 2，即 $\mathbf{LF}^t(i)$ 由学习者的人口统计学特征 $\boldsymbol{F}_{g(i)}^t$ 和学习行为特征 $\boldsymbol{F}_{b(i)}^t$ 融合生成，其中 $\boldsymbol{F}_{g(i)}^t$ 表示学习者 i 在知识点 t 上的人口统计学特征；$\boldsymbol{F}_{b(i)}^t$ 表示学习者 i 在知识点 t 上的学习行为特征。最后所形成学习者特征 $\mathbf{LF}^t(i)=\left[\boldsymbol{F}_{g(i)}^t;\boldsymbol{F}_{b(i)}^t\right]^{\mathrm{T}}$ 为学习者 i 在知识点 t 上的学习者特征表示，其中 $\boldsymbol{F}_{g(i)}^t$ 和 $\boldsymbol{F}_{b(i)}^t$ 通过日志数据得到，符号“;”表示行序拼接操作。

这意味着，模型 2 的学习者特征表示没有考虑文本情感因素。除此以外，模型 2 与模型 1 相同。

第二，模型 1 与模型 2 的对比实验采用了消融策略进行实验。

第三，采用准确率 $\text{Accuracy}_{\text{grade}}$ 和均方根误差 RMSE 作为测评指标来评价模型 1 与模型 2 的整体表现。

3）实验结果

（1）模型 2 的实验结果。模型 2 在学习状态建模时，相关参数设置如表 7.9 所示。

表 7.9 模型 2 的参数设置

参数	值
batch_size （一次训练所抓取的数据样本数）	128
Characteristics_nums （每个知识点下的特征的维度）	35
Learning_State_size （学习状态的维度）	20
Knowledge_points （知识点个数）	2

本实验的预测准确率为 0.4，均方根误差为 7.19。推测该实验结果不理想的原因是，第一，如训练样本太少而导致模型过拟合，这会使得所训练出来的模型预测效果较差；第二，推测也可能是人口统计学特征和学习行为特征不足以表征出学习者的学习状态。

（2）模型 1 的实验结果。模型 1 在学习状态建模时，其参数设置如表 7.10 所示。

表 7.10　模型 1 的参数设置

参数	值
n_class （情感的类别个数）	4
max_doc_len（短文本表示的维度个数）	10
max_sen_len （短文本表示的每个维度中向量的维度）	50
batch_size （一次训练所抓取的数据样本数量）	32

本实验的预测准确率为 0.809，均方根误差为 6.927。模型 1 的结果相对理想。

4）实验结果讨论

第一，在本节实验中，模型 1 的预测效果要好于模型 2。这说明，在本节实验的数据集、算法模型和环境一致的条件下，推测文本情感因素对采用模型预测学习者成绩结果的准确性起着有效的作用。

第二，本节实验与文献[33]的对比。首先，基于对话流的学习者成绩等级预测模型[33]仅考虑了学习者的对话状态矩阵，其学习者成绩预测效果最差；其次，相比基于对话流的学习者成绩等级预测模型，模型 2 由于加入了学习者的人口统计学特征和学习行为特征，预测效果比文献[33]的预测模型要好；而模型 1 可视为在模型 2 的基础上添加了学习者的情感因素，该模型的预测效果在这三者中表现最好。

4. 实例背景下的问题 RQ7.3 研究

1）数据集

为了研究不同文本情感类型所占比例的调整对学习者成绩预测模型效果的影响问题 RQ7.3，选取 MOOC 平台上某课程（在此记为 C6）讨论区的学习者交互数据，该课程是一门计算机类课程，该课程包括两个知识点。数据集包含了学习者的课程成绩、在课程讨论区中学习者之间就相关问题讨论所发表的对话流文本、人口统计学数据和学习行为数据。

该数据集有 1238 条记录，其中学习者的数据属性包括：编号/课程成绩/知识点/情感标签（积极/消极/疑惑和正常）/人口统计学特征/学习行为特征向量，其中学习行为特征向量有 12 个维度（如发帖次数/回帖次数/被评论次数等）。

2）实验方法

第一，针对问题 RQ7.3 实验的需求，依据软件测试用例设计理论重新为学习者构造该情感特征数据以支持进一步的仿真实验，即调整本实验中所用数据集中的各类情感类别所占比例，以模拟出不同的课堂场景（如活跃型课堂或沉闷型课堂等），再对这些不同的课堂场景，采用第四章第二节之“三”节中的学习者成绩预测模型进行成绩预测，以探究不同文本情感类型比例的调整对学习者成绩预测模型效果的影响（问题 RQ7.3）。

第二，采用准确率 $\text{Accuracy}_{\text{grade}}$ 和均方根误差 RMSE 测评不同文本情感类型比例的调整对学习者成绩预测模型效果的影响。

3）实验结果

（1）积极情感类型对成绩预测效果的影响。为了探究不同的积极情感比例下的成绩预测效果，设计 9 个数据集，其中数据集中的情感类别只有积极和正常情感，相邻两个数据集之间的积极情感占比相差 10%。将每个数据集的 80%数据作为训练数据，剩余的 20%作为测试数据。

图 7.6 是不同积极情感比例下的成绩预测效果。当积极情感占 10%、50%和 80%时，成绩预测的准确率较高，当积极情感占 70%时，成绩预测的准确率最低。当积极情感占 80%时，均方根误差最小。

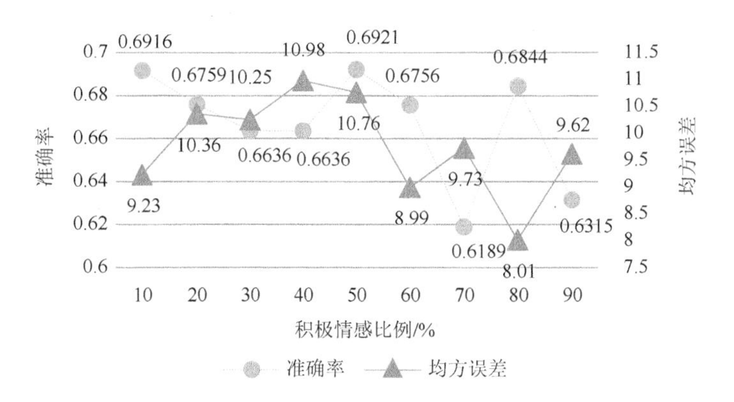

图 7.6　不同积极情感比例下的成绩预测效果

综合来看，当积极情感占 80%时，成绩预测的效果最好。

（2）消极情感类型对成绩预测效果的影响。采用与（1）中相似的思路，为了探究不同的消极情感比例下的成绩预测效果，设计 9 个数据集，其中数据集中的情感类别只有消极和正常情感，相邻两个数据集之间的消极情感占比相差 10%。将每个数据集的 80%数据作为训练数据，剩余的 20%作为测试数据。

图 7.7 是不同消极情感比例下的成绩预测效果。当消极情感占 60%时，成绩预测的准确率最高，均方根误差最小，所以此时的成绩预测效果最好。

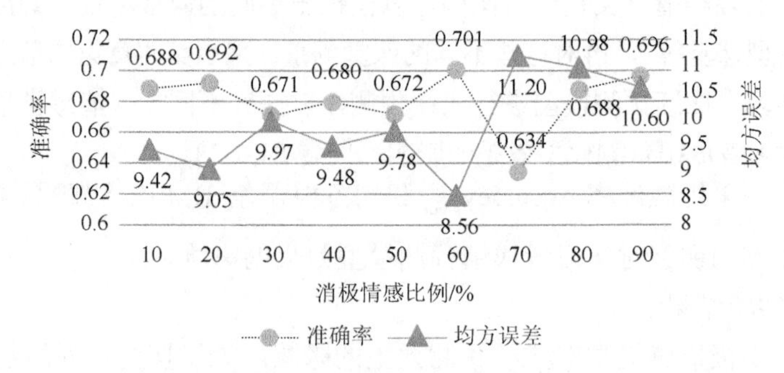

图 7.7　不同消极情感比例下的成绩预测效果

（3）疑惑情感对成绩预测效果的影响。采用与（1）中相似思路，为了探究不同的疑惑情感比例下的成绩预测效果，设计 9 个数据集，其中数据集中的情感类别只有疑惑和正常情感，相邻两个数据集之间的疑惑情感占比相差 10%。将每个数据集的 80%数据作为训练数据，剩余的 20%作为测试数据。

图 7.8 是不同疑惑情感比例下的成绩预测效果。当疑惑情感占 20%时，成绩预测效果最好，此时预测的准确率为 0.7。

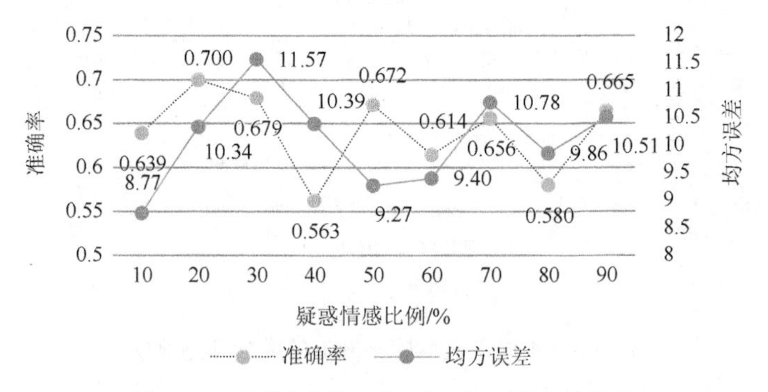

图 7.8　不同疑惑情感比例下的成绩预测情况

（4）混合情感类型对成绩预测效果的影响。现考虑 5 种混合场景的各种情感比例情况下的学习者成绩预测效果（表 7.11）。

表 7.11　5 种混合场景的各种情感比例

场景	积极情感比例/%	消极情感比例/%	疑惑情感比例/%	正常情感比例/%
场景 1	10	30	30	30
场景 2	20	30	30	20
场景 3	30	30	30	10
场景 4	40	20	30	10
场景 5	50	20	20	10

图 7.9 是混合情感比例下的成绩预测效果，发现随着积极情感比例的增大，成绩预测的准确率先下降后上升，当积极情感占 50%、消极情感占 20%、疑惑情感占 20%和正常情感占 10%时，成绩预测的准确率达到最高（0.6883）。

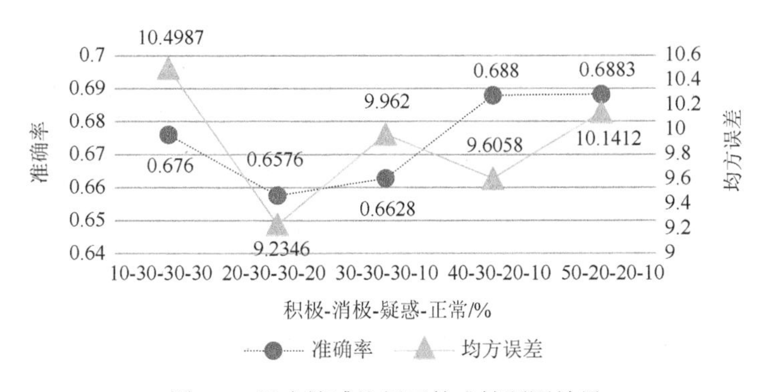

图 7.9　混合情感比例下的成绩预测效果

4）实验结果的讨论

（1）对学习者成绩预测影响最大的情感类别。

比较本节中的实验（1）、（2）和（3）中最高准确率与最低准确率的差值（表 7.12），发现实验（3）中的差值最大，说明在积极、消极和疑惑这三者情感中，对成绩预测效果影响最大的是疑惑情感。

表 7.12　实验（1）、（2）和（3）中最高准确率与最低准确率的差值

实验	最高准确率与最低准确率的差值
实验（1）	0.0732
实验（2）	0.067
实验（3）	0.137

（2）在混合情感下的不同课堂场景对学习者的成绩预测的影响。

在实际课堂中，不同学习者的学习情感反映了不同课堂中的不同学习氛围场景。当授课老师的授课方式新颖有趣，调动了课堂氛围，激发起了学习者的学习兴趣，让学习者处于一种积极主动的学习状态时，课堂中多数学习者的学习情感为积极情感；当老师的授课方式较枯燥，而激发不起学习者的学习兴趣，学习者处于一种被动式学习状态时，课堂中的多数学习者情感以非积极情感为主。据此，在实验中创设 5 种场景（表 7.11），设计中这 5 种场景中的积极情感比例逐渐增多，成绩预测的准确率出现了先下降后上升的现象。随着积极情感比例增多，准确率却下降，研究者推测造成这种现象的原因可能是每节课的难易程度不同，当课程内容较简单时，学习者接受新知识较轻松，所以学习者的情绪可能较积极；当课程内容较难时，学习者学习新知识有较大压力，学习者的情绪可能较消极。

混合情感实验中有一项结果，即当积极情感占 50%、消极情感占 20%、疑惑情感占 20%和正常情感占 10%时，成绩预测准确率达到最高，模型效果将发挥到最优。这个结果的启发是，在采集数据时，可以提前对实验对象的课堂状况做一个调查，选取课堂氛围较好的集体作为数据采集的对象，将这种方式下采集到的数据作为实验数据集，则可以使预测模型的效果达到最优。

二、人口统计学特征、学习基础、学习态度和学习能力因素对学习者成绩预测的影响

在 MOOC 环境下学习者的背景复杂（如既有在校学习者，也有社会人员），其人口统计学特征可能会对学习者的课程学习造成影响，甚至会影响到对这些学习者学习行为（如大概率出现的辍学等）和学习成绩的预测。但当所分析的对象是高校中的本科生时，由于这些学习者的入学背景等人口统计学特征的信息（如包括了性别、年龄和学历）非常相似，人口统计学特征对这类学习者的成绩预测是否产生影响，这是一个值得探讨的问题。

1. 研究问题

首先，针对高校在线教学和混合课程教学这两种不同的学习环境，研究人口统计学特征对学习者成绩预测模型的影响；其次，探究学习者人口统计学特征、学习基础、学习态度和学习能力因素对学习者成绩预测的影响。

下面描述相关的研究问题和需验证的假设。

问题 RQ7.4：人口统计学特征对学习者成绩预测模型产生了什么影响？

在高校在线教学和混合课程背景下，考虑有/无学习者人口统计学特征对学习者成绩预测模型的影响。为此，需验证的假设 H_1 描述如下所示。

假设 H_1：假设学习者的人口统计学特征对学习者的成绩预测有较大的影响。

问题 RQ7.5：学习者的学习基础、学习态度和学习能力因素对成绩预测模型产生了什么影响？

即在混合课程学习背景下，考虑学习者的学习基础、学习态度和学习能力因素对学习者成绩预测模型造成何种影响这一问题。为此，需验证的假设 H_2 描述如下所示。

假设 H_2：假设学习者的学习基础、学习态度和学习能力对学习者的成绩预测产生较大的影响。

2. 数据集

所用的数据集选择了学堂在线上的某大学的 7 门课程（记为 C_1～C_6、C_{11}）数据，这些课程涉及 24293 名学习者，同时选择某大学 OOSE 课堂中的 47 名学习者在线上学习过程中所产生的学习数据。

3. 研究方法与实验结果

1）问题 RQ7.4 的研究方法与实验结果

依据第四章第二节之“三”节，BiLSTM 模型的输入包含学习者的人口统计学特征、学习行为特征和情感类别特征。为了验证假设 H_1 是否成立，需要尝试探究不同场景下的数据中人口统计学特征对 BiLSTM 成绩预测模型的预测效果的影响。为此，本节设计了有/无人口统计学特征的 2 个学习者数据集，将采用这些数据集训练和测试 BiLSTM 成绩预测模型的实验分别记为实验 A/B。

实验结果分析使用准确率和均方误差衡量 BiLSTM 成绩预测模型的效果，相关的设定是，如果实验 A 与实验 B 的准确率相差范围在–0.1～0.1，并且实验 A 与实验 B 的均方误差相差范围在–5～5 时，则可认为人口统计学特征对 BiLSTM 成绩预测模型的效果没有较大的影响（反之，则有较大的影响）。表 7.13 记录了有/无人口统计学特征的情况下 BiLSTM 模型预测成绩的准确率和均方误差。

表 7.13　基于 MOOC 数据的人口统计学特征对模型预测效果的影响

实验 A（有人口统计学特征）			实验 B（无人口统计学特征）			A/B 实验数据集的准确率相差的绝对值	A/B 实验数据集的均方误差相差的绝对值
课程	准确率	均方误差	课程	准确率	均方误差		
C_1	0.9156	2.85	C_1	0.9151	2.98	0.0005	0.13
C_2	1	0.42	C_2	0.9969	0.6	0.0031	0.18

续表

实验 A（有人口统计学特征）			实验 B（无人口统计学特征）			A/B 实验数据集的准确率相差的绝对值	A/B 实验数据集的均方误差相差的绝对值
课程	准确率	均方误差	课程	准确率	均方误差		
C_3	0.8764	3.3	C_3	0.9095	2.74	0.0331	0.56
C_4	0.9217	3.73	C_4	0.9254	3.91	0.0037	0.18
C_5	0.879	3.42	C_5	0.8898	3.53	0.0108	0.11
C_6	0.9033	2.95	C_6	0.9111	3.01	0.0078	0.06
C_{11}	0.8539	3.72	C_{11}	0.8606	3.68	0.0067	0.04
OOSE	0.532	8.667	OOSE	0.468	7.39	0.064	1.277

据表 7.13 可以计算出上述 8 门课的 A/B 实验数据集的准确率相差的绝对值的平均值为 0.0168＜0.1，且 A/B 实验数据集的均方误差相差的绝对值的平均值为 0.3171＜5，可以看出实验 A 与实验 B 的预测效果误差均在可接受范围，所以拒绝接受假设 H_1，即人口统计学特征对 BiLSTM 成绩预测模型的效果没有较大的影响。

2）问题 RQ7.5 的研究方法与实验结果

在混合课程学习背景下，考虑学习者有/无学习基础、学习态度和学习能力对学习者成绩预测模型的影响。

为了在混合课程学习背景下，考虑学习者的学习基础、学习态度和学习能力因素对学习者成绩预测模型造成何种影响这一问题，需先研究针对学习基础、学习态度和学习能力这些因素的刻画。第一，学习者的学习基础用基础扎实、基础好、基础较好、基础一般、基础较弱和基础非常薄弱这 6 个等级加以刻画。第二，学习者的学习态度用学习态度非常认真、学习态度比较认真、学习态度认真、学习态度一般、学习态度不认真、学习态度比较不认真和学习态度非常不认真这 7 个等级加以刻画。第三，学习者的学习能力从是否会编程及学习者的软件开发素养两方面加以刻画，其中学习者的软件开发素养用理论水平高且编程好、理论水平高且编程一般、理论水平一般且编程好、理论水平一般且编程一般、理论水平一般且编程差、理论水平差且编程一般和理论水平差且编程差这 7 个等级刻画。

针对学习者的学习基础、学习态度和学习能力的量化，实证活动中可以采用摸底测试、访谈和采集学习行为数据等途径。

在此基础上，为了验证假设 H_2 是否成立，设置三个实验，具体描述如下所示。

实验一的目的是探究学习者特征变量 *A*（如学习者是否会编程、软件开发素养和学习基础）对 BiLSTM 成绩预测模型是否会产生较大影响，这些特征变量的编码如表 7.14 所示。

表 7.14　实验一中的特征变量的编码

维度	向量特征	含义
第 1 维和第 2 维	[1, 0]	会编程
	[0,1]	不会编程
第 3～9 维	[1, 0, 0, 0, 0, 0, 0]	理论水平好编程好
	[0, 1, 0, 0, 0, 0, 0]	理论水平好编程一般
	[0, 0, 1, 0, 0, 0, 0]	理论水平一般编程好
	[0, 0, 0, 1, 0, 0, 0]	理论水平一般编程一般
	[0, 0, 0, 0, 1, 0, 0]	理论水平一般编程差
	[0, 0, 0, 0, 0, 1, 0]	理论水平差编程一般
	[0, 0, 0, 0, 0, 0, 1]	理论水平差编程差
第 10～15 维	[1, 0, 0, 0, 0, 0]	基础扎实
	[0, 1, 0, 0, 0, 0]	基础好
	[0, 0, 1, 0, 0, 0]	基础较好
	[0, 0, 0, 1, 0, 0]	基础一般
	[0, 0, 0, 0, 1, 0]	基础较弱
	[0, 0, 0, 0, 0, 1]	基础非常薄弱

实验二的目的是探究学习者的特征变量 B（如学习者是否会编程、学习态度和学习基础）对 BiLSTM 成绩预测模型是否会产生较大影响，这些编码内容的向量表示如表 7.15 所示。

表 7.15　实验二中的特征变量的编码

维度	向量特征	含义
第 1 维和第 2 维	[1, 0]	会编程
	[0,1]	不会编程
第 3～9 维	[1, 0, 0, 0, 0, 0, 0]	学习态度非常认真
	[0, 1, 0, 0, 0, 0, 0]	学习态度比较认真
	[0, 0, 1, 0, 0, 0, 0]	学习态度认真

续表

维度	向量特征	含义
第 3～9 维	[0, 0, 0, 1, 0, 0, 0]	学习态度一般
	[0, 0, 0, 0, 1, 0, 0]	学习态度不认真
	[0, 0, 0, 0, 0, 1, 0]	学习态度较不认真
	[0, 0, 0, 0, 0, 0, 1]	学习态度非常不认真
第 10～15 维	[1, 0, 0, 0, 0, 0]	基础扎实
	[0, 1, 0, 0, 0, 0]	基础好
	[0, 0, 1, 0, 0, 0]	基础较好
	[0, 0, 0, 1, 0, 0]	基础一般
	[0, 0, 0, 0, 1, 0]	基础较弱
	[0, 0, 0, 0, 0, 1]	基础非常薄弱

实验三是不考虑学习基础、学习态度和学习能力因素下的成绩预测实验。问题 RQ7.5 中的这三个实验均采用 BiLSTM 成绩预测模型。

同样地，使用准确率和均方误差衡量 BiLSTM 成绩预测模型的效果，为此设定如果实验一与实验三的准确率、实验二与实验三的准确率相差范围在–0.1～0.1，并且如果实验一与实验三的均方误差、实验二与实验三的均方误差相差范围在–5～5 时，那么认为学习者的学习基础、学习态度和学习能力等因素对 BiLSTM 成绩预测模型的效果没有较大影响（反之则认为这些因素对 BiLSTM 成绩预测模型的效果有较大影响）。

表 7.16 是实验一、实验二和实验三的实验结果，由此可计算出实验三与实验一的准确率相差 0.1297＞0.1，均方误差相差 0.897＜5。而实验三与实验二的准确率相差 0.1807＞0.1，均方误差相差 2.147＜5。这两个实验对比的预测效果差异不在可接受范围，所以接受假设 H_2，即学习者的学习基础、学习态度和学习能力因素对 BiLSTM 成绩预测模型的效果有较大影响。

表 7.16　实验一、实验二和实验三的预测效果

实验设计	指标	
	准确率	均方误差
实验一	0.6617	7.77
实验二	0.7127	6.52
实验三	0.532	8.667

4. 讨论

首先，针对高校在线教学环境和 OOSE 混合课程的数据集，发现人口统计学特征对模型预测成绩的效果均没有较大影响。究其原因是，第一，数据集中的学习者的人口统计学特征没有区分度，除了性别，学习者的学历和年龄相差无几。第二，学习者的人口统计学特征对成绩的影响较小，学习者的学历越高代表学习者掌握更多先验知识，但高校中的课程（如 OOSE）考试不像高考那样具有极大的区分度，课程考试的目的是检验学习者是否掌握知识点，所以学习者的学历没有构成影响成绩的重要因素。

其次，学习者的学习基础、学习态度和学习能力因素对 BiLSTM 预测模型的效果有较大的积极影响，即考虑了这些因素后的 BiLSTM 成绩预测模型的效果有提升，这是因为学习者的这些因素更为全面地刻画了学习者的特征，所以模型学习到这些学习者特征有助于提高模型的性能。

三、小结

为了分析学习者讨论中的文本情感和人口统计学特征、学习基础、学习态度和学习能力等因素，是否会对学习者的成绩预测产生影响这一问题，本节开展了相关研究，其主要结论如下：第一，文本情感类别与认知水平之间存在关联，且文本情感类别会影响学习者的成绩预测结果。第二，对 BiLSTM 预测模型而言，学习者的学习基础、学习态度和学习能力因素对学习者成绩预测有较大影响，而学习者的人口统计学特征对学习者成绩预测影响不大。第三，进一步的研究可以从多个不同的预测模型入手，验证上述结论是否成立。

第二节　基于学习者兴趣预测的学习资源推荐研究

影响学习者获取成绩等级的因素很多，其中学习兴趣是对学习者所获得的成绩等级影响较大的因素。研究表明，一方面，学习者的学习兴趣对学习成绩有很重要的影响，并且这种影响随着学习者年龄的不断增长而加大[34]。文献[32]与[35]认为，学习兴趣既是一种心理认知倾向，因为它表达了学习者对知识的渴望和对真理的追求，学习兴趣可以促进学习者积极学习；同时，学习兴趣也是一种推动学习者认识事物、探求真理的重要动机。另一方面，研究者发现部分学习者在对其学业失败（其具体表现之一即未获得学习者所期望的学业成绩）的原因进行总结时，所提及的最重要原因集中表现在其对所学科目缺乏兴趣上。而另外一些学习者在对学业成功（即所获成绩较好）的原因进行总结时，兴趣也是最主要的影响因素之一，该因素仅排在努力程度这一因素之后。这意味着，在某种形式的考评中，在排除掉某些干扰因素（如猜中答案或通过不正当手段获取答案等）的前提下，可以认为学习者在某知识点上所获得的成绩等级，能够在一定程度上反映出该学习者对该知识点的兴趣程度，即针对某知识点，学习者所获得的成绩等级与该学习者的兴趣等级之间存在着某种关联。鉴于这些分析和认知，下面先给出本书中的一个约定，并简述与 OOSE 混合课堂推荐有关的相关背景、问题定义和研究方法等。

1. OOSE 混合课堂中的推荐

推荐可视为干预的一种具体形式与手段，推荐对教学活动的改进起到辅助作用。本节把推荐活动划分为初始推荐（资源推荐）和深度推荐（问题回答者推荐）两类，且在初始推荐不能满足学习者的需求时，可进一步实施深度推荐，即约定当推荐模型所推荐的学习资源不能满足学习者需求（其判定方式如通过获取学习者针对该资源推荐效果的反馈可推知其需求是否满足）时，进一步考虑向学习者推荐问题回答者。在初始推荐的基础上，进一步实施深度推荐的理由是，一方面，有针对性地对有需求的学习者提供辅导，以提升学习者体验；另一方面，在一定程度上减轻了教师的教学辅导负担。本节中使用的相关定义描述如下所示。

定义 7.1 学习资源。学习资源分为狭义学习资源（如线上资源链接等，或电子书等资源）和广义学习资源（如问题回答者）。

定义 7.2 初始推荐。初始推荐即进行狭义资源推荐。

定义 7.3 深度推荐。深度推荐即进行问题回答者推荐。

针对 OOSE 混合课程的推荐有多种应用研究的视角，其中的预测 + 推荐的应用研究视角是本节关注的重点，即将针对学习兴趣的预测与第五章中的推荐算法模型相结合，以支持多样性的实际应用场景。

2. 问题定义

针对上述 OOSE 混合课堂中的推荐需求，本节将研究问题具体描述如下。

问题 RQ7.6：如何基于学习者的知识点掌握情况（下面简称基于知识点）预测学习者的学习兴趣（下面简称预测学习兴趣）？即如何基于知识点预测学习兴趣？

该问题可进一步分解出待研究的 2 个子问题。

问题 RQ7.6.1：如何基于知识点预测学习者的兴趣等级（下面简称预测兴趣等级）？

问题 RQ7.6.2：从何种视角基于学习兴趣实施干预（或推荐）？

问题 RQ7.7：如何在已知问题 RQ7.6 的前提下，对学习者开展学习资源的推荐研究？

该问题可以分解为如下待研究的 3 个子问题。

问题 RQ7.7.1：如何基于学习兴趣预测和求助行为进行问题回答者推荐（下面简称基于学习兴趣和求助行为的回答者推荐）？

问题 RQ7.7.2：如何基于学习兴趣预测和学习者隐性行为进行问题回答者推荐（下面简称基于学习兴趣和学习者隐性行为的回答者推荐）？

问题 RQ7.7.3：如何基于学习兴趣预测和 HIN 中元路径进行学习资源与回答者推荐（下面简称基于学习兴趣和 HIN 的学习资源与回答者推荐）？

3. 研究方法

1）总体思路

该研究的总体思路是，第一，将第四章和第五章所探讨的基于短文本学习分析中的核心关键服务模型（如预测模型和推荐模型等）进行有机结合（如先做学习兴趣预测，再做学习资源推荐），以形成对学习分析应用支持的组合服务模型，并将这类模型应用于 OOSE 混合课程的部分场景之中，以期产生新的应用价值；第二，把推荐活动划分为初始推荐和深度推荐，即当推荐模型所做的初始推荐（学习资源）不能满足学习者需求时，可以考虑做进一步深度推荐（问题回答者）。

2）具体方法

首先，考虑应用现有的预测模型（以第四章的预测算法模型为基础）预测学习兴趣，在此前提下，按需改造第四章中的针对学习者成绩预测相关模型并据此构建针对学习者学习兴趣的预测模型；其次，将学习兴趣作为第五章推荐模型新增的一个推荐要素加以使用，以实现个性化推荐，在这一研究中，将结合第五章中不同的推荐模型展开基于学习兴趣预测的相关推荐研究。

3）内容组织

针对问题定义，本节具体内容组织如下：在第七章第二节之“一”中，研究基于知识点预测学习兴趣（下面简称学习兴趣预测）；在第七章

第二节之“二”中，研究基于学习兴趣和求助行为的回答者推荐；在第七章第二节之“三”中，研究基于学习兴趣预测和学习者隐性行为的回答者推荐；在第七章第二节之“四”中，研究基于学习兴趣和 HIN 中元路径的学习资源与回答者推荐。

一、基于知识点的学习兴趣预测研究

1. 问题定义

表征学习者成绩的方式有多种，如可以采用 0～100 的分数表征，也可以采用学习成绩等级（如采用 1.0～5.0 的分数）表征。为此，下面先给出术语的定义。

定义 7.4　学习成绩等级（AAL）。学习成绩等级 AAL（简称成绩等级 AL）是一种用来衡量学习者 i 对知识点 t 的掌握程度的量度值。

在此，将成绩等级 AL 划分为 5 个等级，分别是不及格、及格、一般、良好和优秀，该等级对应的编码记为 1、2、3、4 和 5，据此可以给出基于知识点预测学习者学习成绩等级的问题定义。

定义 7.5　基于知识点预测学习者的学习成绩等级。

输入：学习者 i 在知识点 t 上的对话文本 $\mathbf{ST}^t(i)$；学习者的行为特征向量 $\boldsymbol{F}_{b(i)}^t$。

输出：学习者 i 对知识点 t 的学习成绩等级 $\mathbf{AL}_t(i)$。

假设 7.1　学习者的成绩等级 $\mathbf{AL}_t(i)$ 可以反映出学习者 i 对知识点 t 的兴趣程度。

据此假设，定义学习者的学习兴趣等级（LIL）如下所示。

定义 7.6　学习兴趣等级 $\mathrm{LIL}_t(i)$。学习兴趣等级 $\mathrm{LIL}_t(i)$ 简称兴趣等级，是一种用来衡量学习者 i 对知识点 t 的感兴趣程度的度量值。

在此，可以将学习者的学习兴趣分为 5 个等级，分别为不感兴趣、稍微感兴趣、一般感兴趣、特别感兴趣和非常感兴趣，对应的标签记为 1*、2*、3*、4*和 5*。

基于学习成绩等级 $\mathbf{AL}_t(i)$ 和学习兴趣等级 $\mathrm{LIL}_t(i)$ 的定义，可以定义一种映射函数 AL2LIL()，以便将学习者的成绩等级转换成对应的学习者兴趣等级，具体见定义 7.7。

定义 7.7　学习者兴趣等级映射（即学习者的成绩等级到学习者的兴趣等级映射）函数 AL2LIL()。

输入：学习者的成绩等级。

输出：学习者的学习兴趣等级。

现给出定义 7.7 中的成绩等级到兴趣等级映射函数 AL2LIL() 的一种实现，据此实现可以获得学习者针对知识点的兴趣程度之值。在此，研究者所定义的是一种非常简单映射函数 AL2LIL()，具体如表 7.17 所示。

表 7.17　AL2LIL() 函数

学习者的成绩等级	学习者的学习兴趣等级
1	1*
2	2*
3	3*
4	4*
5	5*

表 7.17 表明，当获取了学习者成绩等级后，该学习者所对应的学习兴趣等级可以通过 AL2LIL() 函数获得。

2. 学习者兴趣等级预测模型

针对问题 RQ7.6.1，图 7.10 给出了一种通过知识点预测学习者的学习兴趣等级的模型。该模型分为三个阶段，分别是文本情感预测阶段、基于文本情感增强的学习者成绩预测阶段和学习者的学习兴趣等级预测阶段。

1）文本情感预测阶段

在文本情感预测阶段，选取了第四章第二节之“二”中基于 BERT 的学习者短文本情感分类模型，以实现学习者的情感预测。

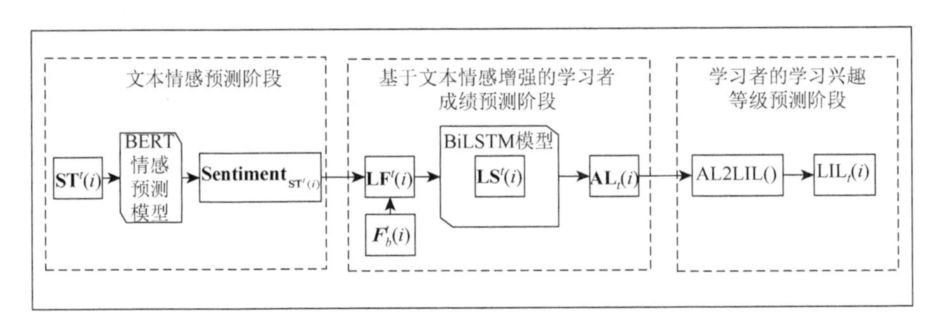

图 7.10　学习者兴趣等级预测模型

2）基于文本情感增强的学习者成绩预测阶段

本阶段设计一种基于 BiLSTM 的学习者成绩等级预测模型。该模型包括三层，其中第一层为学习者特征表征 **LF** 构建层，该层将短文本情感 $\mathbf{Sentiment}_{\mathbf{ST}^t(i)}$ 与学习行为 $\boldsymbol{F}_b^t(i)$ 相融合，得到文本情感增强的学习者 i 对知

识点 t 的特征 $\mathbf{LF}^t(i)$；第二层为学习状态表征 **LS** 建模层，该层利用改进的 BiLSTM 建模学习状态 $\mathbf{LS}^t(i)$；第三层为成绩等级预测层，该层基于学习状态表征 $\mathbf{LS}^t(i)$ 预测学习者 i 对知识点 t 的成绩等级 $\mathbf{AL}_t(i) \in [1, 2, 3, 4, 5]$，其中等级 1 表示成绩最差，等级 5 表示成绩最好。

3）学习兴趣等级预测阶段

本阶段的学习者学习兴趣等级预测依赖 $\mathrm{LIL}_t(i)$ 映射层，通过该层中的 AL2LIL() 函数将学习者的成绩等级 $\mathbf{AL}_t(i)$ 映射为对应的兴趣等级 $\mathrm{LIL}_t(i)$。

4）构建学习者兴趣等级预测模型

下面具体描述该模型中核心层次的设计结果。

（1）学习特征表征 $\mathbf{LF}^t_{\mathrm{fuse}}(i)$ 建模。首先，获得完整的学习者特征表征 $\mathbf{LF}^t_{\mathrm{fuse}}(i)$。针对短文本情感特征 $\mathbf{Sentiment}_{\mathbf{ST}^t(i)}$ 和学习行为特征 $\boldsymbol{F}^t_{b(i)}$，通过多源特征融合函数 fuse() 可以获得学习者 i 对应知识点 t 的完整特征表示 $\mathbf{LF}^t_{\mathrm{fuse}}(i)$，具体做法是

$$\mathbf{LF}^t_{\mathrm{fuse}}(i) = \mathrm{fuse}\left(\mathbf{Sentiment}_{\mathbf{ST}^t(i)}, \boldsymbol{F}^t_{b(i)}\right) \tag{7.1}$$

（2）学习状态表征 $\mathbf{LS}^t(i)$ 建模。由于学习过程中某一时间步的学习状态不仅与当前时间步的行为相关，还会受到之前的学习状态与表现的影响，故采用 BiLSTM 模型建模学习者 i 在不同时间步的学习状态并刻画这些状态之间的相互影响（即学习者 i 在不同知识点 t 上的学习状态储存在 BiLSTM 模型不同时间步的隐藏状态中）。

（3）学习成绩等级 $\mathbf{AL}_t(i)$ 预测。利用一个单层的 MLP 实现基于某一时间步的学习者 i 的学习状态表征 $\mathbf{LS}^t(i)$ 预测其成绩等级 $\mathbf{AL}_t(i)$，具体做法是

$$\mathbf{AL}_t(i) = \mathrm{Sigmoid}(\boldsymbol{W}^2 \mathbf{LS}^t(i) + b^2) \tag{7.2}$$

（4）学习兴趣等级 $\mathrm{LIL}_t(i)$ 预测。利用定义 7.7 中的 AL2LIL() 函数将学习者的成绩等级 $\mathbf{AL}_t(i)$ 映射为对应的兴趣等级 $\mathrm{LIL}_t(i)$。

（5）损失函数 Loss。学习兴趣等级预测模型的损失函数可以定义为

$$\mathrm{Loss} = \sum\nolimits_{i \in \mathrm{Course}} \left(\mathrm{LIL}_t(i) - \mathrm{LIL}^{\gamma}_t(i)\right)^2 \tag{7.3}$$

式中，$\mathrm{LIL}^{\gamma}_t(i)$ 是学习者真实的兴趣等级。

3. 实验结果与分析

1）实验数据

本实验选择了某校的 OOSE 混合课程中的对话流文本和学习行为数据。学习行为数据包含线上讨论主动发表意见的次数、课堂发言次数、线

下参与讨论次数、看课程视频的次数和时长、课余学习其他内容的个数、向助教寻求帮助（包含建议和回答）的次数等。

假设前 7 周的 OOSE 混合课程所涉及的知识点 t 有设计模式、学习分析系统、参与者、场景、用例、功能性需求和非功能性需求。以知识点 t 为参照并整理数据，可以得到 7 个不同知识点下的学习者数据集。

2）测评指标

使用所获得的 7 个不同知识点下的学习者数据集，可以预测出这 7 个知识点下的学习者兴趣等级，在此将使用指标 Accuracy、MicroPrecision、MicroRecall、MicroF1Score 评价兴趣等级预测模型的整体表现。

设 TP_i 表示某学习者的兴趣等级属于第 i 个类别且预测正确的个数，TN_i 表示某学习者的兴趣等级不属于第 i 个类别且预测结果也不属于第 i 个类别的个数，FP_i 表示某学习者的兴趣等级不属于第 i 个类别但预测结果属于第 i 个类别的个数，FN_i 表示某学习者的兴趣等级属于第 i 个类别但预测结果不属于第 i 个类别的个数，N 表示学习者总人数，M 表示兴趣等级的总类别数，则相应的评价指标可以定义为

$$\mathrm{Accuracy}=\frac{\sum_{i=1}^{M}\mathrm{TP}_i}{N} \tag{7.4}$$

$$\mathrm{MicroPrecision}=\frac{\sum_{i=1}^{M}\mathrm{TP}_i}{\sum_{i=1}^{M}(\mathrm{TP}_i+\mathrm{FP}_i)} \tag{7.5}$$

$$\mathrm{MicroRecall}=\frac{\sum_{i=1}^{M}\mathrm{TP}_i}{\sum_{i=1}^{M}(\mathrm{TP}_i+\mathrm{FN}_i)} \tag{7.6}$$

$$\mathrm{MicroF1Score}=\frac{2\times\mathrm{MicroPrecision}\times\mathrm{MicroRecall}}{\mathrm{MicroPrecision}+\mathrm{MicroRecall}} \tag{7.7}$$

3）实验设置与分析

（1）实验设置。本实验基于 TensorFlow 框架，模型中的主要参数设置如表 7.18 所示。

表 7.18　参数设置

参数	值
batch_size（批大小）	16
num_epochs（迭代次数）	120
Learning_State_size（学习状态向量的维度）	20

（2）实验结果分析。针对不同知识点，学习者的学习兴趣等级的预测结果如表 7.19 所示，表中的行代表要考察的相关课程的知识点 t，列代表学习者的标识（如学号），表格中的值代表了与所预测出的某学习者对应知识点的感兴趣程度，如在该表中的第 1 行第 2 列的值 1 表示某学习者对知识点设计模式的兴趣等级为 1*。

表 7.19　学习者的学习兴趣等级的预测结果

学号	知识点						
	设计模式	学习分析	参与者	场景	用例	功能性需求	非功能性需求
101	1*	2*	3*	5*	1*	2*	4*
102	3*	3*	5*	2*	4*	5*	5*

研究者将兴趣等级值低于且等于 3*的学习者记为兴趣低的学习者，将其他等级的学习者记为具有兴趣高的学习者。依据预测结果，可以汇总每个知识点下不同兴趣等级的人数，结果如图 7.11 所示。

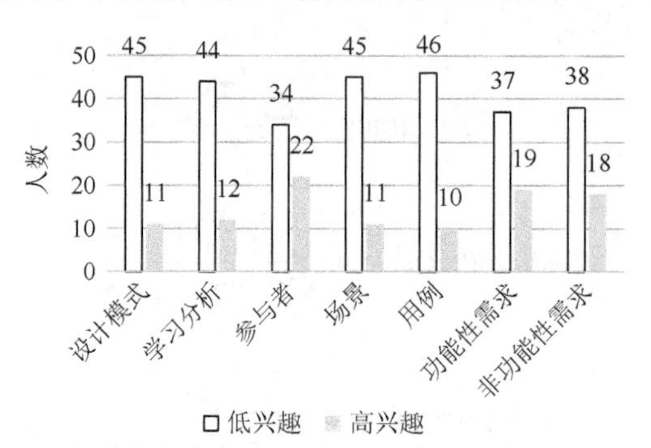

图 7.11　依据预测结果每个知识点下各个兴趣等级的人数汇总

从图 7.11 中发现，多数学习者的学习兴趣等级低于 3*（包含 3*）。对此，授课教师在期末考试成绩分析报告中认为：“……该年级的学习者整体学习状态不佳，有相当数量的学习者在授课期间外出去公司做实习；部分学习者对应的该课程所需的编程基础较差；学习者的专业思想树立有待强化，……”，这里针对该情况给出了可能符合实际的一种解释。

进一步地，依据式（7.4）～式（7.7）可得学习者针对知识点的学习兴趣等级的预测准确率，并据此决定是否将该预测结果用于推荐阶段。

4. 讨论

1）针对问题 RQ7.6.1 的讨论

针对如何基于知识点预测学习者的兴趣等级这一问题（问题 RQ7.6.1），

参考第四章第二节之“四”中的 BERT + BiLSTM 模型，将情感向量和学习者的行为数据作为 BiLSTM 模型输入，并利用 BiLSTM 模型预测学习者的成绩等级。这里的成绩等级所反映的是学习者在前 7 周的学习中对某一知识点的掌握程度。图 7.11 中的结果也反映了学习者对各个知识点的掌握情况，兴趣低代表了学习者对知识点的掌握程度较差，兴趣高代表了学习者对知识点的掌握程度较好。图 7.11 中的结果整体反映出了学习者的学习状况较差，提醒授课教师有针对性地改进教学，并需对兴趣低的学习者实施干预。

2）针对问题 RQ7.6.2 的讨论

由于学习兴趣对学习者学习成绩的获得有很重要的影响，本节所设计的 AL2LIL() 函数实现了将学习者成绩等级映射成学习者的学习兴趣，显然读者可以根据自己的需求设计或采用更加复杂的映射模型。依据数据汇总每个知识点下各个兴趣等级的人数，具体如图 7.12 所示。

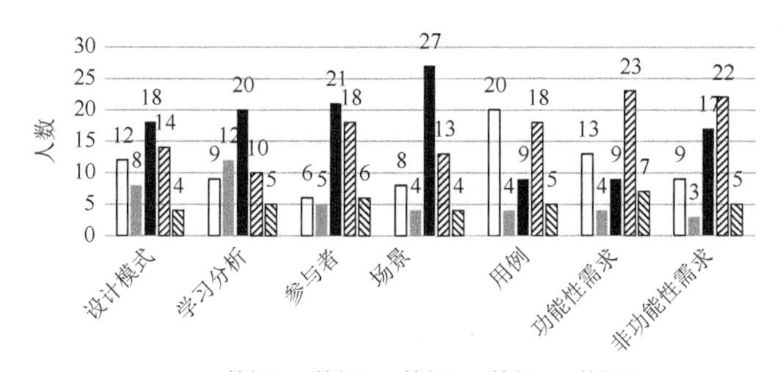

图 7.12　每个知识点下各个兴趣等级的人数汇总

下面结合图 7.12，现针对问题 RQ7.6.2 展开讨论，即考虑从何种视角基于学习兴趣实施干预（或推荐）。

（1）先验知识的缺失。从图 7.12 可以看出多数学习者对知识点设计模式的兴趣等级集中在 1*、2*或 3*，即表明这些学习者对设计模式这一知识点的学习兴趣较低。由于设计模式中的知识点是学习者已学习过课程中的知识，故主讲教师在课程初期所设置讲解设计模式的教学活动，其目的是考察学习者的基础水平。在讲解设计模式活动中，教师发现学习者对设计模式的理解较为浅显，研究者通过后期访谈也印证了这一点。

访问者：你们去年的设计模式课程是如何学习的？

学习者 303：只在课堂上听老师讲。期末考试有划重点，考得也比较简单。没有花较多时间学习该门课程，只是一个大概了解的水平。

因为多数学习者不能做到将设计模式的相关理论知识与实际案例相结合，所以教师预测这些学习者及其所在团队在后期的项目所要求的原型系统实现中将无法把设计模式与开发框架相结合使用。该预测结论提醒教师或教学主管的是在设计模式这门课程中，一方面，授课教师应加强理论与实际的联系方面的教学；另一方面，在 OOSE 教学中，可重点要求学习者通过原型系统的实现过程，掌握如何在相关的应用场景下选择合适的设计模式，并将这些设计模式应用到实际问题求解中。

（2）问题定义的理解。从图 7.12 可以看出多数学习者对学习分析系统知识点的兴趣偏低，通过分析学习者的对话记录，发现多数学习者混淆了学习分析系统和学习管理系统的定义，通过访谈佐证了这一推断。

访问者：你认为什么是学习分析系统？

学习者 201：我觉得学习分析系统是一个可以观看学习视频、提交作业、统计学习者学习数据的学习平台。

授课教师发现了这种情况，向学习者推荐了一篇关于学习分析方面的论文，并引导学习者重新思考学习分析系统和学习管理系统的定义。在教师的指导下，学习者重新针对学习分析系统的定义进行了讨论，并明确了学习分析系统和学习管理系统的区别。

（3）学习时间的安排。在图 7.12 中，研究者发现在用例、功能性需求和非功能需求知识点上，大约一半以上的学习者兴趣较低。对此，研究者从学习者的对话内容中了解到该学期所设置的课程偏多，学习者普遍感觉学习压力较大，并认为没有太多精力和时间投入到本课程中，此外，本课程期末需交付项目所要求的原型系统，为了完成这一任务，学习者可能需要花费大量除上课以外的时间来学习新知识和新技术，这导致学习者出现了一定的畏难情绪和应付的心理，这在部分小组讨论记录中表现为他们准备将“学习分析系统的定义（需求）简化，实现少量且尽可能简单的功能，以达到过关的最低要求”而并不打算投入时间和精力去深入研究如何实现原型系统的应用。通过访谈佐证了这一推断。

访问者：你们是如何计划完成学习分析系统的？

学习者 504：因为这学期课程较多，实在没有较多时间去研究相关算法，我们之前做过一个图书馆系统，所以打算在这个基础上改一改，再加个观看视频的功能。

针对学习者缺少时间导致不能尽全力投入到项目中的这种现象，教师建议教学主管可以精选部分重要且需要讲授的课程作为必修课，部分选修课程以其他方式（如自学方式或非课堂形式下的 MOOC 学习或将这类课程安排到暑假的第三学期等方面）进行教学。

3）基于知识点兴趣进行推荐

基于上述讨论，针对 RQ7.6，图 7.13 描述了一种基于知识点兴趣进行推荐的活动流程。首先，基于图 7.10 所示的模型，依据学习者 i 基于知识点 t 的文本数据 $\mathbf{ST}^t(i)$ 和学习者 i 基于知识点 t 的行为特征向量 $\boldsymbol{F}_b^t(i)$，利用 BiLSTM 模型预测出学习者 i 对知识点 t 的兴趣 $\mathrm{LIL}_t(i)$，从 $\mathrm{LIL}_t(i)$ 提取出学习者 i 的兴趣等级低于 3*所对应的知识点 $t_{\mathrm{LIL}\leqslant 3}(i)$，接着将 $t_{\mathrm{LIL}\leqslant 3}(i)$ 作为第 5 章中的 3 个推荐方法的输入，最后依据这 3 种不同的推荐方法得到所推荐的回答者和学习资源。注意，提取到学习兴趣等级低于等于 3*的知识点，这是连接预测环节与推荐环节的关键活动，即这一活动将预测的结果作为后继推荐模型的输入数据，相关内容将在第七章第二节之“三”～第七章第二节之“五”中详细描述。

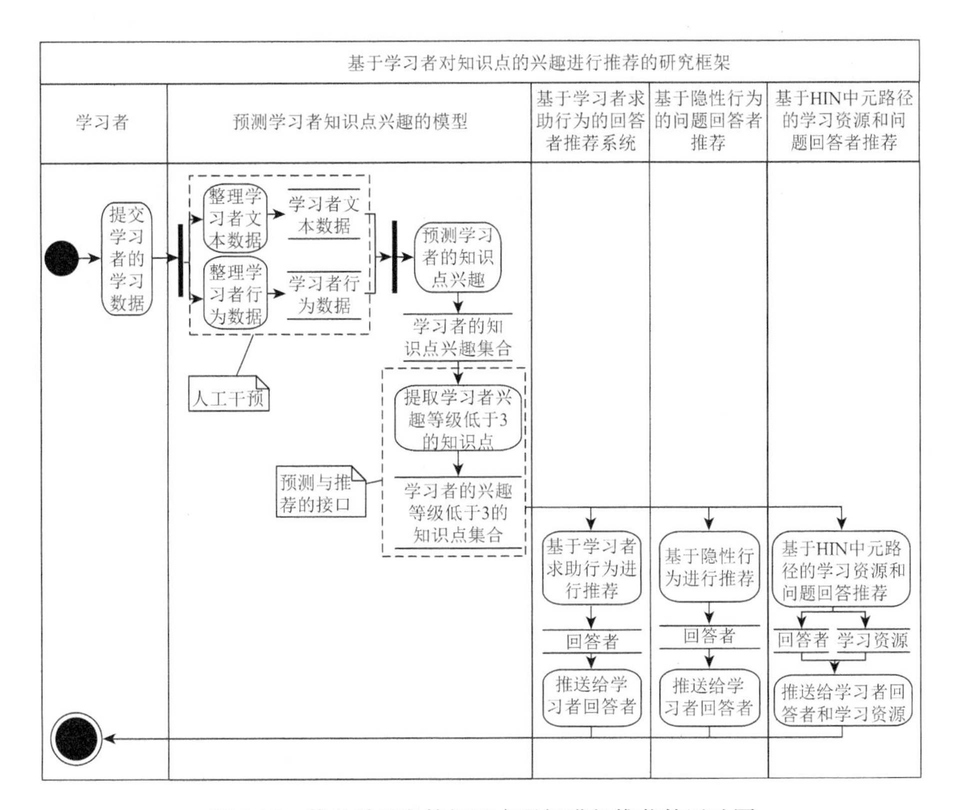

图 7.13　基于学习者的知识点兴趣进行推荐的活动图

图 7.13 中每项活动的说明如表 7.20 所示。

表 7.20 图 7.13 中每项活动的说明

活动	输入	输出
提交学习者的学习数据	学习者线上讨论数据和学习行为数据	无
整理学习者文本数据	记录学习者讨论内容的 mht 文件	记录学习者讨论内容的 csv 文件
整理学习者行为数据	学习者的学习情况报告	记录学习者学习行为数据的 json 文件
预测学习者的知识点兴趣	学习者 i 基于知识点 t 的文本数据和学习者 i 基于知识点 t 的行为特征向量	学习者 i 对知识点 t 的兴趣
提取学习者兴趣等级低于等于 3 的知识点	学习者 i 对知识点 t 的兴趣等级	学习者 i 兴趣等级低于等于 3 的知识点集合
基于学习者求助行为的回答者推荐	学习者发布的问题 q 或学习者 i 兴趣等级低于等于 3 的知识点集合	问题的回答者
基于隐形行为的问题回答者推荐	问题 q 的三个标签或学习者 i 兴趣等级低于等于 3 的知识点集合	推荐的回答者
基于 HIN 中元路径的学习资源和问题回答者推荐	学习者 i 提出的问题 q 或学习者 i 兴趣等级低于等于 3 的知识点集合	推荐的回答者

二、基于学习兴趣和求助行为的回答者推荐

针对问题 RQ7.7.1，本节将基于第七章第二节之“一”中的学习者兴趣等级预测模型和第五章第三节的基于学习者求助行为的问题回答者推荐模型，实现基于学习兴趣和求助行为的回答者推荐模型，并将其应用于 OOSE 课程的推荐活动中。

1. 问题定义

在第五章第三节中，基于学习者求助行为的回答者推荐是通过学习者提出的问题来为学习者推荐合适的回答者，但在实际学习中，存在着学习者不会主动提出问题的情况，这时遇到了推荐活动中的冷启动问题。要降低该问题带来的影响，一种可行的思路是通过学习者的学习兴趣预测模型，预测学习者学习兴趣不高的知识点，再通过知识点为其推荐出合适的回答者（直接进行深度推荐）。下面给出基于学习兴趣和求助行为的回答者推荐问题定义。

定义 7.8 基于学习兴趣和求助行为的回答者推荐。

输入：学习者 i 满足条件 $\text{LIL}_t(i) \leqslant 3$ 的知识点集合 $t_{\text{LIL}\leqslant 3}(i)$；回答者回复行为数据 data；

输出：针对学习者 i 的回答者集合 $\boldsymbol{A}$。

针对以上定义，将进一步研究如下问题。

问题 RQ7.7.1a：如何基于学习兴趣和求助行为进行回答者推荐？

问题 RQ7.7.1b：推荐效果如何评价？

2. 研究方法

1）基于学习兴趣和求助行为的回答者推荐模型

图 7.14 是基于学习兴趣和求助行为的回答者推荐模型。该模型分为两部分，即回答者类别识别和基于知识点推荐。

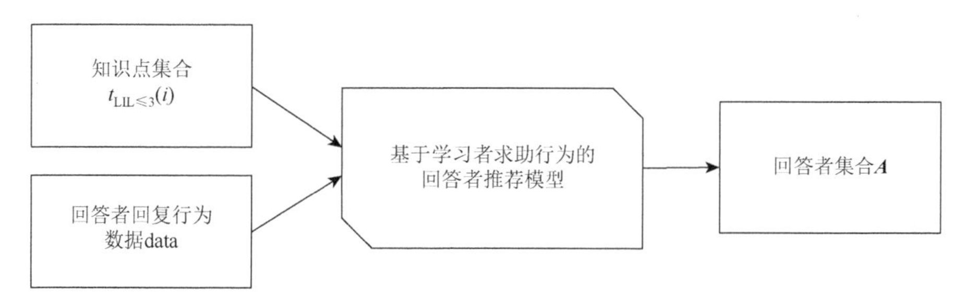

图 7.14　基于学习兴趣和求助行为的回答者推荐模型

（1）回答者类别识别。将回答者回复行为数据 data 用于识别回答者类别，其具体实现原理参见第五章第三节。

（2）基于学习者求助行为的回答者推荐。在该部分，$t_{\mathrm{LIL}\leqslant 3}(i)$ 是学习者 i 满足 $\mathrm{LIL}_t(i)\leqslant 3$ 的知识点集合，即可将 $t_{\mathrm{LIL}\leqslant 3}(i)$ 的出现视为学习者 i 的一种求助行为。进一步地，将 $t_{\mathrm{LIL}\leqslant 3}(i)$ 进行向量化的表示后作为 CNN 推荐模型的输入，通过该模型为学习者 i 推荐回答者集合 $\boldsymbol{A}$，其中基于 CNN 推荐模型算法原理参见第五章第三节。

2）基于学习兴趣和求助行为的回答者推荐流程

图 7.15 描述了基于学习兴趣和求助行为的回答者推荐流程。基于第五章和文献[36]，在第一阶段，将所有回答者回复行为数据集 data 向量化后得到所有回答者回复行为向量集 $\boldsymbol{D}$；通过自动识别问题回答者类别算法识别出所有回答者类别，并据此得到所有回答者类别集 $\boldsymbol{C}$ 。在第二阶段，首先获取学习者 i 满足 $\mathrm{LIL}_t(i)\leqslant 3$ 的知识点集合 $t_{\mathrm{LIL}\leqslant 3}(i)$ 并向量化知识点集合得到知识点集合向量表示 $\boldsymbol{t}_i$；将 $\boldsymbol{t}_i$ 输入 CNN 模型中获取不同知识点对应的概率最大的回答者集 Answer 、回答者目录集 Catalog 及所有回答者的概率集 $\boldsymbol{P}$；通过所有回答者类别集 $\boldsymbol{C}$ 判断回答者集 Answer 中回答者类别并获取主动回答者集合 $\boldsymbol{A}_1$ 。若回答者集 Answer 中有回答者属于被动回答者，则通过所有回答者类别集 $\boldsymbol{C}$ 、所有回答者目录集 Catalog 和所有回答者的

概率集 $\boldsymbol{P}$ 获取主动回答者集合 $\boldsymbol{A}_2$，最后将回答者集合 $\boldsymbol{A}=\boldsymbol{A}_1\cup\boldsymbol{A}_2$ 推荐给学习者 i。

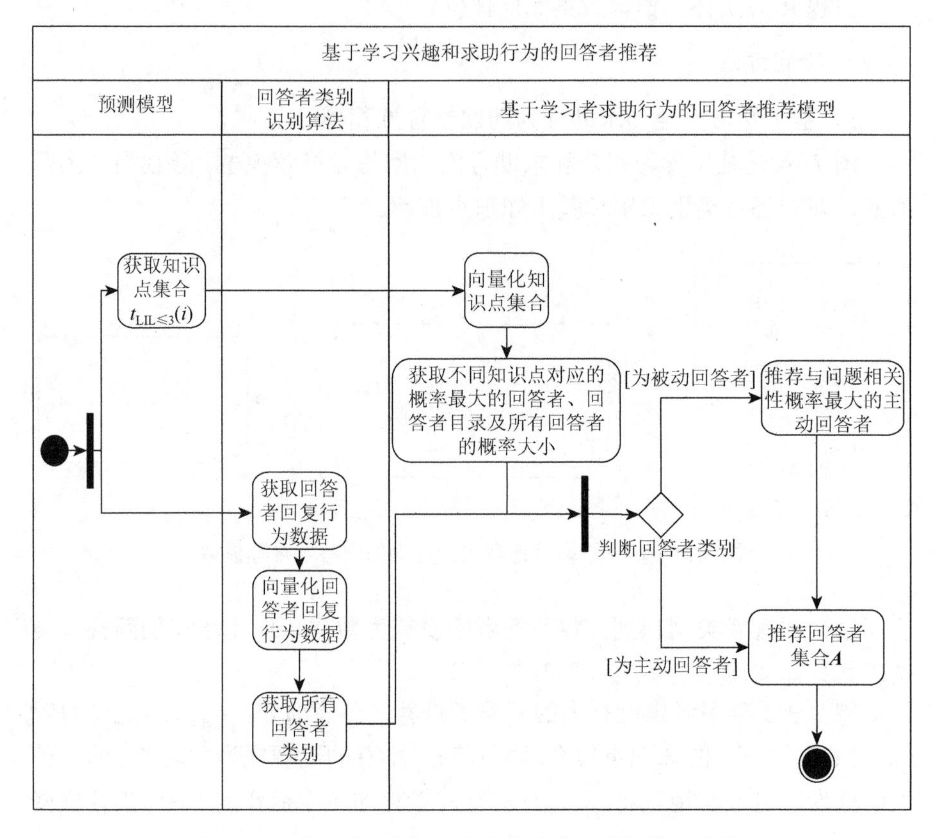

图 7.15　基于学习兴趣和求助行为的回答者推荐流程

3. 实验结果与分析

1）实验数据

本实验选择了某校的 OOSE 混合课程中助教和主讲教师的历史讨论数据作为模型处理的数据，其中主讲教师和助教共计八位，记为 $a_i\in[a_1,a_2,a_3,a_4,a_5,a_6,a_7,a_8]$，依据基于学习兴趣和求助行为的回答者模型推荐出合适的回答者。假设课程涉及的知识点 t 有设计模式、学习分析系统、参与者、场景、用例、功能性需求和非功能性需求。

2）测评指标

本实验将所有回答者被推荐的总次数记为 N，所有回答者所获评分高于 3.0 分（评分范围为 1.0 分～5.0 分）的次数记为 T，利用式（7.8）计算出推荐的准确率。

$$\text{Accuracy}_1 = \frac{T}{N} \tag{7.8}$$

3）实验设置与分析

（1）实验设置。本实验基于 TensorFlow 框架，基于学习兴趣和求助行为的回答者模型的主要参数设置如表 7.21 所示。

表 7.21　参数设置

参数	值
batch_size（批大小）	64
num_epochs（迭代次数）	100
Learning_State_size（词向量维度）	64

（2）实验结果。基于学习兴趣和求助行为的问题回答者推荐结果用一张二维表来表示（表 7.22），其中表中的行代表相关课程的知识点 t，列代表学习者学号，表格中的值代表在对应知识点处为学习者所推荐的回答者（如 a_1），如在该表中的第 1 行第 2 列中的值 a_1 表示在设计模式这个知识点处为学习者 101 推荐了回答者 a_1，又如在该表中的第 2 行第 5 列中的值为空，这表示学习者 101 对于场景这个知识点的学习兴趣等级高于 3.0，故无须做推荐。

事后，研究者通过访谈环节，回收了参与推荐活动的学习者对本次推荐活动中的问题回答者所回答问题满意度情况的调查结果（表 7.23）。

表 7.22　基于学习者学习兴趣等级的回答者推荐结果

学习者编号	知识点						
	设计模式	学习分析	参与者	场景	用例	功能性需求	非功能性需求
101	a_1	a_3	a_1		a_4	a_1	
102	a_1	a_3		a_4			

表 7.23　对问题回答者所回答问题满意度的评分

参与评分的学习者	问题回答者	评分
学习者 1	a_3	3
学习者 1	a_4	5
学习者 2	a_1	4
学习者 2	a_4	5
学习者 3	a_1	5
学习者 3	a_3	5

4. 讨论

1）针对问题 RQ7.7.1a 的讨论

在第五章第三节的基于学习者求助行为的回答者推荐研究中，提出将学习者主动提出问题的行为视为学习者的求助行为。基于该研究，本节提出了基于兴趣和求助行为的回答者推荐模型。根据第七章第二节之“一”中预测模型获取的预测结果，当该结果显示出学习者对知识点集合中知识点的兴趣不高[即 $\mathrm{LIL}_t(i) \leqslant 3.0$]时，可以将这些知识点作为学习者的薄弱点或潜在的求助请求。因此，将学习者学习兴趣等级低于 3*的知识点集 $t_{\mathrm{LIL} \leqslant 3}(i)$ 情况的出现视为学习者的求助行为，再将知识点集 $t_{\mathrm{LIL} \leqslant 3}(i)$ 作为基于学习者求助行为的回答者推荐模型的输入，从而可以推荐出合适的回答者集合。

2）针对问题 RQ7.7.1b 的讨论

本实验基于学习兴趣和求助行为的回答者推荐模型向学习者 i 推荐出回答者集合 $\boldsymbol{A}$，学习者 i 在实验过程中针对学习兴趣等级小于等于 3*的知识点向对应问题回答者提出相关问题。实验结束后，研究者对学习者 i 进行了问卷调查。问卷调查的内容为学习者 i 对问题回答者的评分，评分高于 3.0 分的视为模型所推荐出的回答者能够正确地解决学习者的疑问，小于或等于 3.0 分则视为模型的推荐效果不佳。从表 7.23 的评分结果可以看出只有一位回答者得到了 3.0 分的评分，其他回答者的得分在 3.0 分以上，即在该实验下的学习者对回答者的评分普遍较高，经过式（7.8）计算可知该实验下推荐模型的准确率为 83.33%。

至此，如何基于学习兴趣预测和求助行为进行问题回答者推荐（即问题 RQ7.7.1）得以解决。

三、基于学习兴趣和回答者隐性行为的回答者推荐

基于第七章第二节之“一”中的学习者兴趣等级预测模型和第五章第四节的基于隐性行为的问题回答者推荐模型，实现基于学习者学习兴趣和回答者隐性行为的回答者推荐（记为 AR4LIIB）模型，并将此模型应用于 OOSE 课程中。该研究所对应的是问题 RQ7.7.2。

1. 问题定义

第五章第四节提出一种基于隐性行为的问题回答者推荐模型，该模型通过学习者提出的问题，为学习者推荐合适的问题回答者。但在实际学习中，许多学习者往往会只针对自己感兴趣的知识点提出相关问题，

而对自己不感兴趣的知识点则较少关注。解决此问题的一种可行的思路是，将学习者的学习兴趣和回答者的隐性行为相结合，根据该知识点为其推荐出合适的问题回答者，再通过与这些问题回答者的沟通以期解决学习者所面临的问题。下面给出基于学习者学习兴趣和回答者隐性行为的回答者推荐的定义。

定义 7.9　基于学习者学习兴趣和回答者隐性行为的回答者推荐。

输入：学习者 i 满足条件 $\mathrm{LIL}_t(i) \leqslant 3$ 的知识点集合 $t_{\mathrm{LIL}\leqslant 3}(i)$；回答者隐性行为数据 data 。

输出：学习者 i 的推荐回答者集合 $\boldsymbol{A}$ 。

针对以上定义，将进一步研究如下问题。

问题 RQ7.7.2 相比于第五章第四节中的推荐模型，增加了学习兴趣的回答者推荐模型，其推荐效果方面有何改进？

2. *研究方法*

1）AR4LIIB 模型

本节要描述的 AR4LIIB 模型如图 7.16 所示。图 7.16 中，$t_{\mathrm{LIL}\leqslant 3}(i)$ 表示学习者 i 满足 $\mathrm{LIL}_t(i) \leqslant 3$ 的知识点集合，即可以将 $t_{\mathrm{LIL}\leqslant 3}(i)$ 和回答者隐性行为数据 data 作为本推荐模型的输入，模型的输出为针对学习者 i 的感兴趣程度较低的知识点所推荐的 K 个回答者（集合 $\boldsymbol{A}$ ）。

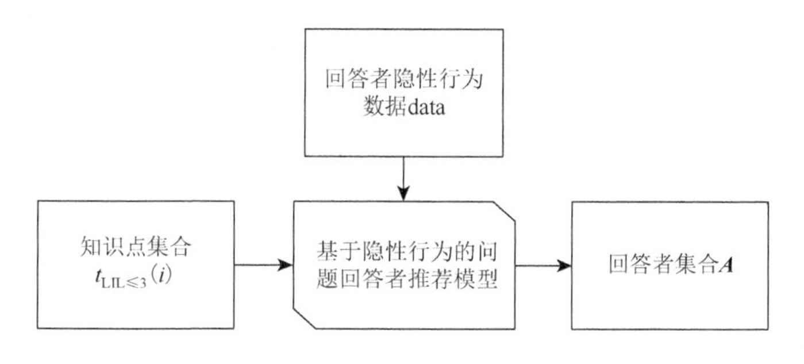

图 7.16　AR4LIIB 模型

图 7.16 中基于隐性行为的问题回答者推荐模型与第五章第四节介绍的模型相比，引入了针对学习者知识点的学习兴趣等级，并基于知识点向学习者推荐相应的回答者。为此，除了采用学习者的知识点来替换第五章第四节模型中所提取的问题标签，本节模型的其余结构保持不变，这意味着本节所构建的新模型的推荐过程与第五章第四节模型的工作原理一致。

2）AR4LIIB 模型的推荐流程

图 7.17 描述了基于学习者学习兴趣等级和回答者隐性行为进行推荐的活动流程。在第一阶段（即训练阶段），收集回答者的隐性行为数据及能力特征数据，并对行为数据进行预处理，从而生成训练数据，这些数据包括回答者-能力特征文件、问题-标签文件和问题-隐性行为文件；进一步地，基于训练数据进行模型的训练，即计算全部回答者的基于每一个知识点的隐性行为变量、倾向性变量和能力变量三个特征值，构建预测模型，将计算得到的特征变量进行预处理后作为输入变量送入预测模型。

第二阶段（即推荐阶段），根据学习者学习兴趣预测结果，选取有推荐需求的学习者推荐回答者，然后针对学习者感兴趣程度低于阈值的知识点，计算全部回答者的隐性行为变量值和倾向性变量值；将回答者的隐性行为变量值和倾向性变量值及能力变量值输入训练好的预测模型中，得到回答者的评分推荐值，将排名靠前的 *K* 位回答者所形成的回答者集合 ***A*** 推荐给学习者。

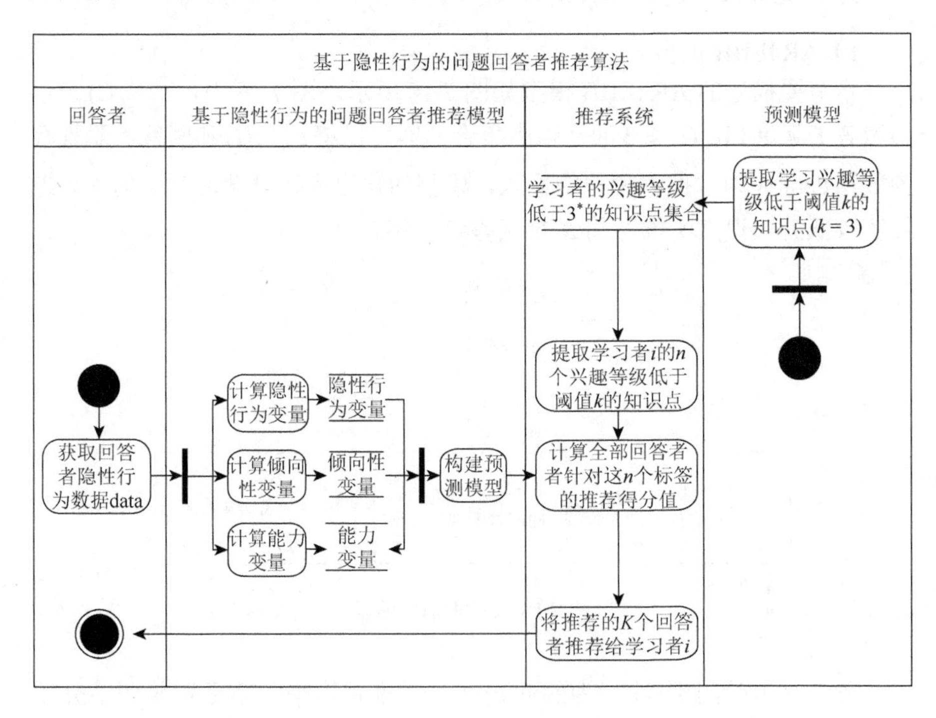

图 7.17　AR4LIIB 模型的推荐流程

3. 实验结果与分析

1）实验数据与评测指标

与第七章第二节之“二”中的实验数据和评测指标相同。

2）实验设置与分析

（1）实验设置。本实验对算法的参数设置说明如下：①模型考虑的知识点个数设置为 3，即对每一位学习者选取了 3 个其感兴趣程度低于阈值的知识点进行一次问题回答者推荐；②每一次推荐的问题回答者个数 K 设置为 1；③其他参数设置与第五章第四节保持一致。

（2）实验结果。针对学习者学习的兴趣预测结果中，选取了 9 条对 3 个知识点的感兴趣程度低于阈值的记录，通过 AR4LIIB 模型进行推荐，推荐结果如表 7.24 所示。

表 7.24　AR4LIIB 模型的推荐结果

问题编号	提问者	设计模式	学习分析	参与者	场景	用例	功能性需求	非功能性需求	推荐回答者
01	101		2	1			3		a_2
02	102		3	3		3			a_3
03	103		1				2	2	a_2
04	104				1	3	2		a_7
05	105			2		3	3		a_4
06	201		2	1	3				a_1
07	202		3			2	2		a_3
08	203	3					1	3	a_7
09	204	2			3	1			a_7

推荐结束后，让推荐的问题回答者针对学习者 i 感兴趣程度低的知识点，对该学习者进行讲解和讨论，以有针对性地解答该学习者在这些知识点方面存在的疑问。在解答活动结束后，研究者对学习者进行问卷调查，收集他们对参与本次推荐活动的回答者的评分，结果如表 7.25 所示。

表 7.25　对问题回答者所回答问题满意度的评分

提问者	回答者	评分
101	a_2	5
102	a_3	4
103	a_2	5
104	a_7	4
105	a_4	4.5

续表

提问者	回答者	评分
201	a_1	5
202	a_3	5
203	a_7	2.5
204	a_7	3

由式（7.8）计算可得到本次推荐的准确率为 87.7%。此外，选取了不考虑学习者学习兴趣的基于隐性行为的问题回答者推荐模型（参见第五章第四节）作为实验中的主要对比模型，两个模型在测评指标上的结果如表 7.26 所示。

表 7.26　实验评测指标值

模型	基于学习者学习兴趣和回答者隐性行为的回答者推荐模型	基于隐性行为的问题回答者推荐模型
准确率	**0.877**	0.6

4. 问题 RQ7.7.2 讨论

基于学习者学习兴趣等级和回答者隐性行为所进行的推荐，可对学习者的学习提供一定帮助，这在一定程度上实现了预期的效果。学习者在事后所进行的访谈中所反馈的信息也验证了这种帮助的有效性。

访问者：你认为本次推荐对你的学习有帮助吗？

学习者 203：这次推荐给我帮助我解答疑惑的学姐针对我在设计模式、功能性需求和非功能性需求方面存在的问题进行答疑，如果不是这次推荐我不会想到在这几个方面我也存在那么多理解不到位的地方，经过学姐的点拨，我开始对这几个知识点加以重视，这对我今后的学习非常有帮助。

访问者：你认为本次推荐对你的学习有帮助吗？

学习者 204：我认为对我这门课程的学习有很大的帮助，起到了查漏补缺的作用。

四、基于学习兴趣和 HIN 中元路径的学习资源与回答者推荐

基于第七章第二节之“一”中的学习者兴趣等级预测模型与第五章第二节的基于 HIN 中元路径的学习资源和回答者推荐模型，可实现基于学习兴趣和 HIN 中元路径的学习资源与回答者推荐（记为 LR&AR4LIHIN）模型，并将此模型应用于 OOSE 课程中。该研究所对应的是问题 RQ7.7.3。

1. 问题定义

个性化学习资源推荐系统是在传统在线教育平台基础上加入个性化的理念，旨在增强学习者在学习过程中的针对性和能动性，并且能根据学习者的个性特征构建学习者模型,从而有针对性地向学习者推荐学习资源[37]。

OOSE 课堂是一种线上线下教学相结合的混合课堂，不仅包括教学空间的混合，还包括教学时间、教学模式和教学评价的混合，通过收集学习者的学习数据，利用学习者知识点兴趣预测模型来预测学习者学习兴趣不高的知识点，再通过知识点为其推荐出部分学习资源和回答者，以帮助学习者解决可能存在的疑问。

下面给出基于学习兴趣和 HIN 中元路径的学习资源与回答者推荐的问题定义。

定义 7.10 基于学习兴趣和 HIN 中元路径的学习资源与回答者推荐。

输入：学习者 i 满足条件 $\mathrm{LIL}_t(i)\leqslant 3$ 的知识点集合 $t_{\mathrm{LIL}\leqslant 3}(i)$；学习者 i 的个人信息 R_info；回答者信息 A_info；领域知识模型 knowledge；知识点间的转换图 KG。

输出：学习者 i 的学习资源推荐集 $\boldsymbol{R}$ 和回答者集 $\boldsymbol{A}$。

针对以上定义，将进一步研究如下问题。

问题 RQ7.7.3a：如何基于学习兴趣和 HIN 中元路径为学习者进行推荐？

问题 RQ7.7.3b：如何实现个性化推荐？

2. 研究方法

1）LR&AR4LIHIN 模型

图 7.18 是 LR&AR4LIHIN 模型。该模型分为两部分，即构建 HIN 模型和基于学习兴趣进行学习资源推荐和回答者推荐。

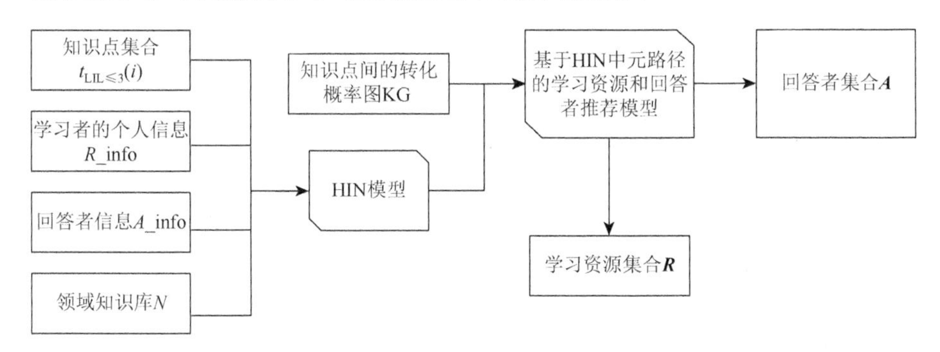

图 7.18 LR&AR4LIHIN 模型

（1）构建 HIN 模型。根据学习者 i 的个人信息 R_info；回答者信息

A_info；领域知识库 N；知识点间的转换概率图KG构建学习者模型、回答者模型和领域知识模型，进而构建 HIN 模型，该部分详见第五章第二节中的学习者模型、回答者模型和领域知识模型。

（2）基于学习兴趣进行学习资源推荐和回答者推荐。在该部分，$t_{\mathrm{LIL}\leqslant 3}(i)$ 表示学习者 i 满足 $\mathrm{LIL}_t(i)\leqslant 3$ 的知识点集合，即可将该集合中的知识点视为学习者 i 有疑问的知识点内容。将 $t_{\mathrm{LIL}\leqslant 3}(i)$ 进行向量化表示后，与学习者的个人信息一起，输入到基于 HIN 中元路径的学习资源和回答者推荐模型中的 DKT 模型中，根据相似度排序为学习者 i 推荐出学习资源集合 $\boldsymbol{R}$ 和回答者集合 $\boldsymbol{A}$，其中 DKT 模型和相似度计算算法原理参见第五章第二节。

2）基于学习兴趣和 HIN 中元路径的学习资源与回答者推荐流程

图 7.19 描述了 LR&AR4LIHIN 模型的推荐流程。基于第五章第二节和文献[38]，第一阶段，根据学习者的个人信息、回答者信息和学习兴趣等构建学习者模型、回答者模型和领域知识模型。在第二阶段，首先获取学

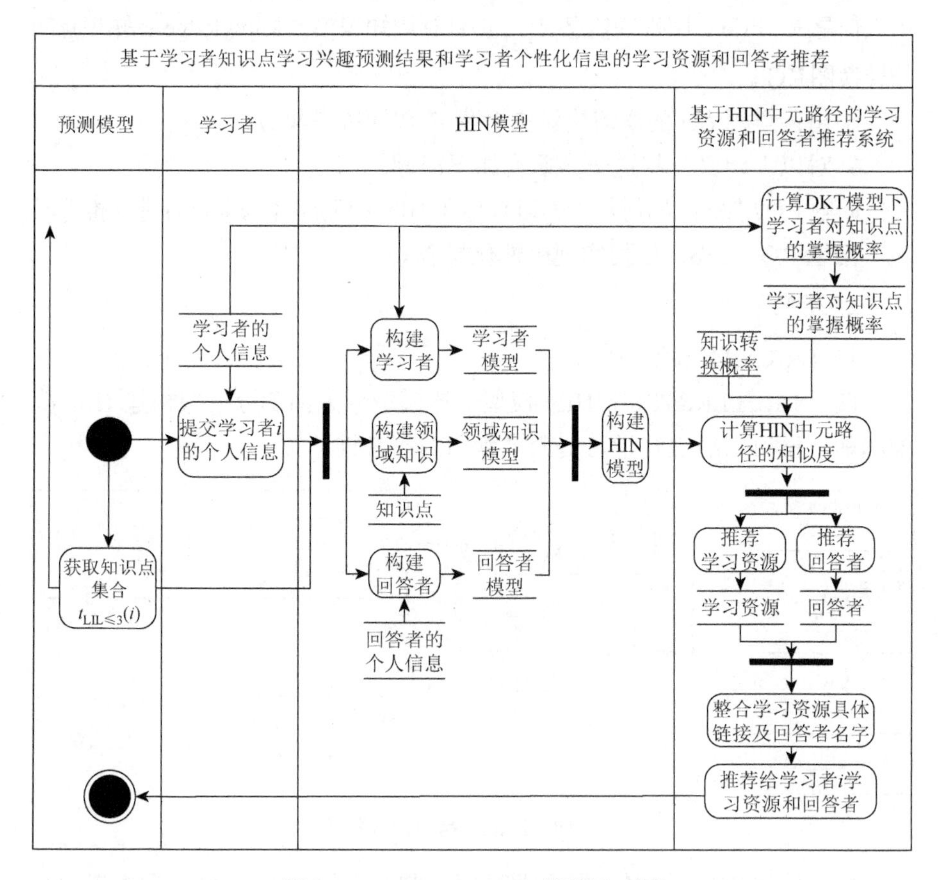

图 7.19 LR&AR4LIHIN 模型活动图

习者 i 满足条件 $\mathrm{LIL}_t(i)\leqslant 3$ 的知识点集 $t_{\mathrm{LIL}\leqslant 3}(i)$ 并向量化该知识点集，得到知识点集向量表示 $\boldsymbol{t}_i$ 。将 $\boldsymbol{t}_i$ 输入 DKT 模型中获取学习者 i 对于不同知识点的掌握概率 DKTP，将此概率及知识转换概率图 KG 输入 HIN 模型中，计算学习者 i 与学习资源和回答者间的相似度，最后将相似度较高的学习资源 $\boldsymbol{R}$ 和回答者集 $\boldsymbol{A}$ 推荐给学习者 i。

3. 实验结果与分析

1）实验数据

本实验将某校的 OOSE 混合课程的学习者与助教在线上学习平台的行为数据和历史学习数据作为模型数据，其中助教 $a_i \in [a_1, a_2, a_3, a_4, a_5, a_6, a_7, a_8]$，学习资源 $r_i \in [r_1, r_2, r_3, \cdots, r_{220}]$ 为线上学习平台内置的资源链接。依据学习兴趣、学习者与回答者的交互记录，以及学习者自主寻找的学习资源并对知识点所作的点赞/收藏/转发/标记等行为数据内容，通过 LR&AR4LIHIN 模型为学习者推荐 R 个学习资源和 M 个回答者。假设课程涉及的知识点 t 有设计模式、学习分析系统、参与者、场景、用例、功能性需求和非功能性需求。

2）测评指标

本实验将所有资源或回答者被推荐的总次数记为 N，所有资源或问题回答者所获评分高于 3.0 分（评分范围为 1.0 分～5.0 分）的次数记为 T，计算出推荐准确率的方法是

$$\mathrm{Accuracy}_2 = \frac{T}{N} \tag{7.9}$$

3）实验设置与分析

（1）实验设置。本实验基于 PyTorch 框架，模型中的主要参数设置如表 7.27 所示。

表 7.27　参数设置

参数	值
knowledge_n（知识点个数）	7
epoch_n（迭代次数）	2
min_knowledge_num（被认为学习者已掌握某知识点的知识掌握概率的最小值）	0.3

（2）实验结果。LR&AR4LIHIN 模型的推荐结果如表 7.28 所示，表格中的数值代表所预测的学习者对应知识点的学习兴趣，表格中的 r_i 代表向学习者推荐的资源，a_i 代表所推荐的回答者，如学号为 101 的学习者学习

兴趣等级不高于 3*的有设计模式、学习分析、参与者、用例、功能性需求等知识点，LR&AR4LIHIN 模型向学习者 101 推荐了学习资源 r_{53}、r_{54}、r_{116} 和回答者 a_5。

表 7.28　LR & AR4LIHIN 模型的推荐结果

学号	设计模式	学习分析	参与者	场景	用例	功能性需求	非功能性需求	资源推荐	推荐回答者
101	1	2	3	5	1	2		r_{53}	a_5
								r_{54}	
								r_{116}	
102	3	3	5	2	4	5		r_{118}	a_4
								r_{112}	
								r_{58}	

事后，研究者通过反馈环节回收了参与推荐活动的学习者对本次推荐活动中的学习资源和问题回答者所回答问题满意度的调查结果（表 7.29）。由式（7.9）计算可知，学习资源推荐的准确率为 53.33%，回答者推荐的准确率为 85.71%。

表 7.29　对推荐的学习资源和问题回答者所回答问题满意度的评分

学习者	学习资源	评分（评分范围为 1.0 分～5.0 分，评分越高，代表反馈效果越好）	回答者	评分（评分范围为 1.0 分～5.0 分，评分越高，代表反馈效果越好）
学习者 1	r_{53}	2	a_5	4
	r_{54}	2		
	r_{116}	3.5		
学习者 2	r_{118}	2	a_4	2
	r_{112}	1		
	r_{58}	1		
学习者 3	r_{95}	1	a_5	4
	r_{96}	5		
	r_{15}	3		
学习者 4	r_{49}	2	a_1	5
	r_{59}	2		
	r_{15}	4		

续表

学习者	学习资源	评分（评分范围为 1.0 分～5.0 分，评分越高，代表反馈效果越好）	回答者	评分（评分范围为 1.0 分～5.0 分，评分越高，代表反馈效果越好）
学习者 5	r_{122}	4	a_5	5
	r_{23}	2		
	r_{53}	1		
学习者 6	r_{124}	3	a_7	4.5
	r_{23}	3.5		
	r_{177}	5		
学习者 7	r_{24}	3.5	a_8	5
	r_6	3		
	r_{25}	3.5		
学习者 8	r_{78}	5	a_5	5
	r_{103}	3.5		
	r_{137}	2		

4. 讨论

1）针对问题 RQ7.7.3a 的讨论

一方面，在第五章第二节之“二”中的基于 HIN 中元路径的学习资源和问题回答者推荐研究中，将学习者的提问或教师向学习者提出的问题作为输入，进一步提取问题包含的知识点，进而实现推荐过程。基于该研究，本节提出了 LR&AR4LIHIN 模型。根据第七章第二节之“一”中预测模型获取的预测结果，当该结果显示出学习者对知识点集合中知识点的学习兴趣不高（即 $\mathrm{LIL}_t(i) \leqslant 3$）时，将这些知识点作为学习者知识中的薄弱点或潜在的求助行为对待。因此，将学习者学习兴趣等级不高于 3*的知识点集 $t_{\mathrm{LIL} \leqslant 3}(i)$ 作为从学习者疑问中提取出的知识点，将其作为基于 HIN 中元路径的学习资源和问题回答者推荐模型的输入，从而推荐出学习资源和回答者集合。

另一方面，在表 7.29 中，研究者发现虽然学习者 6 和学习者 8 所存在疑问的知识点相同，但 LR&AR4LIHIN 模型所推荐出的学习资源和回答者是不同的。根据推荐结果，研究者分别对学习者 6 和学习者 8 进行问卷调查，以收集关于学习资源和回答者的评价反馈。其中，学习者 6 针对所推

荐的学习资源 r_{177} 给出了“非常有用！UML 图基本上是困扰我们小组很长一段时间的问题了，这个学习资源很详细”之类的评价，学习者 8 针对推荐的学习资源 r_{78} 给出的评价是“讲得很清晰”。由此，LR&AR4LIHIN 推荐模型对于不同的学习者针对相同的知识点，推荐出了不同的学习资源和回答者，这更加符合学习者本身的情况，因此该推荐模型在一定程度上实现了个性化推荐。

2）对问题 RQ7.7.3b 的讨论

通过 LR&AR4LIHIN 推荐模型向学习者 i 推荐出学习资源 $\boldsymbol{R}$、回答者集合 $\boldsymbol{A}$，学习者 i 在实验过程中可以阅读所推荐的学习资源并且向对应回答者提出相关问题。在资源阅读及与回答者问答结束后，研究者对学习者做了一次问卷调查。问卷调查的内容为学习者对资源和回答者的评分，评分高于 3.0 分的视为推荐出的资源或回答者能够正确地解决学习者的疑问，低于或等于 3.0 分则视为推荐效果不佳。从表 7.29 的评分结果可以看出学习者对推荐的回答者的评分较高，而对于所推荐的学习资源的评分较低。因此，所推荐的问题回答者对于学习者的帮助要高于所推荐资源对学习者的帮助。

五、小结

本节讨论了如何基于知识点预测学习者的学习兴趣，以及如何在这些学习兴趣预测的前提下，对学习者开展学习资源推荐，进一步地梳理与思考如下。第一，预测结果对资源推荐的影响。在之前的研究中，仅考虑了学习者的求助行为，并以此对学习者进行推荐。在此基础上，考虑加入了学习者的兴趣预测，结合学习者的兴趣及学习者的求助行为，结果表明这实现了对学习者更精准的推荐。第二，基于预测的推荐可以促进自动化推荐工具与环境的开发与设计。第三，推荐结果对学习者推荐满意度的影响分析。首先，当推荐以链接形式为主的狭义学习资源时，通过调查表和访谈后发现学习者对与狭义学习资源相关的推荐结论比较满意；其次，在推荐问题回答者时，在有多个候选回答者的情况下，由于回答者的能力与知识面存在差异（如有的回答者具有强大的能力和知识储备，而有的回答者基础较差或沟通能力或知识储备方面存在缺陷），问题回答者在与学习者进行问题沟通的环节，可能会存在误差较大的反馈结果，如与能力较强和知识面较广的回答者进行沟通后，学习者通常给出了正面反馈，而与能力较弱和知识面较窄的回答者进行沟通后，可能会给出负面的反馈。据此，相关问题还值得进一步研究。

参 考 文 献

[1] 马杰，赵蔚，张洁，等. 基于学习分析技术的预测模型构建与实证研究. 现代教育技术，2014，24（11）：30-38.

[2] 田浩，武法提. 学习分析视域下学习预测研究的发展图景. 现代教育技术，2020，30（11）：98-104.

[3] 徐鹏，王以宁，刘艳华，等. 大数据视角分析学习变革——美国《通过教育数据挖掘和学习分析促进教与学》报告解读及启示. 远程教育杂志，2013，31（6）：11-17.

[4] Macfadyen L P，Dawson S. Mining LMS data to develop an “early warning system” for educators：A proof of concept. Computers and Education，2010，54（2）：588-599.

[5] 陈子健，朱晓亮. 基于教育数据挖掘的在线学习者学业成绩预测建模研究. 中国电化教育，2017（12）：75-81，89.

[6] Ohia U O. A model for effectively assessing student learning outcomes. Contemporary Issues in Education Research，2011，4（3）：25-32.

[7] 蔚莹，刘希龙，赵明轩，等. 基于 QFD 模型和双向聚类技术的电子商务专业学生能力分析——以中高职电子商务专业“三位一体”在线教育平台为例. 中国远程教育，2017（2）：33-44.

[8] 张涛，李兆锋，胡萍. 翻转课堂下学习绩效评价模型的构建. 现代教育技术，2016，26（4）：74-80.

[9] 武法提，牟智佳. 基于学习者个性行为分析的学习结果预测框架设计研究. 中国电化教育，2016（1）：41-48.

[10] 金义富，吴涛，张子石，等. 大数据环境下学业预警系统设计与分析. 中国电化教育，2016（2）：69-73.

[11] Agudo-Peregrina Á F，Iglesias-Pradas S，Conde-González M Á，et al. Can we predict success from log data in VLEs? Classification of interactions for learning analytics and their relation with performance in VLE-supported F2F and online learning. Computers in Human Behavior，2014，31：542-550.

[12] 赵艳，赵蔚，姜强. 基于学习分析技术的中小学教师远程培训效果影响因素实证研究. 中国电化教育，2014（9）：132-138.

[13] 赵慧琼，姜强，赵蔚，等. 基于大数据学习分析的在线学习绩效预警因素及干预对策的实证研究. 电化教育研究，2017，38（1）：62-69.

[14] Arsad P M，Buniyamin N. A neural network students’ performance prediction model（NNSPPM）. 2013 IEEE International Conference on Smart Instrumentation，Measurement and Applications（ICSIMA），Kuala Lumpur，2013：1-5.

[15] 施佺，钱源，孙玲. 基于教育数据挖掘的网络学习过程监管研究. 现代教育技术，2016，26（6）：87-93.

[16] 舒忠梅，屈琼斐. 基于教育数据挖掘的大学生学习成果分析. 东北大学学报（社会科学版），2014，16（3）：309-314.

[17] 刘铭，马小强，徐永利. 云教室学习绩效的影响因素分析. 现代教育技术，2016，26（9）：32-38.

[18] 胡航，杜爽，梁佳柔，等. 学习绩效预测模型构建：源于学习行为大数据分析. 中国远程教育（综合版），2021（4）：8-20.

[19] 李爽，郑勤华，杜君磊，等. 在线学习注意力投入特征与学习完成度的关系——基于点击流数据的分析. 中国电化教育，2021（2）：105-112.

[20] 王亮. 学习者与平台交互行为挖掘及学习预测模型构建. 中国远程教育(综合版)，2021（5）：62-67.

[21] 胡航，杨旸. 多模态数据分析视阈下深度学习评价路径与策略. 中国远程教育，2022（2）：13-19，76.

[22] 吴青，罗儒国. 基于在线学习行为的学习成绩预测及教学反思. 现代教育技术，2017，27（6）：18-24.

[23] Barber R，Sharkey M. Course correction：Using analytics to predict course success. Proceedings of the 2nd International Conference on Learning Analytics and Knowledge，Vancouver，2012：259-262.

[24] 尤佳鑫，孙众. 云学习平台大学生学业成绩预测与干预研究. 中国远程教育，2016（9）：14-20，79.

[25] 丁梦美，吴敏华，尤佳鑫，等. 基于学业成绩预测的教学干预研究. 中国远程教育，2017（4）：50-56.

[26] McNaught C，Lam P，Cheng K F. Investigating relationships between features of learning designs and student learning outcomes. Educational Technology Research and Development，2012，60（2）：271-286.

[27] Galbraith C S，Merrill G B，Kline D M. Are student evaluations of teaching effectiveness valid for measuring student learning outcomes in business related classes? A Neural Network and Bayesian Analyses. Research in Higher Education，2012，53（3）：353-374.

[28] Pike G R，Kuh G D，McCormick A C，et al. If and when money matters：The relationships among educational expenditures，student engagement and students' learning outcomes. Research in Higher Education，2011，52（1）：81-106.

[29] Volkwein J F，Lattuca L R，Harper B J，et al. Measuring the impact of professional accreditation on student experiences and learning outcomes. Research in Higher Education，2007，48（2）：251-282.

[30] 傅钢善，王改花. 基于数据挖掘的网络学习行为与学习效果研究. 电化教育研究，2014，35（9）：53-57.

[31] 吴青，罗儒国，王权于. 基于关联规则的网络学习行为实证研究. 现代教育技术，2015，25（7）：88-94.

[32] Kaiser H F. An index of factorial simplicity. Psychometrika. 1974，39：31-36.

[33] 罗达雄，叶俊民，郭霄宇，等. ARPDF：基于对话流的学习者成绩等级预测算法. 小型微型计算机系统，2019，40（2）：267-274.

[34] 唐亚微. 大学生成就目标、学习兴趣与学习成绩之间的关系. 长春：东北师范大学，2012.

[35] 李洪玉，何一粟. 学习动力. 武汉：湖北教育出版社，1999.

[36] 叶俊民，赵丽娴，罗达雄，等. 基于学习者求助行为的论坛回答者推荐研究. 小型微型计算机系统，2019，40（3）：493-498.

[37] 樊丽. 基于 Web 日志挖掘的学习资源个性化推荐方法研究. 长春：吉林大学，2012.
[38] 叶俊民，黄朋威，罗达雄，等. 一种基于 HIN 的学习资源推荐算法研究. 小型微型计算机系统，2019，40（4）：726-732.

附录　常用术语英汉对照表

2-gram	2-gram	2 元文法
3-gram	3-gram	3 元文法
n-gram	n-gram	n 元文法
AAL	academic achievement level	学习成绩等级
Accuracy 或 A	accuracy	准确率
AHP	analytic hierarchy process	层次分析法
ALS	adaptive learning system	自适应学习系统
AP	academic performance	学习成绩
AR4LIIB	answerer recommendations based on learning interests and answerer's implicit behaviors	基于学习兴趣和回答者隐性行为的回答者推荐
ARS	average ranking score	平均排序分
AT	activity theory	活动理论
BERT	bidirectional encoder representation from transformers	基于转换器的双向编码表征
BiLSTM	bi-directional long short-term memory	双向 LSTM
BYSR	Bayesian multiple regression	贝叶斯多元回归
BYSR-RM	Bayesian multiple regression recommendation model	BYSR 推荐模型
CAUSE	College And University Systems Exchange	高等院校系统交流组织
CBOW	continuous bag of words	连续词袋（模型）
CE	cognitive engagement	认知投入度
CFI	comparative fit index	比较拟合指数
CM	confusion matrix	混淆矩阵

CMIN/DF	Chi-square/degrees of freedom	卡方自由度比
CNN	convolutional neural network	卷积神经网络
CoI	community of inquiry	探究社区
CP	cognitive presence stage	认知存在阶段
CRF	conditional random field	条件随机场
DC	degree centrality	度数中心度
DKT	deep knowledge tracing	深度知识追踪
DNN	deep neural network	深度神经网络
EDM	educational data mining	教育数据挖掘
EDUCOM	Interuniversity Communications Council	大学校际交流委员会
EFT	epistemic frame theory	认知框架理论
ENA	epistemic network analysis	认知网络分析
EPA	epistemology-pedagogy-assessment	认识论-教育-评测
EPAI	epistemology-pedagogy-assessment-interventions	认识论-教育-评测-干预
HIN	heterogeneous information network	异构信息网络
ICAP	interactive，constructive，active and passive mode	交互、构建、主动和被动模式
IFI	incremental fit index	增量拟合指数
IS	interventions system	干预系统
ItemCF	item collaborative filtering	基于物品的协同过滤
LAK	International Conference on Learning Analytics and Knowledge	学习分析与知识国际会议
LBIBV	label-based implicit behavioral variables	基于标签的隐性行为变量
LDA	latent Dirichlet allocation	隐式狄利克雷分布
LF	learning feature	学习特征
LIL	learning interest level	学习兴趣等级

LR	linear regression	线性回归
LR&AR4LIHIN	learning resources and answerer recommendation based on learning interests and meta-paths in HIN	基于学习兴趣和 HIN 中元路径的学习资源与回答者推荐
LR-RM	linear regression recommendation model	LR 推荐模型
LS	learning status	学习状态
LSTM	long short-term memory	长短期记忆
MAE	mean absolute error	平均绝对误差
MLP	multilayer perceptron	多层感知机
MOOC	massive open online courses	慕课，大规模开放在线课程
NAEP	national assessment of educational progress	国家教育进步评估
NLP	natural language processing	自然语言处理
One-Hot	one-hot	单一热点，独热
OOSE	object-oriented software engineering	面向对象软件工程
PISA	program for international student assessment	国际学生评价项目
PTS	pre-test scores	摸底成绩
QFD	quality function deployment	质量功能展开
RAC	recommendation based on attention mechanism and convolutional neural network	基于注意力机制和卷积神经网络结合的推荐
RAC-RM	RAC recommendation model	RAC 推荐模型
Recall 或 R	recall rate	召回率
RM	recommendation model	推荐模型
RMonS4	recommendation method based on SimALS4	基于 SimALS4 推荐方法
RMonSE	recommendation method based on search engine	基于搜索引擎推荐方法
RMSE	root mean square error	均方根误差

RNN	recurrent neural network	循环神经网络
RS	recommendation system	推荐系统
SENS	social epistemic network signature	社会认知网络特征
SGD	stochastic gradient descent	随机梯度下降
SNA	social network analysis	社交网络分析
SOLO	structure of the observed learning outcome	可观测学习结果的结构
SVD	singular value decomposition	奇异值分解
TLI	Tucker-Lewis index	Tucker-Lewis 指数
TFG	team final grade	团队最终成绩
TFSTLA	theoretical framework of short text learning analysis	短文本学习分析的理论框架
TIMSS	trends in international mathematics and science study	国际数学与科学研究趋势
UML	unified modeling language	统一建模语言
UserCF	user collaborative filtering	基于用户的协同过滤
VR	virtual reality	虚拟现实

彩　　图

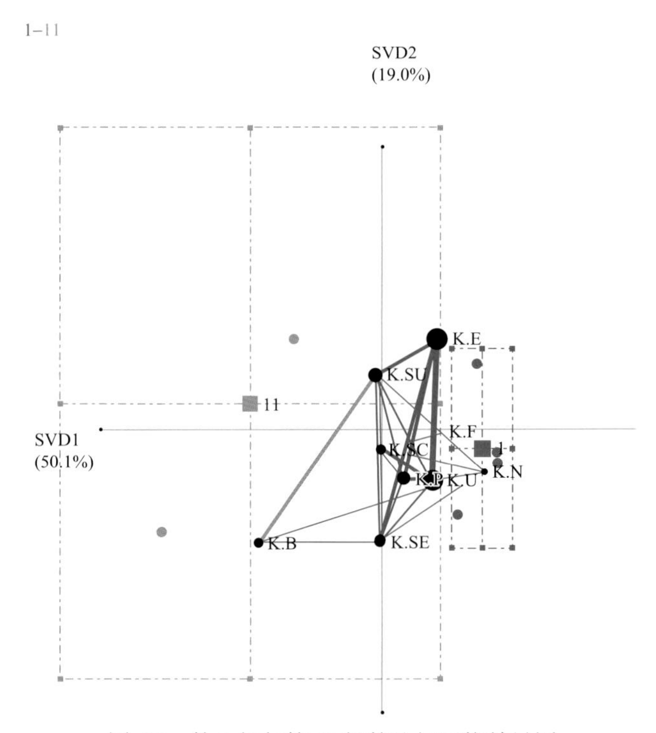

图 6.2　第 1 组与第 11 组的认知网络差异图

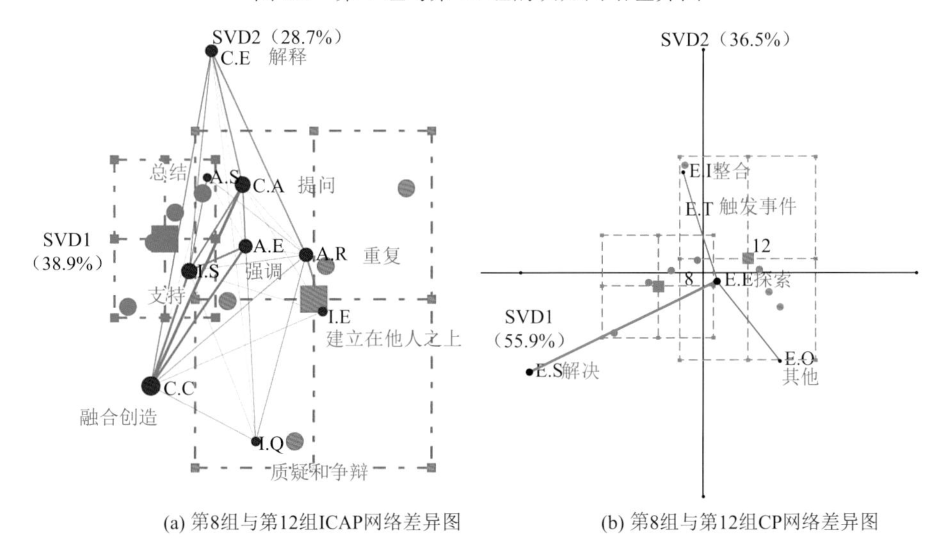

(a) 第8组与第12组ICAP网络差异图　　(b) 第8组与第12组CP网络差异图

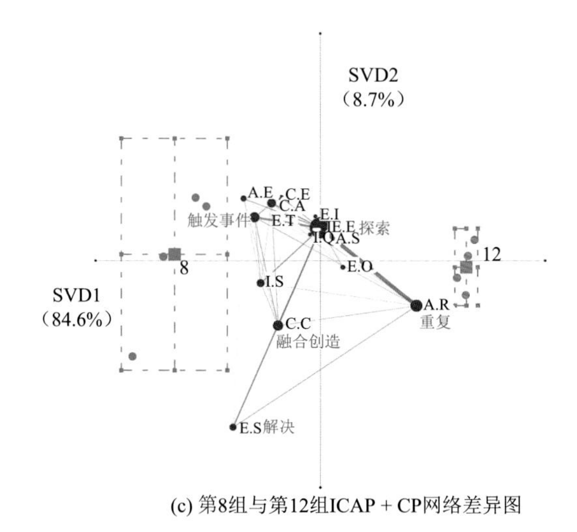

(c) 第8组与第12组ICAP + CP网络差异图

图 6.8　三种模式下两个团队的认知投入模式差异图

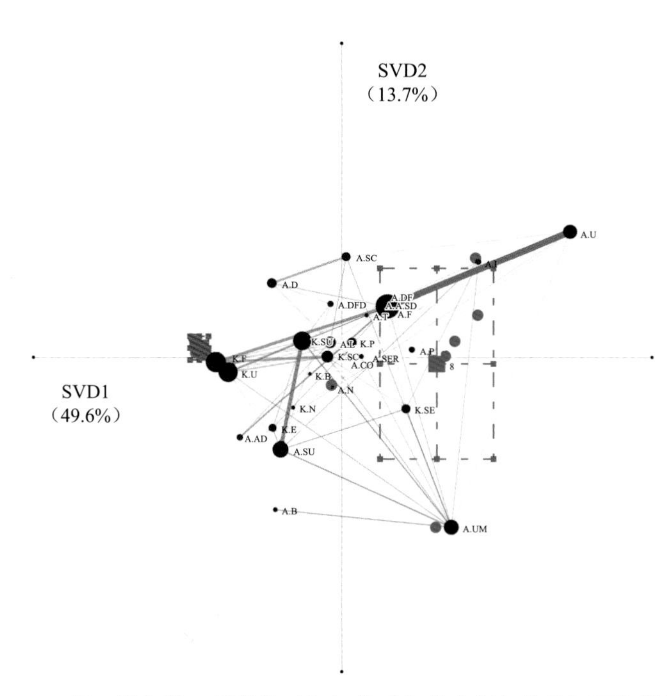

图 6.14　第 5 组与第 8 组的基于知识体系与能力框架的认知网络差异图

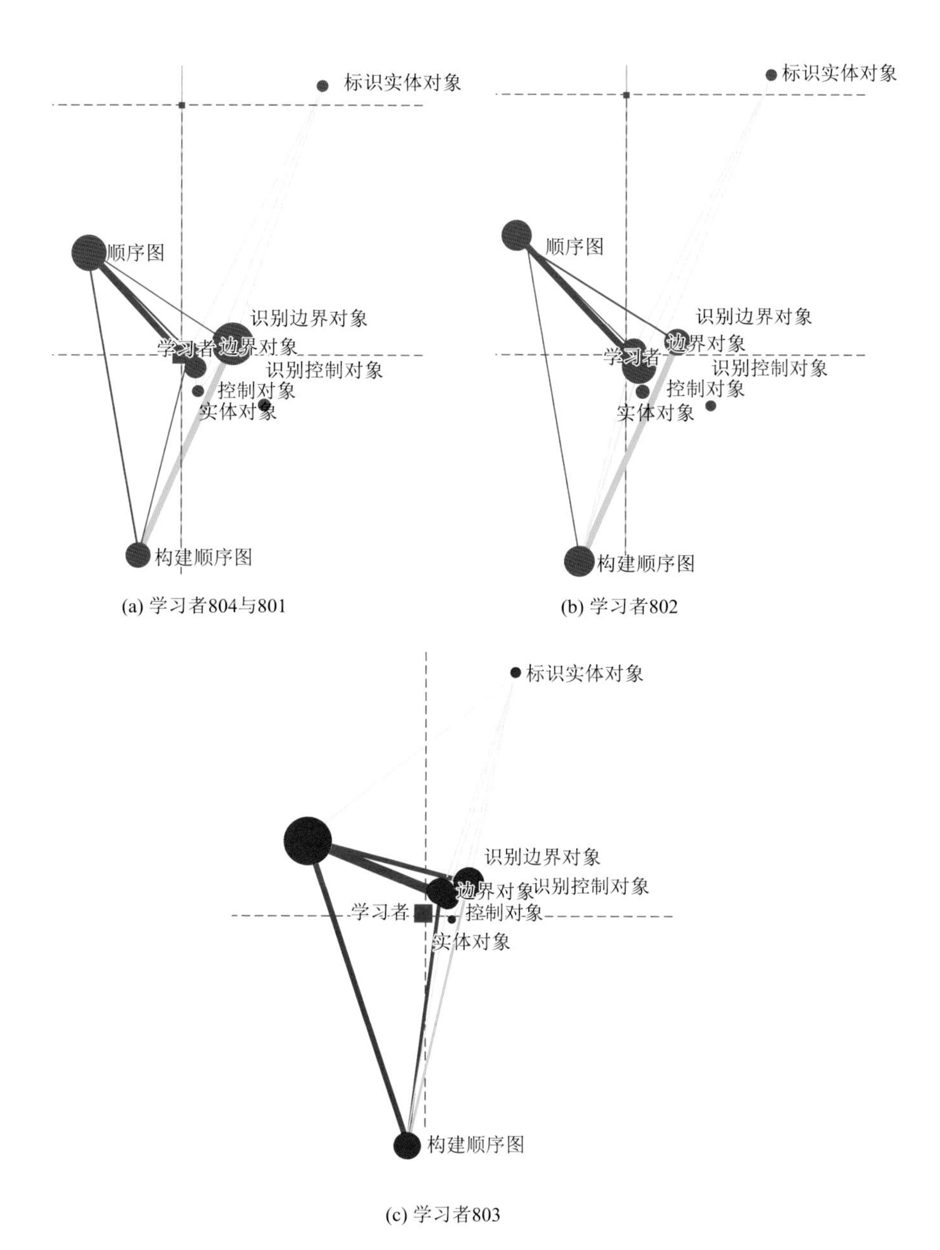

图 7.4　学习者 804 与 801、802 和 803 的 ENA 图差异